JN241620

Adam Tornhill［著］
園田道夫［監訳］
株式会社クイープ［訳］

犯罪捜査技術を活用したソフトウェア開発手法

フォレンジックアプローチによるソースコード分析

YOUR CODE AS A CRIME SCENE
SECOND EDITION

秀和システム

注意

- 本書は内容において万全を期して制作しましたが、不備な点や誤り、記載漏れなど、お気づきの点がございましたら、出版元まで書面にてご連絡ください。
- 本書の内容の運用による結果の影響につきましては、上記にかかわらず責任を負いかねます。あらかじめご了承ください。
- 本書の全部または一部について、出版元から文書による許諾を得ずに複製することは禁じられています。

商標など

- 本書に登場するシステム名称、製品名等は、一般に各社の商標または登録商標です。
- 本書に登場するシステム名称、製品名等は、一般的な呼称で表記している場合があります。
- 本書では ©、™、® マークなどの表示を省略している場合があります。

本書に寄せて

コードベース※1は物語に満ちています。

もちろん、各関数を流れながら、ブロックとオブジェクトをつなぎ合わせてアプリケーションの振る舞いを組み立てるコントロールとデータの物語があり、それ自体が、開発タイムラインを決定付けるユーザーの物語を反映しています。

開発者であれマネージャーであれ、アーキテクトであれ顧客であれ、そのソフトウェアに関わった1人1人に個人的な物語があります。これらの物語は、成功、挫折、結婚、子供、喜び、喪失、流行、幸福の浮き沈み、そして私たちが人生と呼ぶものすべてであり、コードを書き、頭を掻き、ホワイトボードで議論し、バグを修正し、ログに頭を悩ませる中で起きています。ソフトウェアの作成に携わる人々にとって、コードの物語とコード以外の物語は織り合わされています。つまり、ソフトウェア開発は、人でできているのです。

コンパイラの観点から見た場合、コードは技術的な構成物であり、ある形式の表記法を実行できるようにするために別形式の表記法に変換されます。コンパイラの視点は単純で明白です。1と0と同様に、コードはコンパイルされるか、されないかのどちらかです。これに対し、組織の観点から見た場合、コードの複雑さはグレーの濃さで表されます。ソフトウェアは社会・技術的な構造であり、チームの力学、納期、個人の嗜好、スキル、組織の価値観がコードとその履歴に痕跡を残します。

そして、Adamは、本書でこの視点に立っています。*Your Code as a Crime Scene*※2の第2版は、第1版の精神と英知を維持した上で、サンプルを更新し、その範囲を広げています。Adamが示しているのは、コードベースを本当の意味で理解するには、編集時にエディタの鍵穴からコードベースを覗くだけでは不十分だということです。コードに対する斬新な考え方や可視化を促す、より大きく、全体的な視点が必要です。Adamは私たちをこの旅にいざないます。しかし、これはコード観光ではありません。Adamが私たちに見せようとしているのは、局所的な知識を獲得するためのコンテキスト、詳細、洞察だからです。

ソースコードには空間構造（上下、左右、インデントと整列）がありますが、空間的なメタファを考案して用いることで、メンタルモデルがさらに豊かになり、システムの形状（都市、グラフ、マップ、エンクロージャ、フラクタルなど）を明らかにできます。そして、空間があるところには、時間もあります。コードとその開発をより深く理解するには、空間的に捉えるだけではなく、

※1　［訳注］あるソフトウエア、ツール、システムを作るために書かれたコード群のこと。Subversionのような集中バージョン管理システムの場合は単一のリポジトリを指し、Gitのような分散バージョン管理システムの場合はルートコミットを共有する複数のリポジトリを指す。

※2　［訳注］本書は、2014年に刊行された『Your Code as a Crime Scene』の改訂第2版である。

時間的に捉える方法を学ぶ必要があります。今目にしているコードには物語があり、将来そこから生まれる物語もあります。映画が1コマの映像ではないのと同じように、システムはコードの静的なスナップショットではありません。バージョン管理システムに埋もれているのは単なるリポジトリではなく、歴史であるということをAdamは見せつけています。コミットとdiffには、何がいつ変更されたのか、誰がなぜ変更したのかに関する物語が埋もれています。ここここそが、あなたがシステムを見出す場所なのです。

ホットスポットとデッドスポット、傾向と結合の間から、要件、技術的負債、チーム構造、プロジェクトの慣行、不具合、テクノロジーの進化、プログラミングパラダイム、組織の変化に対する接点が見つかります。Adamが説明するフォレンジックツールと考え方があれば、何が起きたのか、何が起きているのか、結果として何が起きる可能性があるのか、そして自分と他人がそれをどう変えられるのかがわかるでしょう。

システムの物語は、あなたが発見するだけでなく、あなたが語るものでもあります。

Kevlin Henney

謝辞

第2版の執筆は、レガシーコードに足を踏み入れることによく似ています。有効ではなくなった部分があちこちにあり、あなたのスタイルは進化しています。そして、単純化したり、改善したり、より明確に表現したりできる部分がたくさんあります。それと同時に、うまくいっている部分は壊したくありません。このため、*Your Code as a Crime Scene*の改訂は挑戦しがいのあるタスクでした。終わってみれば、すべての努力が報われました。あなたが今読んでいる本をとても誇りに思っています。私を助けてくれたすばらしい方々のおかげです。

編集者のKelly Talbotは、私が独力で書いたものを書籍としての完成度を高めるためにサポートしてくれました。また、テクニカルレビューを引き受けてくれたAslam Khan、Markus Harrer、Markus Westergren、Thomas Manthey、Heimo Laukkanen、Jeff Miller、Einar W. Høst、Vladimir Kovalenko、Simon Verhoeven、Arty Starrにも心から感謝します。また、すばらしい同僚であるJoseph Fahey、Juraj Martinka、Markus Borgの技術的な知識と励ましにも助けられました。

私がソフトウェアについて執筆するようになったのは、20年前にKevlin Henneyの本を読んだことがきっかけでした。私は今でもKevlinの大ファンであり、Kevlinに序文を書いてもらうことができて非常に光栄です。

本書に収録されているケーススタディは、コードをオープンソースにしてくれた達人プログラマーの方々のおかげで実現しました。ありがとう。あなた方の作業に大きな敬意を表します。

私の両親であるEvaとThorbjörnはいつも私を支えてくれています。最高の両親です。

最後に、私の家族であるJenny、Morten、Ebbeに、ずっと支えになってくれていることに感謝します。君たちを愛しています。

@AdamTornhill

マルメ、スウェーデン、2024年2月

犯罪現場へようこそ

本書の中心には、コードのスナップショットを1つ見ただけでは、複雑で大規模なシステムは理解できないという考え方があります。本書で説明するように、コードで見えるものだけに注目すると、多くの貴重な情報を見逃してしまいます。代わりに、システムがどのようにして今の形になったのか、また、システムに取り組む人々が互いに、そしてコードとどのようにやり取りするのかを理解する必要があります。本書では、コードベースの進化からその情報を掘り出す方法を学びます。

本書を読み終えた後は、システムを調べて――技術的な観点からも、現在のコードをもたらした開発プラクティスという点からも――直ちにその健全性を理解できるようになるでしょう。また、コードに加えられた改善内容を追跡し、それらに関する客観的なデータを収集することもできます。

なぜ本書を読むべきなのか

ソフトウェア設計とプログラミングに関する良書はたくさんあります。では、なぜもう一冊読む必要があるのでしょうか。ほかの本とは異なり、本書は「あなたの」コードベースに焦点を合わせています。あなたが抱えている潜在的な問題をすぐに特定し、その修正方法を見つけ出し、生産性のボトルネックとなっているものを1つずつ取り除くことができます。

本書では、科学的犯罪捜査（鑑識）と心理学をソフトウェアの進化と融合させます。もちろん、本書は技術書ですが、コードそのものに関することだけがプログラミングではありません。私たちはソフトウェア開発の心理的な側面に着目する必要もあるのです。

しかし、**科学的捜査**とは、犯人を見つけるためのものでは？ 確かにそうですが、犯罪捜査官が投げかける自由形式の質問の多くは、プログラマーがコードベースで作業するときに問いかけるものと同じです。したがって、科学的捜査の概念をソフトウェア開発に応用すれば、貴重な洞察が得られます。そして、この場合の犯人は、私たちが改善しなければならない、問題のあるコードです。

本書を読み進めるに従い、読者は次のような能力を手に入れることができるでしょう。

- コードのどの部分に最も多くの不具合があり、最も理解するのが難しいかを予測する。
- 行動的コード分析※3を使い、技術的負債とメンテナンスの問題を特定し、優先順位を付け、修正する。
- 複数の開発者やチームが関わることが、コードの品質にどのような影響を与えるのかを理解する。
- コード内の組織的な問題を追跡し、その修正のための施策に関するヒントを得る方法を学ぶ。
- プログラムを心理学的な観点から捉え、理解しやすくする方法を学ぶ。

※3　［訳注］開発組織が構築中のコードベースとどのように相互作用しているかのパターンを特定することを目的とした一連の実践的なテクニックのこと。原著の「behavioral code analysis」をより正確に記述すると「行動分析的な手法を用いたコード分析」というような言い方になってしまうが、冗長な表現であるため、本書では「行動的コード分析」と表記する。

本書の対象読者

本書を最大限に活用するには、プログラマー、ソフトウェアアーキテクト、技術リーダーなどであることが望ましいでしょう。ひょっとしたら、あなたは既存のコードベースの秘密を明らかにする効果的な方法を探しているのかもしれません。あるいは、レガシーマイグレーションプロジェクトに乗り出そうとしていて、アドバイスを求めているのかもしれません。また、不具合を減らして、自分自身とチームの両方の成功に貢献しようと努力しているのかもしれません。より多くのコードをよりすばやく提供しなければならないというプレッシャーの中で、新しい機能の追加と既存のコードの改善のバランスをとる方法を模索したいのかもしれません。どのようなシナリオであれ、肝心なのはよいコードです。それなら、あなたは正しい本を読んでいます。

プログラミングをどの言語で行うかは問題ではありません。本書のケーススタディでは、Java、Go、JavaScript、Python、C++、Clojure、C#、その他のいくつかの言語を組み合わせています。ただし、科学捜査技術の大きな利点は、これらの言語をまったく知らなくても理解できることです。すべてのテクニックは言語に依存せず、あなたが使っているテクノロジーに関係なく効果を発揮します。また、本書では、具体的な内容ではなく、原理原則に焦点を合わせて説明するように努めています。

実践的な例では、バージョン管理システムとやり取りします。本書を最大限に活用するには、Git、Subversion、Mercurial※4、または同様のツールの基礎を理解している必要があります。

今、なぜ本書を読むのか

ソフトウェア開発者の不足はかつてないほど深刻です。景気後退が経済の減速を招くことも考えられますが、マクロレベルでは、社会のデジタル化が進むにつれて、この需要と供給の差は広がるでしょう。表面的には、これは私たちにとって朗報に思えるかもしれません――需要があるということは、給与が上がるということです。しかし、人材が不足する中で、より短いサイクルで結果を出さなければならないことへのプレッシャーが高まり続ければ、ストレス、持続不可能な仕事量、ソフトウェアのデスマーチから抜け出せなくなってしまいます。

この問題のかなりの部分を占めているのは技術的負債です。平均的なソフトウェア会社は、技術的負債、バッドコード、不適切なソフトウェアアーキテクチャの影響に対処するために、開発者の時間の大部分を無駄にしています。そうではない道があるはずです。

※4 https://ja.wikipedia.org/wiki/Mercurial

しかし、技術的負債は問題の1つにすぎません。IT業界に常につきまとうスタッフの離職率の高さは、企業がコードベースに関する集合知を絶えず失うことを意味します。これを防ぐ対策を講じない限り、コードベースは「無主地」――つまり、誰にも属さない土地になってしまいます。そこで、オフボーディング（退職処理）の衝撃を和らげるために、バッドコードに注意を払うことがこれまで以上に重要となります。また、なじみのないコードベースに急いで慣れる必要もあります。統計的に見て、こうした状況に頻繁に遭遇する可能性は十分にあります。

結局のところ、興味深い機能やクールな製品アイデアを考えるためにもっとやりがいがある仕事に時間を割くことが、本来のあるべき姿なのです。リリースを翌日に控えて徹夜をし、15,000行もの不可解なC++コードが含まれたファイルでマルチスレッドのバグを探すというのは悲惨な経験です。しかもそのコードが、何年にもわたって文書化を後回しにした挙句、先月辞めてしまった人が書いたコードだとしたら？ プログラミングは楽しいもののはずです。本書は、その理想を取り戻すためにあります。

本書の読み方

本書は最初から最後まで順番に読んでいくことを想定しています。後半部分は、複数の章にわたって少しずつ学んでいくテクニックを土台にしています。この先に何が待ち受けているのかを知るために、全体像を把握しておくことにしましょう。

第1部：問題のあるコードを検出する方法を学ぶ

まず、頻繁に使わなければならない複雑なコードを特定するためのテクニックを学びます。どれだけ楽しい仕事であっても、商品となれば、時間とお金というコストが常に問われます。そこで、最も価値の高いリファクタリング候補を優先する方法を探ります。

連続事件の犯人を突き止めるために使われる科学捜査技術に基づいてテクニックを組み立てます。各犯行がより大きなパターンの一部を形成していることがわかります。同様に、ソフトウェアに変更を加えるたびに痕跡が残ります。そうした痕跡を分析すると、構築しているシステムを理解するための重大な手がかりが得られます。また、コードの履歴を分析すると、コードの将来を予測できるようになります。このため、修正作業を前倒しするのに役立ちます。

第2部：ソフトウェアアーキテクチャの改善方法を学ぶ

システム内で問題のあるコードを特定する方法がわかったら、今度は全体像が見たくなります。そうすれば、システムの基本設計が、実装している機能とコードベースの進化の仕方を実際にサポートしていることを確認できます。

第2部では、目撃証言をヒントに、記憶バイアスが無実の第三者とコードを犯人に仕立て上げる可能性があることを理解します。同様のテクニックを使って記憶バイアスを減らし、場合によっては、あなた自身のコードベースに対しても聞き取り調査を行います。その見返りとして、コードだけでは推測できない情報が得られます。

第2部を最後まで読めば、コードに加えられた変更内容に対してソフトウェアアーキテクチャを評価し、構造の劣化や高くつく知識の重複の兆候を探す方法がわかります。さらに、同じテクニックを使って、リファクタリングの方向性や新たなモジュール境界が得られることも理解します。そうした情報は、モノリスの分割やレガシーモダナイゼーション[※5]プロジェクトを乗り切る方法など、重要なユースケースを後押しします。

第3部：組織がコードに与える影響について学ぶ

今日のソフトウェアシステムの大多数は、複数のチームによって開発されています。その人とコードが交わる部分は、ソフトウェア開発において見落とされがちな側面です。チームが組織化される方法とソフトウェアアーキテクチャがサポートする作業スタイルの間にズレがあると、コードの質が低下し、コミュニケーションに悪影響がおよびます。結果として、設計を無理に対応させたり妥協したりするはめになります。

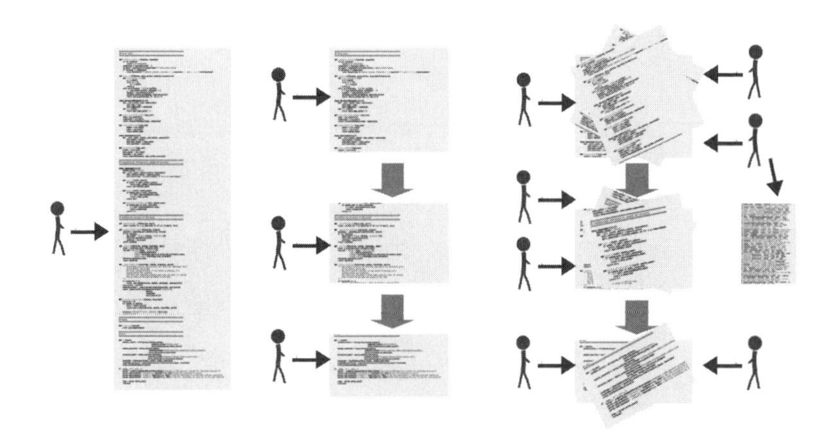

第3部では、コードの組織的な問題を特定します。作業方法からバグを予測する方法、社会的バイアスがソフトウェア開発に与える影響、開発者間の知識の分布を明らかにする方法を学びます。さらに、グループの決定、コミュニケーション、偽の連続殺人犯、そしてそれらがすべてソフトウェア開発にどのように関係するのかを学びます。

※5　[訳注] 古いシステムやアプリケーションを最新の技術やインフラに移行するプロセスのこと。

第２版で新しくなった内容

本書の第1版で取り上げた基本的なテクニックが時の試練に耐えてきたのは、人間の行動に焦点を合わせているためです。結局のところ、人間は非常に安定した構造物なのです。

第1版を読んだことがある読者なら、本書のほとんどの部分に見覚えがあるでしょう。しかし、ケーススタディを最新化し、新しい洞察、研究結果、実用的なアドバイスに基づいて本文の内容を拡充したので、それらの章も改めて読んでみてください。第2版には新しい内容が豊富に含まれており、10年間にわたって犯罪現場のテクニックを大規模に応用してきた結果として得られた、すべての教訓が反映されています。

さらに、第1版の内容をさらに発展させた、新しい章がいくつかあります。

- 「第6章　複雑なコードを修正する」では、コードの複雑さを認知的な視点から探ることで、実際に問題となるコードの臭いに焦点を合わせることができます。
- 「第7章　技術的負債のビジネスへの影響を伝える」では、技術的負債の返済と一般的なリファクタリングのビジネスケースを示します。そのようにして必要なデータをすべて取得できるため、コードの質のような非常に技術的な事柄について、非技術系のステークホルダーと話し合うことができます。
- 「第14章　技術的な問題が組織的な問題を引き起こすとき」では、ソフトウェア組織を根本から見直します。ソフトウェア開発の「人的な側面」を間違えると、どんなプロジェクトも台無しになりますが、ここではその逆もまた然りでする。つまり、あなたのコードがどのように書かれるかが、人々と組織に影響を与えることになります。

「犯罪現場としてのコード」はメタファー

「犯罪現場」というメタファーは、ソフトウェア設計に社会的な意味合いがあることを気づかせてくれます。よいコードは人間の行動を促します。適切に設計されたシステムでは、コードを変更する際に見るべき場所は明白な1か所に限定されます。本書のタイトルにある「犯罪現場」（原著タイトルの『Your Code as a Crime Scene』の「Crime Scene」）は、こうした分析のきっかけとなった科学捜査技術へのオマージュでもあります。しかし、何らかのタイミングでメタファーから離れて、私たちの表舞台であるプログラミングの探索を始めるべきです。認知心理学、グループ理論、ソフトウェアリサーチなど、ほかの多くの情報源から得た知識を調べてください。

新しいアプローチに向かって

この数十年にわたって、ソフトウェアの進化に関する興味深い研究がいくつか行われてきました。学術界のほとんどの思想や研究と同様に、これらの研究結果は産業界までは浸透してきていません。本書では、学術研究を実践的なプログラマー向けの例に落とし込むことで、そのギャップを埋めます。そのようにすれば、それらの提言が単なる意見や個人の嗜好ではなく、確固たる根拠があり、実際にうまくいくことがわかります。

しかし、学術界の偉業を重んじているとはいえ、本書は学術書ではありません。正真正銘、この業界の実践者向けの本です。したがって、本書の新しい戦略が、ほかのソフトウェア開発のプラクティスとどのような関係にあるのかが気になっているかもしれません。この点を少し整理してみましょう。

- **テスト自動化**
  本書で学ぶテクニックを使って、コードの中で欠陥を含んでいる可能性が最も高い部分を特定できます。ただし、エラーそのものが見つかるわけではなく、やはりコードをテストする必要があります。自動テストに投資する場合、本書を読めば、最初に何を自動化するのかを決定し、作成されたテストのメンテナンス可能性を監視するツールがわかるでしょう。
- **静的分析**
  静的分析は、エラーや危険なコーディング構造を見つけ出すのに役立つ強力なテクニックです。この分析では、コードがマシンに与える影響に焦点を合わせます。本書では、もう1つの対象である人間が、コードから意味と意図を推測する方法に着目します。本書のテクニックは、コードだけでは得られない情報を提供することで、静的分析を補完するものです。
- **コードの指標**
  コードの複雑さの指標は1970年代から存在していますが、どの指標も、複雑さを特定するのはそれほど上手というわけではありません。これらの指標は言語によって異なるため、多言語のコードベースを分析することはできません。さらに、コードがどのように開発されたのかに関する社会的情報を消してしまうという制約もあります。本書では、そういった情報を消してしまうのではなく、そこから価値を引き出すことを学びます。そのようにして初めて、技術的負債を修正したり、組織がチームとして機能できるようなソフトウェアアーキテクチャになっているかどうかを確認するといった、大きな問題に取り組むことができます。
- **コードレビュー**
  コードレビューは、複製するのにコストがかかる手動のプロセスであり、ここでも価値があります。コードレビューをうまく行えば、バグハンティングと知識の共有の両方に役立ちます。本書で学ぶテクニックは、レビューが必要なコードに優先順位を付けるのに役立ちます。

結論から言えば、本書は、既存のやり方を置き換えるのではなく、改善し、強化するためのものです。

ソフトウェア開発は技術的な問題だけにとどまらない

人類は驚くほど短期間で、洞窟で火をおこすところから、オフィスのパーティションに囲まれた環境でマルチコアやCPUキャッシュについて論じるところまで進化しました。それでも、私たちが現代のテクノロジーを扱うために使っている生物学的ツールは、先史時代の祖先が基本的な生存のために使っていたものと同じです。だからこそ、ソフトウェアの複雑さを制御するには、まず私たちがどのように考えるかというところから始めなければなりません。プログラミングを私たちの脳の仕組みと一致させる必要があります。

現実のケーススタディ

本書では、科学捜査技術を現実のコードベースに応用します。Reactでは、技術的負債に優先順位を付けます。Kubernetesでは、増加する一方のコードの複雑さを可視化します。Hibernateでは、凝集性の問題をリファクタリングするときの認知力を鍛えます。Spring Bootでは、問題のある依存関係を明らかにします。よく知られているFacebookのコードベースでは、トラック係数を割り出します。そして、これらはほんの一部にすぎません。

これらのケーススタディを選択したのは、よく知られているアプリケーションであり、私たちソフトウェア開発者コミュニティの最高傑作だからです。つまり、これから学ぶテクニックを使って、これらのコードベースで改善の機会を特定できるとしたら、各自の仕事でも同じようにできる可能性は十分にあります。

これらのコードベースは移動する標的であり、絶えず開発作業が進められているため、本書では安定したフォークを使うことにします。これらのフォークは本書のGitHubリポジトリ※6にあります。

調査ツールを入手する

行動的コード分析を実行するには、当然ながら、行動データを入手する必要があります。つまり、あなたとチームがコードとどのように関わるのかを追跡する必要があります。幸い、必要なデータはすべて揃っているはずですが、それをデータソースとして考えることに慣れていないだけでしょう。何のことを言っているかというと、バージョン管理のことです。バージョン管理は、ほとんどのニーズをカバーする宝の山なのです。

※6 https://github.com/code-as-a-crime-scene

バージョン管理を分析するには、マイニングと処理を自動化するツールが必要です。本書の第1版を執筆した当時は、読者に紹介したかった分析を実行できるツールはありませんでした。そのため、ツールを独自に作成しなければなりませんでした。ツールスイートは年々進化しており、本書で説明しているすべての分析を実行できるようになりました。

- **Code Maat**
  Code Maatは、バージョン管理システムからデータをマイニングして分析するために使われるコマンドラインツールです。完全に無償でオープンソースであるため、さまざまなアルゴリズムの詳細をいつでも調べることができます。
- **Git**
  本書はGitでの分析に焦点を合わせています。ただし、PerforceやSubversionなどの別のバージョン管理システムを使っている場合でも、同じ手法を適用できます。その場合は、分析の対象を読み取り専用のGitリポジトリに一時的に移行する必要があります。Gitのすばらしいドキュメント※7で説明されているように、この変換は完全に自動化されています。
- **Python**
  本書で説明する手法は、Pythonの知識を前提としていません。ここでPythonを取り上げているのは、時々発生する繰り返しタスクを自動化するのに便利な言語だからです。そのため、本書のあちこちにPythonスクリプトへのリンクが含まれています。

さらに、これらのケーススタディは、**CodeScene**の無償のCommunity Editionで、インタラクティブな可視化として提供されています※8。CodeSceneはSaaSツールであるため、インストールする必要はありません。本書では、CodeSceneを分析のインタラクティブなギャラリーとして使っています。これにより、（そうしたい場合を除いて）分析の仕組みに焦点を合わせるのではなく、一足飛びに結果を参照できるため、時間を節約できます。また、実を言うと、筆者はCodeSceneで働いています。筆者は人とコードの興味深い接点を模索するために、この会社を設立しました。読者にとっても役立つものになれば幸いです。

ツールのことは忘れよう

ツールのインストールに取りかかる前に、本書が特定のツールやバージョン管理に関するものではないことをお断りしておきます。これらのツールは理論を実践しやすくするためものにすぎません。重要なのは、あなたです——ソフトウェア設計に関しては、人間の専門知識の代わりになるツールはありません。あなたが学ぶことは、どんなツールにも勝ります。

※7　https://git-scm.com/book/en/v2/Git-and-Other-Systems-Migrating-to-Git
※8　https://codescene.com/

焦点は、テクニックを応用し、結果として得られたデータを解釈し、それに基づいて行動することにあります。それこそが重要な部分であり、それが本書の足場となります。

ツールのインストール

Code Maatは実行可能なJARファイルとしてパッケージ化されています。最新バージョンはGitHubのリリースページからダウンロードできます※9。GitHubリポジトリのREADME※10に詳細な手順が記載されています。関連するオプションについては後ほど説明しますが、この情報は常に1か所にまとまっているほうが効果的だと考えました。

Code MaatのJARを実行するには、OpenJDKなどのJVMが必要です。Java環境をインストールしたら、次のように呼び出して、正しく動作することを確認してください。

```
$ java -version
openjdk version "18.0.2"
```

これで、コマンドラインからCode Maatを起動する準備ができました。

```
$ java -jar code-maat-1.0.4-standalone.jar
```

すべてが正常にインストールされていれば、このコマンドは使用法の説明を出力します。Code Maatのバージョンは、おそらく異なるので、最新バージョンを入手してください。

入力の手間を省くために、コマンドのエイリアスを作成しておくことをお勧めします。Bashシェルでは次のようになります。

```
$ alias maat='java -jar /adam/tools/code-maat-1.0.4-standalone.jar'
$ maat  # 完全なコマンドのショートカット
```

Windows での Git BASH の使用

Windows では、コマンドプロンプト（DOS プロンプト）で Git を実行できます。コマンドによってはバッククォートなどの特殊文字が使われることがありますが、これらの文字は DOS では異なる意味を持ちます。最も簡単な解決策は、Linux 環境をエミュレートする **Git BASH シェル**を使って Git とやり取りすることです。Git BASH シェルは Git 自体とともに配布されています。

※9　https://github.com/adamtornhill/code-maat/releases
※10　https://github.com/adamtornhill/code-maat

本書には専用のWebページ※11もあるので、ぜひチェックしてみてください。本書のフォーラムがあり、ほかの読者や筆者とやり取りできます。間違いを見つけた場合は、正誤表のページで報告してください。

何が期待されるか

本書で取り上げる戦略とツールは、macOS、Windows、Linuxベースのオペレーティングシステム(OS)に対応しています。バージョン管理システムをうまく使っている限り、これから学習する内容に価値を見出せるでしょう。

ツールとスクリプトはコマンドプロンプトから実行します。そのようにして、本書で紹介するテクニックをしっかり理解し、各自の環境に合わせて拡張・調整できるようになります。心配はいりません。コマンドについては順を追って説明します。

本書では、OSに依存しない汎用プロンプトを表すために`$`を使っています。`$`部分は、各自が使っているコマンドラインのプロンプトに置き換えてください。また、前項で紹介した`maat`エイリアスを完全なコマンドの省略表記として使います。このため、このタイミングでこのエイリアスを追加しておくとよいでしょう。エイリアスを作成しない場合、プロンプトに`maat`が含まれていたら、`java -jar code-maat-1.0.4-standalone.jar`などの実際のコマンドを入力してください。

ツールは現れては消え、詳細は変化します。本書の目的は、さらに一歩踏み込み、大規模ソフトウェア開発の、時代を超越した側面に焦点を合わせることです(「時代を超越した」というのは大げさに聞こえるかもしれませんが、手法の鍵を握るのは人間や人間の行動なので、時の流れには左右されないものなのです。私たち人間は、私たちを取り巻くテクノロジーよりもはるかにゆっくりと変化します)。

それでは、大規模なソフトウェアの構築という課題に取りかかりましょう。

※11　https://pragprog.com/titles/atcrime/your-code-as-a-crime-scene/

第2版の日本語版へのまえがき

Your Code as a Crime Scene の第1版では、コード分析とメンテナンス可能性に関する新しい視点を紹介しました。同書の内容は、筆者が数年間にわたってソフトウェアコンサルタントとして活動する中で、苦労して培った教訓がもとになっています。筆者のチームが、レガシーシステムを救い出し、技術的負債の罠から抜け出し、大規模なグリーンフィールドプロジェクトで成功を収める上で助けになったのは、それらのテクニックでした。同書の執筆は、そうしたアイデアをより幅広いソフトウェアコミュニティに伝える機会となりました。

それから10年が経ちました。第1版を出版して以来、同書で紹介したテクニックを進化させることにフルタイムで取り組んできた筆者は、ツールセットを改良するために自分の会社まで立ち上げてしまいました。また、基調講演やマスタークラスを通じて、何千人もの開発者や技術リーダーにテクニックを教える機会にも恵まれました。ざっくり言えば、筆者は多くのことを学びましたが、それはひとえに、筆者が出会ったすばらしい人々や、ソフトウェアについて語り合った人々のおかげです。そうした学びを本書の新しい版に取り入れ、2014年当時よりもさらに実践的な内容にする頃合いでした。

もう1つの目標は、最新のグローバルトレンドに読者が対応できるようにすることでした。ソフトウェア開発者の不足は、かつてないほど深刻です。社会のデジタル化が進むにつれて、この需要と供給の差は広がり続けるでしょう。より短いサイクルで結果を出さなければならないプレッシャーがますます高まる中で、私たちはストレスや、持続不可能な作業負荷、ソフトウェアのデスマーチから抜け出せなくなりがちです。この問題のかなりの部分を占めているのは技術的負債です。平均的なソフトウェア会社は、バッドコードや不適切なソフトウェアアーキテクチャの影響に対処するために、開発者の時間の大部分を無駄にしています。しかし、そうではない道があるはずです。この *Your Code as a Crime Scene* の改訂版には、こうした課題を克服するのに役立つツールや洞察がきっと含まれているはずです。

筆者が第1版を執筆してから、生成AIやコードを書く機械の台頭など、状況は大きく様変わりしています。AIは破壊的なテクノロジーです。では、私たちプログラマーは、街灯の点灯夫や交換手と同じ道をたどるのでしょうか。いいえ、その可能性は低そうです。むしろ、AIの時代は、しっかりとした工学的原理や高品質なコードの必要性が高まるはずです。第2版における筆者の視点は、手書きのコードであろうと、AIが生成したコードであろうと、コードを理解のために最適化することが引き続き重要な関心事であるという点にあります。本書では、あなたの現在のコードベースの状態に関係なく、コードを理解のために最適化するにはどうすればよいかを示します。

Your Code as a Crime Scene は、2014 年には想像できなかったほど幅広い読者に読まれてきました。その改訂版である本書が日本語に翻訳されることは、筆者にとって大きな意味を持ちます。筆者はこれまでの道のりに深く感謝しており、親愛なる読者の皆さんにとって、本書がためになること、楽しいものであることを願っています。皆さんの読書が実りあるものになりますように！

Adam Tornhill

サトフタ、スウェーデン、2024 年 8 月

監訳者まえがき

そのプロジェクトが大規模になればなるほど、ソースコード群（コードベース）にはいろんな不具合や不安定な要素が内包されるようになります。確かに、そのとおり。著者はコードベースを犯罪現場にたとえていますが、本書を読んでみたイメージでは、まるで人間の肉体のようでもあります。人間の肉体の不具合を見つけるときも、MRIやCTやレントゲンで可視化を行いますし、さまざまなデータを採取して分析します。そういったアプローチをコードベースに適用するというのは、まさに目から鱗が落ちる思いです。やってみると、確かにおもしろい。多数の興味深い材料が得られるし、これまでになかった材料を得て分析手法も進化するでしょう。

本書では、その進化の軌跡をたどっています。この手法を進化させてきた著者がどのような考えで現在の形にたどり着いたのかを学びながら、大規模化＝多数の混沌を抱えるコードベースへの切り込み方を身につけることができるでしょう。

原題に「as a crime scene」（犯罪現場としての）とあるように、本書で説明される分析手法には、地理的プロファイリングのような科学捜査アプローチが採り入れられていますが、一方で、ざっくりとコードの形を見ること、形からインデントの数を入り口にした視覚的な複雑性分析、「目grep」を自分のものとしている我々にとっては大変に馴染みやすい「エンジニアあるある」な方法なども説明されています。こういった馴染みのある考え方や手法についても、まさに科学捜査のようにしっかりとした根拠を示しながら可視化して使い方を説いています。

そのどれもが新鮮で、そもそも分析できるとすら想像できなかった領域でも、驚くほど効率的、効果的に分析できることを示しています。正直なところ、「コード分析」などと言われると、「難しい」「大変」という印象を抱いてしまいますが、本書における分析は、むしろワクワクしてきます。「一体、どんな見せ方をしてくれるのだろう？」と期待も高まります。

こんな前書きなどすっ飛ばして（笑）、一刻も早く本文に当たってみてください。

今回、このようなユニークなアプローチを日本に投げかけることで、ただでさえ生産性が悪いとかいろいろ言われがちなシステムを作る現場の開発効率向上の一助になればと思っています。いや、確実にそうなると思います。

本書をエンジョイし、その驚くべき効果を実感してみてください。

2024年8月13日
府中にて
園田 道夫

目次

第３部 コードの社会的側面

第1部

理解しにくいコードを特定する

ソフトウェアシステムの進化を端緒に、ソフトウェアプロジェクトの大規模化がもたらした影響とレガシーコードの課題について説明します。第 1 部では、コードベースを評価および分析するための新しいテクニックを学びます。

システムの歴史を調べれば、その未来をどのように予測すればよいかがわかります。そうすることで、トラブルの兆候が見えたら即座に行動を起こせるようになります。

第1章
理解するための最適化

大規模なソフトウェアの構築は、人類史上最も困難なタスクかもしれません。**偶有的な複雑性**（accidental complexity）——たとえば、提示された問題に必要な程度よりも複雑になってしまったコード——により、このタスクはさらに難しくなります。そのようなコードは、メンテナンスにコストがかかり、バグだらけで、変更するのが難しいものになります。

生産性を長期的に維持するには、プログラムの偶有的な複雑性を抑制する必要があります。そのための主なツールは人間の脳です。人間の脳は驚異的な能力を有していますが、深いループに入れ子になった条件付きロジックの壁を打ち破るように進化することはありませんでした。そして、暗黙的な依存関係を持つ非同期のCQS（Command-Query Separation）イベントの解析に特化した脳中枢を持つこともありませんでした。そのような脳を持っていたとすれば、私たちのプログラミング生活はもっと楽だったに違いありませんが、私たちはまだそこまで進化していません。

もっと多くのテストを書いたり、リファクタリングを試みたり、複雑なコード構造を理解するためにデバッガを起動したりすることは、いつでもできます。しかし、システムの規模が拡大するに従い、そのどれもが難しくなっていきます。複雑すぎるアーキテクチャ、一貫性のないソリューション、無関係に見える機能を動かなくする変更に対処するうちに、生産性とプログラミングの喜びの両方が失われるかもしれません。W. Edwards Demingがかつて言ったように、「悪いシステムは、いつも善人を参らせる」ものです※1。

本章では、大規模なソフトウェア開発につきものの課題を探っていきます。核心的な問題が露わになったら、コードを根本的に異なる角度から捉える科学捜査技術の出番です。まず、私たちプログラマーが実際に何を行っているのかを見てみましょう。

本質的な複雑性と偶有的な複雑性の違いを理解する

問題の複雑さとソリューションの複雑さは、性質の異なるものです。この点については、大きな反響を呼んだFrederick Brooksの論文*No Silver Bullet* [Bro86]で詳しく解説されています。Brooksは複雑さを本質的な複雑性と偶有的な複雑性に分類しています。本質的な複雑性は問題領域そのもの――つまり、私たちがそもそもプログラムを書く理由を反映していますが、偶有的な複雑性は問題を解決する**方法**が招いた結果です。

私たちプログラマーがコントロールするのは、偶有的な側面――すなわち、ソリューションの複雑さです。本質的な複雑さを制限する場合は、たとえば規模を縮小したり、機能を廃止したりして、別の問題を解決することになります。

1.1 コーディングがプログラミングのボトルネックではないことを理解する

私たちプログラマーは、新規のコードを書きません。コードを書くこと自体はもちろんありますが、その場合でもほとんどの時間を費やすのはコーディングではありません。私たちが最もよく行うのは既存のコードを改善することであり、その時間の大部分は現在のソリューションを理解しようとすることに費やされます。したがって、私たちプログラマーの主な仕事は、コードを書くことではなく、すでにそこにあるものを理解することなのです。

私たちが読み解かなければならないコードは、チームメイト、とうの昔にいなくなった請負業者、または（しばしば）まだ若くてあまり知識がなかった自分自身が書いたものかもしれません。何を変更すればよいかがわかれば、修正はいとも簡単でしょう。しかし、そうした悟りの境地に至るまでの道のりは険しいものになることがあります。

ソフトウェアをメンテナンスしている最中は、このことが特に重要となります。Robert Glassは、*Facts and Fallacies of Software Engineering* [Gla92]の中で、メンテナンスはソフトウェア製品の最も重要なフェーズであると論じています。ソフトウェア製品によっては、ライフサイクルコスト全体の40～80%をメンテナンスが占めます。これだけのコストをかけていったい何が得られるのでしょう

※1 https://deming.org/a-bad-system-will-beat-a-good-person-every-time/

か。Glassは、メンテナンス作業の60%が、単なるバグ修正ではなく、正真正銘の機能強化であると推定しています。

こうした機能強化はソフトウェア製品に対する理解の深まりを反映しています。ユーザーから新しい機能がリクエストされたのかもしれませんし、企業がその能力と市場カバレッジを拡大するために懸命に努力しているのかもしれません。ソフトウェア開発は学習活動であり、メンテナンスにはそれまでに学んだことが反映されます――成功する製品に決して終わりはないのです。

したがって、たとえメンテナンスに時間がかかるとしても、それ自体は問題ではなく、むしろよい兆候です――メンテナンスされるのは、価値のあるアプリケーションだけだからです。うまくやる秘訣は、潜在的な無駄を減らして、メンテナンスを効果的に行うことです。私たち開発者が既存のコードを理解することにほとんどの時間を費やすことを考えると、疑う余地のない候補が1つあります。ソフトウェア開発のあらゆる側面を最適化したいと思うならば、「理解」のために最適化すべきです。それには大きなメリットがあります。

複雑な問題を解決することでコードが複雑になる場合はどうすればよいか

Joe asks

難しい問題には複雑なコードが必要であると考えがちです。筆者に言わせれば、事実はその逆で、ビジネス上の問題が複雑であればあるほど、ソリューションをできるだけ理解しやすいものにすることに、より多くの投資をすべきです。

1.1.1 アジャイルの世界でメンテナンスを理解する

話の続きをする前に、白状しなければならないことがあります。先ほどの話にあったメンテナンスの数字は時代を感じさせます。それらの数字は1990年代のプロジェクトに基づいており、その後、ソフトウェアの世界は大きく様変わりしています。

主な変化の1つは、今では私たちが**アジャイル**になったこと――または少なくとも、アジャイルであると主張していることです。アジャイル開発は根本的に繰り返しであり、事前に大規模な設計が行われていた従来のソフトウェア開発フェーズに対する反動として始まりました。この時点で、「このメンテナンスの話がアジャイルとどう関係しているのだろう」と思っているかもしれません。アジャイル製品チームのどこに「メンテナンス」があるのでしょうか。

そこでまず、メンテナンスという用語の範囲を超えて、その本質に目を向けてみましょう。コードベースに対する変更や拡張は、いつ開始するのでしょうか。遅くとも、イテレーションの2周目で開始されます。つまり、現在のアジャイル環境では、すぐにメンテナンスモードに入るのです。このことは、最もコストのかかる「既存のコードを理解する」というコーディング活動に、私たちがほとんどの時間を費やすようになったことも意味しています。

ですが、話はそれで終わりではありません。図1-1からも明らかなように、これらの数字は劇的に増えており、現在では一般的な製品のライフサイクルコストの90%以上をメンテナンスが占めています。結局のところ、Glassは楽観的だったわけです（メンテナンスコストの概要については、*Which Factors Affect Software Projects Maintenance Cost More?*［DH13］を参照）。

よいコードは常に重要でした。こうしたソフトウェアトレンドは、現在ではその傾向がさらに強まっていることを示唆しています。

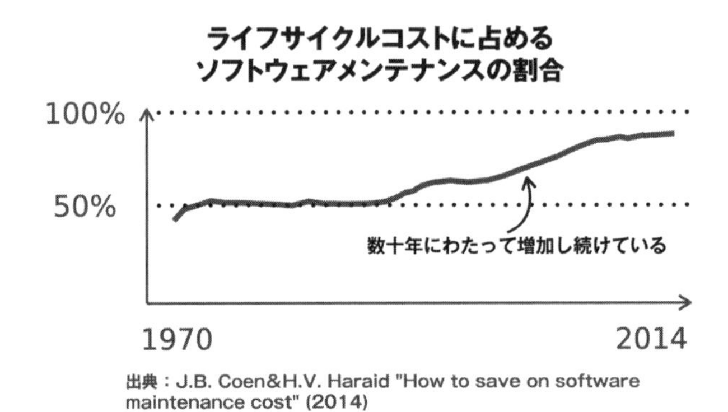

図1-1：ライフサイクルコストに占めるソフトウェアメンテナンスの割合

コードは時間が経つと劣化する

ソフトウェアは物理的な製品のように磨耗したり錆びついたりはしませんが、時間が経つだけでコードが複雑になります。10年前はこなれたコードだったものが、現在ではアンチパターンになっているかもしれません。たとえば、Javaにジェネリクスが導入されたことによって、コーディングスタイルはどのように変化したでしょうか。ジェネリクスが導入される前のJavaコードでの作業は、もうすっかり慣れてしまったコンパイル時のチェックというかけがえのない機能が利用できないことを意味します。

個人の成長もメンテナンスに同じような影響をおよぼします。数年前に自分が書いたコードを見て、すっかり恥ずかしくなってしまったことはないでしょうか。筆者もたびたび経験していますが、それはよい兆候です。恥ずかしさは学びの表れだからです。私たちは若い頃にはわからなかった機会に気づきます。昨日の誇りは、今日の課題です。

1.2　規模の課題に対処する

理解のための最適化は難しい問題です。最後に取り組んだ大規模なコードベースについて考えてみてください。そのコードベースを改善できるとしたら、何を改善しますか？　そのコードに多くの時間を費やしてきたあなたなら、問題がありそうな部分がいくつか思い浮かぶでしょう。しかし、そうした変更点のうち、生産性に最も影響を与えるのはどれなのか、チーム全体のメンテナンス作業を楽にするのはどれなのかは、わかるでしょうか。

あなたの選択は、いくつかの要素のバランスを考慮したものでなければなりません。当然ながら、あなたは設計に含まれているやっかいな要素を単純にしたいと考えるでしょう。また、不具合が生じやすいモジュールを何とかしておきたいと考えるかもしれません。また、再設計の効果を最大限に引き出すために、あなたとあなたのチームメイト（現在、そして将来もの）が引き続き作業する可能性が高いのはどの部分のコードなのかも検討すべきでしょう。それによって、そうした部分のコードを可能な限りシンプルに保つことができます。

単純さを追求するのは、皮肉なことに、なかなか難しいものです。現在のコードベースの規模でさえ、そうした改善すべき部分を特定して優先順位を付けることは実質的に不可能です。残念ながら、複雑なコードの設計の見直しにはリスクが伴い、たとえ正しく行ったとしても、実際の結果がどうなるかは不確かだからです。

1.2.1　デジタルの干し草の山から針を見つける

図1-2を見てください。現代の多くのシステムで見られるように、このコードベースは複雑です。さまざまなバックエンドサービス、複数のデータベース（リレーショナルベースとオブジェクトベースの両方が含まれている可能性があります）、そしてモバイルデバイス、Webユーザー、RESTなどのクライアントで構成されていることがわかります。

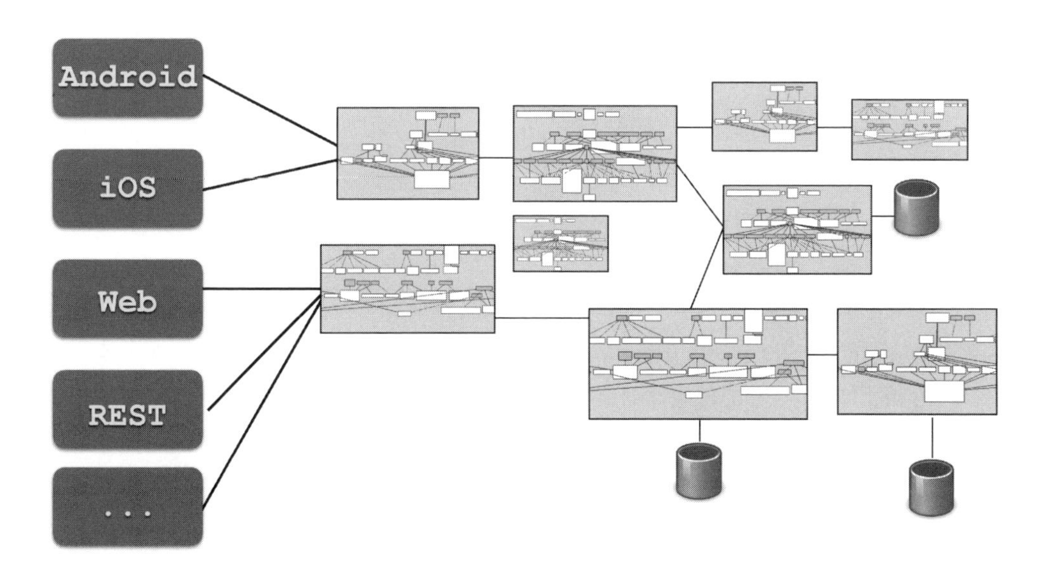

図1-2：複雑なコードベース

こうしたよくあるシステムの複雑さは、注視されてしかるべき低レベルのパーツを見えにくくしてしまいます。私たちがどれだけ経験を積もうと、人間の脳では、10万行もののコードを効果的にステップ実行し、各要素の相対的な重要性を評価しながら、良いものと悪いものを選り分けることはできません。

図1-3に示すように、開発チームの規模が拡大するに従って、問題も大きくなっていきます。規模が拡大すると、誰もコードの全容を把握できなくなります。古くからあるコードベースには、誰もよく知らない、または責任があると感じていないコードがあるため、偏った決定がなされる危険があります。システムがどのようなものであるかについて、1人1人が異なった見解を持つようになる可能性すらありそうです。

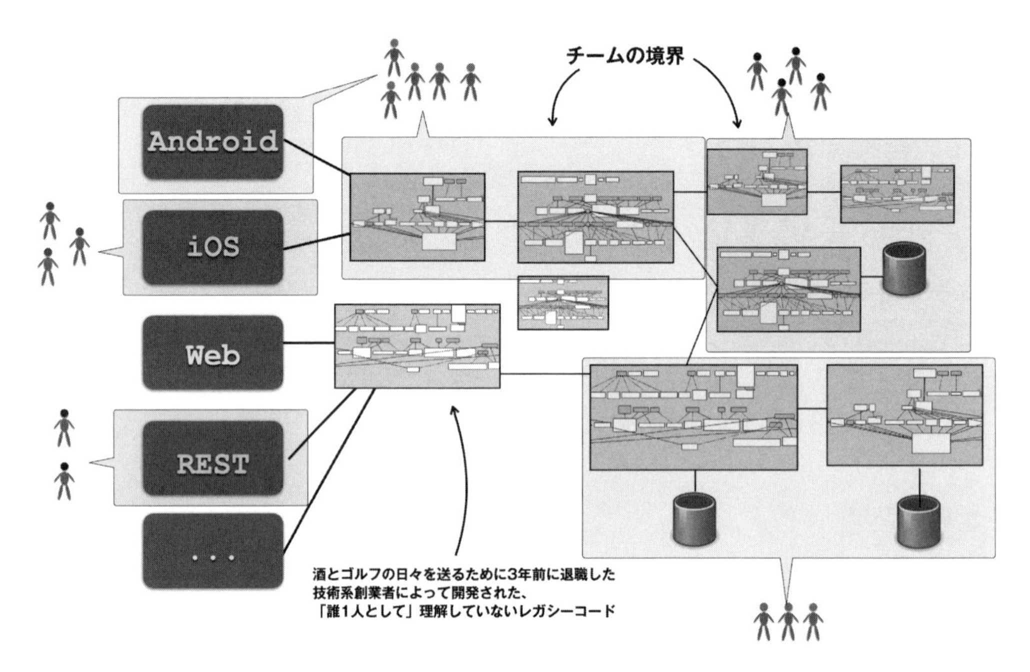

図1-3：開発チームの規模が拡大するに従い、問題も大きくなっていく

さらに、開発が活発に進められているシステムは動く標的です。これらの要因が重なり合った結果、大規模なコードベースでは、誰もがシステムについて狭い視野しか持たなくなってしまうでしょう。不完全な情報に基づく意思決定はトラブルのもとです。そうした意思決定によってコードの一部が最適化されたとしても、ほかの開発者が管理している領域にそのしわ寄せがおよぶかもしれません。あるいは、一部のコードを改善しても、全体的なシステム管理の能力に何の影響も与えないかもしれません。

チームメンバーを入れ替えて経験を共有させれば、この問題の一部に対処できることは確かです。それでも、チームの集合知を1つにまとめる方法が必要です。この点については、後ほど説明します。まず、従来のアプローチの1つである複雑さの指標と、その指標だけではうまくいかない理由について説明しましょう。

最初からうまくやれば複雑さを回避できるのでは？

Joe asks

いいえ、そうはいきません。ある程度の偶有的なソリューションの複雑さは避けられません。仮に、コードの1行1行が完璧で、シンプルで、正確であることにこだわったとしても、第11章の11.5節で説明するように、この高潔なアプローチをもってしても十分ではありません。一般に、ソフトウェア開発と人間による問題解決の性質はそもそも反復的です。私たちは実際に行動し、その結果を観察することで学習します。

1.3　複雑さの指標の誘惑にご用心

複雑さの指標は特定のコーディング構造に焦点を合わせています。最もよく知られている指標は、1976年にThomas McCabeによって発明された**循環的複雑度**（cyclomatic complexity）で（*A Complexity Measure*［McC76］を参照）、関数内の論理パスの数をカウントするという仕組みになっています。つまり、`if`文や制御構造（`for`ループ、`while`ループなど）が追加されるたびに複雑さも増していきます。図1-4に示すように、複雑度の値を求めるには、それらの論理パスを数えて合計します。まったく単純です。

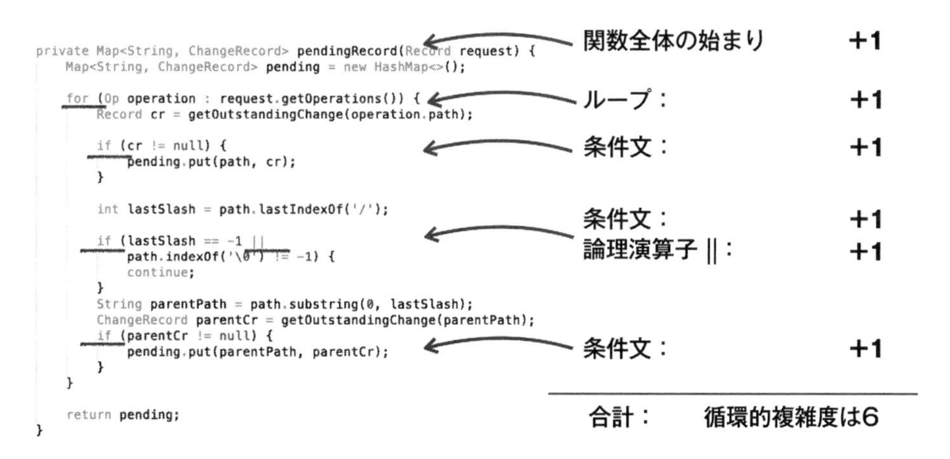

図1-4：循環的複雑度の値を求める

表面的には、想定していたとおりの展開に思えます。ツールにコードベースを参照させ、コードの最も複雑な部分をわかりやすく要約するわけです。これで問題は解決するのでは？ 残念ながら、コードの指標だけでは不十分です。なぜなら、複雑さの最も重要な側面である「影響」を捉えていないからです。その理由は次のとおりです。

1.3.1　振る舞いの観点からコードにアプローチする

複雑なコードが問題となるのは、そのコードに対処しなければならない場合だけです。おそらく最も複雑な部分のコードは何年も安定した状態にあり、本番環境で問題なく動作し、変更を必要としている人はいません。コードが複雑かどうかで本当に違いが生まれるのでしょうか。実際には、時限爆弾がいつ爆発してもおかしくない状態かもしれないのです。つまり、これが長期的なリスクであると認識しておく必要があります。しかし、大規模なコードベースは根拠のない複雑さにあふれており、それらのすべてに一度に対処するのは無理があります。また、完全に理解していない複雑なコードを扱っている場合は特にそうですが、システムを改善するたびに新たなバグが紛れ込むリスクもあります。

この制限は循環的複雑度に特有のものではなく、コードの指標全般の根本的な性質です。指標がどれほど正確であっても——そして、循環的複雑度よりもよい選択肢が存在するとしても、コードを静的な視点でばかり捉えると、本当に重要な部分を優先することができなくなります。

コードの人的な側面が考慮されていて、システムにどう取り組めばよいかを理解するのに役立つ戦略が必要です。そのような戦略は、犯罪者プロファイリングの分野に見出せるかもしれません。次章では、そうしたテクニックをともに探ってみましょう。

第2章 コードを犯罪現場として扱う

現在、コードベースは複雑になる一方であり、1人でシステム全体を維持管理することは不可能になっていることが理解できたでしょう。さらに、従来の複雑さの指標だけでは不十分であり、コンテキストや優先順位が欠けていることもわかったと思います。

ここで、コードベースの地図があると想像してみてください。この地図は、コードの強い部分と弱い部分を指摘するだけではなく、生産性の主なボトルネックも浮き彫りにします。これらのボトルネックは、偶有的な複雑性がチームに最も大きな影響を与える部分です。この情報があれば、最も緊急性の高い問題に対する改善をデータに基づいて優先的に実行できます。

本章では、思考実験を現実化します。この実験は法心理学という刺激的な分野にヒントを得たものです。犯罪者プロファイリングの速習講座から始めることにしましょう。

2.1 速習：犯罪者プロファイリング

犯罪者プロファイリングについては、すでに少しは知っていると思います。犯罪者プロファイリングは1990年代にヒットした『羊たちの沈黙』などの映画がきっかけで世に広まりました。その人気は映画の劇場公開から数十年経った今でも衰えていません。

『羊たちの沈黙』では、アンソニー・ホプキンスが演じるハンニバル・レクター博士が、有罪判決を受けて収監されている殺人犯として登場します。映画の中で、レクター博士に犯行現場の不可解な詳細がいくつか明かされます。その情報だけをもとに、レクター博士は犯人の性格だけではなく、動機まで推測してしまいます。この情報が決め手となって、犯人である連続殺人犯バッファロー・ビルが逮捕されることになります（ネタバレしてしまい、すみません）。

『羊たちの沈黙』を初めて観たとき、すっかり感銘を受けた筆者は、自分もレクター博士のようになりたいと思いました（プロファイリングのほうであって、もう1つのほうではありません。念のため）。その数年後に犯罪心理学を専攻したときには、ものすごくがっかりしました。レクター博士の驚くべきプロファイリングのスキルには、重大な制限があることがわかったのです――それらのスキルはハリウッド映画でしか通用しないものでした。

幸いにも、現実に応用できる科学的に有効なプロファイリング手法はほかにもあります。このまま読み進めてください。これらのオープンエンドな問題に対処するために心理学者が使っている手法が、ソフトウェア開発者にとっても役立つことがわかるでしょう。

2.1.1　犯罪の地理的プロファイリングを学ぶ

地理的プロファイリングは、連続犯を捕まえるためのテクニックです。捜査官は空間的確率分布を計算することで、犯人の最も有力な居場所を特定できます。地理的犯罪者プロファイリングは、（プログラミングと同じように）それなりに議論のある複雑なテーマですが、その基本的な原理は数分でカバーできるほど単純です。

地理的プロファイリングの根底には、犯罪者は私たちとそれほど変わらないという基本的事実があります。ほとんどの時間、彼らは犯罪に手を染めておらず、仕事に行ったり、レストランや店を訪れたり、友人と会ったりしています。彼らはあるエリア内を移動しながら、向かっている場所の地図を頭の中で描きます。これは犯罪者に限ったことではなく、誰もが自分の周囲の地図を頭の中で描きます。そして、犯罪者は犯罪を犯す場所を決めるために、頭の中の地図を使うことがあります。

このことは、犯行現場が決して無作為に選ばれたものではないことを意味します。地理的な位置には、犯人に関する情報が含まれています。少し考えてみましょう。犯罪が発生するとしたら、加害者と被害者が空間的および時間的に重なっているはずですよね？

2.1.2　犯行パターンを見つける

連続犯の犯行は時間が経つにつれてパターンを形成します。地理的プロファイリングは、犯罪の空間分布においてそうしたパターンを明らかにするものです。地理的プロファイリングがうまくいくのは、たとえ奇妙な犯行であっても、犯罪を犯す**場所**の根拠が論理的思考に基づいていることが多いからです（詳細については、*Principles of Geographical Offender Profiling*［CY08a］を参照してください）。一般の人々と同様に、犯罪者はリスクを回避する傾向にあります。そして、これも一般の人々と同様に、犯罪者はしばしば日和見的です。これらの特徴は、犯罪者プロファイラーにとって有利に働きます。そこで、図2-1を見ながら、空間的な移動が犯罪者の居場所の特定にどのように役立つのかを確認してみましょう。

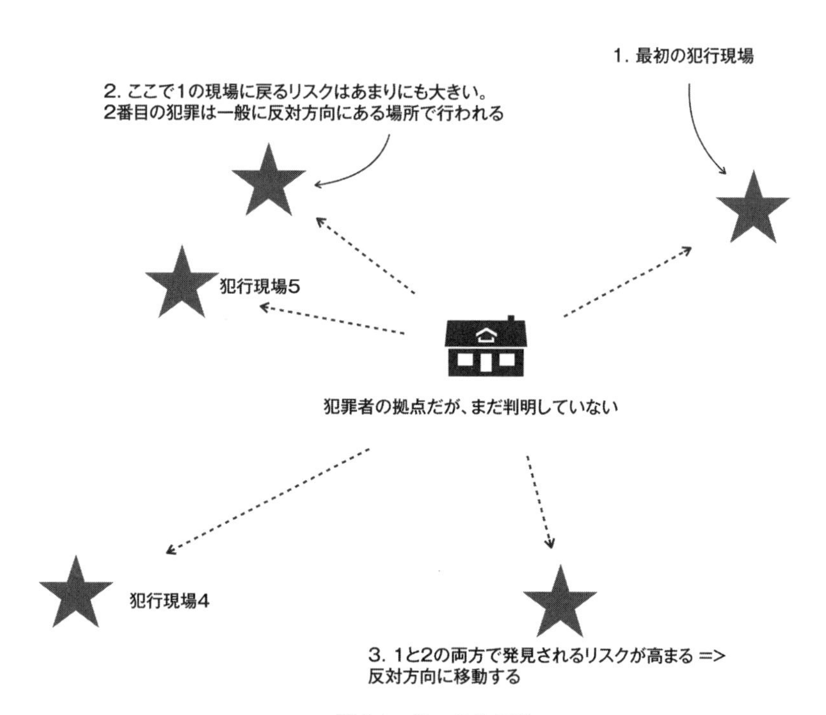

図2-1：サークル仮説

犯行におよんだ後、犯罪者はそのエリアに戻るのは危険すぎると考えます。一般に、次の犯行現場は最初の犯行現場とは反対方向になります。犯行を重ねるうちに、犯行現場の分布は地図上で円を描く傾向にあります。この情報をもとに、統計分析を使って犯罪者の最も有力な居場所を発見できます。ここで実際の事件を追ってみましょう。史上最も悪名高い連続殺人犯である切り裂きジャックを追跡します。

2.1.3　切り裂きジャックのプロファイル

時は1888年、切り裂きジャックはロンドンのホワイトチャペルの貧困地域の通りに出没していました。切り裂き魔の正体は不明なままでしたが、その陰惨な犯行には顕著な類似点がありました。犯人と5人の被害者を結び付けたのは、それらの類似点でした。

切り裂きジャックの地理的パターンは、すでに見ています。例として使った図2-1は、切り裂きジャックの行動範囲を示しています。この情報をプロファイルに変換してみましょう。図2-2を見てください。

図2-2：切り裂きジャックの地理的プロファイル

図2-2のプロファイルは、The Center for Investigative Psychologyによって開発されたDragnetというソフトウェアを使って、David Canter教授[※1]が生成したものです。Dragnetはまず、各犯行現場を重心と見なします。次に、個々の重心を数学的に結び付けますが、「心理学的には、距離はどれも等しくない」という重要なひねりが加えられます。したがって、犯行現場は相対距離に応じて重み付けされます。この重み付けされた結果は、犯人の拠点が含まれている可能性が最も高い地理的エリアを示すものであり、**ホットスポット**とも呼ばれます。地図上の中央の領域がホットスポットです。

結果として得られたホットスポットは捜査員にとって貴重な情報であり、市の全域をパトロールするようなことはせずに、時間と労力をより狭いエリアに集中的に注ぎ込めるようになります。

※1　https://en.wikipedia.org/wiki/David_Canter

2.2　地理的犯罪者プロファイリングをコードに応用する

犯罪心理学で地理的犯罪者プロファイリングについて学んだとき、筆者はソフトウェアに応用できるのではと考えました。大規模なソフトウェアシステムのホットスポットを特定するテクニックを考案できるとしたらどうでしょうか。大規模なシステムをいくつかの重要なモジュールに絞り込めるホットスポット分析は、私たちの職業にとって頼もしい存在となるでしょう。

コードベースに対する地理的プロファイリングでは、100万行のコードの中に設計上の問題点が潜んでいないかどうかを推測する代わりに、リファクタリングが必要な領域に関する優先順位付きリストが得られます。このリストは、開発の焦点が次第に変化することを反映した動的な情報でもあります。

結局のところ、ジャックは誰だったのか？

Joe asks

切り裂きジャックはとうとう捕まりませんでした。となると、地理的犯罪者プロファイルが本当に使えるアプローチかどうかは、どうやって判断すればよいのでしょうか。1つの方法は、既知の容疑者がこのプロファイルにどれくらい当てはまるのかを調べて、それらの容疑者を評価することです。切り裂きジャックの事件は被疑者に事欠かなかったので、このプロファイルは捜査官が最も有力な人物に目星を付けるのに役立つはずです。そのうちの1人であるJames Maybrick氏を調べてみましょう。1990年代の初め、リバプールの綿商人だったJames Maybrickが書いたとされる日記の存在が表沙汰になりました。この日記の中で、Maybrickは自分が切り裂きジャックであると主張していました。*The Diary of Jack the Ripper* [Har10] が出版されて以来、世界中の何千人もの切り裂きジャック事件の研究家が、筆跡分析やインクの化学的検査などの技術を用いて、この日記が偽造されたものであることを暴こうとしてきました。この日記が偽物であることはまだ証明されておらず、その正当性は依然として物議をかもしています。

この日記から、Maybrickがロンドンを訪れるたびにミドルセックス・ストリートに部屋を借りていたことが明らかになっています。さて、ロンドンの地図を手に取ってみると、ミドルセックスストリートがホットスポットのちょうど内側にあることがわかります。ということは、Maybrickは有力な容疑者になるはずです。

2.2.1 コードを地理的に探索する

ホットスポットについて推論する前に、コードの地理を把握しておく必要があります。ソフトウェアは物理特性を持ち合わせていませんが、可視化するのは簡単です。筆者が普段使っているツールはCode City[※2]です。

Code Cityは、使っていて楽しく、犯罪者プロファイリングのメタファーにぴったりです。図2-3は、Code Cityで生成したサンプル都市を示しています。

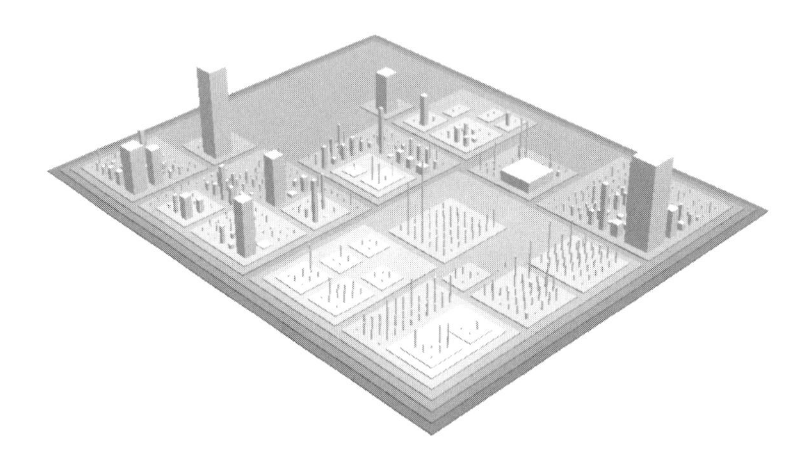

図2-3：Code Cityで生成したサンプル都市

Code Cityでは、ブロックはパッケージ、各クラスは建物（ビル）を表します。各クラスのメソッドの個数は高さを定義し、属性の個数は建物の基礎を指定します。

可視化された都市を見てみると、大きな建物が突出していて目を惹きます。情報がそれだけである場合は、対応するクラスが有力な容疑者になります。見事な可視化のように思えますが、実際にはあまり前進していません――結局のところ、これもコードの複雑さを静的に捉えたものにすぎず、第1章の1.3節で説明した制限はすべてそのままです。おそらくそうした大きなクラスは何年も安定していて、十分にテストされており、開発者の活動はほとんどないのかもしれません。コードのほかの部分に早急に対処しなければならない可能性があるときに、そこから手をつけるのは得策ではありません。

コードの都市を実用的な地理的プロファイルに変換するには、欠けているピースを埋める必要があります――そう、動的な移動と活動です。ただし、今回は犯罪者ではなく、プログラマーの動的な移動と活動です。

※2 https://wettel.github.io/codecity.html

2.3　捜索範囲を絞り込む：コードの空間的パターン

切り裂きジャックのプロファイリングでは、切り裂きジャックの空間情報を使って捜索範囲を絞り込みました。コードでも、開発者の活動が活発な領域に焦点を合わせることで、同じことをしてみましょう。

図2-4に示すように、あなたの組織では、コードでの動きを追跡するツールをすでに導入しているはずです。おっと！身構えなくても大丈夫です。そんなに難しいことではありません――単に、そうしたツールを導入してはいるものの、コードの追跡用に使うと想定していなかっただけです。こうした追跡ツールの従来の目的は、まったく異なります。そうしたツールは主にコードのバックアップシステムとして機能しますが、場合によってはコラボレーションツールとしても使われます。そうです。バージョン管理システムのことです。

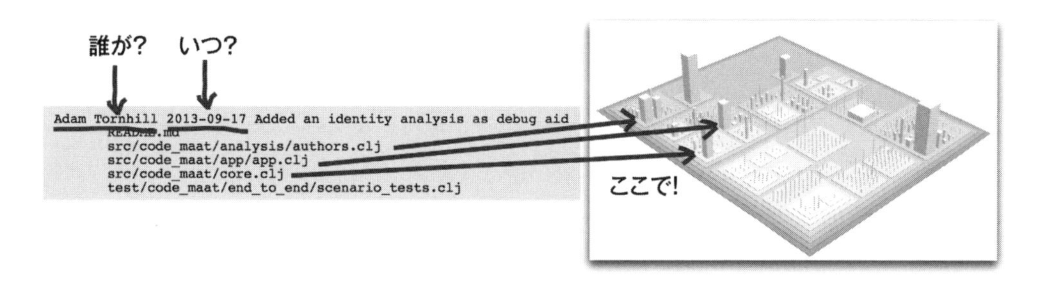

図2-4：バージョン管理システムとコードの都市との関係

バージョン管理システムのデータは情報の宝庫です。システムに対する変更と関連する手順がすべて記録されています。また、捜査官が用いる犯行現場のパターンよりも詳細であるため、さらに正確な予測ができるはずです。最初の大まかな例から始めることにしましょう。細かい部分は次章で取り上げます。

次ページの図2-5は、TreeMapアルゴリズム※3による最も基本的なバージョン管理データを示しています。

各タイルのサイズと色は、対応するコードが変更される頻度に基づいて重み付けされます。モジュールに記録された変更の数が多いほど、可視化においてその矩形が大きくなります。変化しやすいモジュールは目立つため、簡単に見つかります。

※3　https://github.com/adamtornhill/MetricsTreeMap

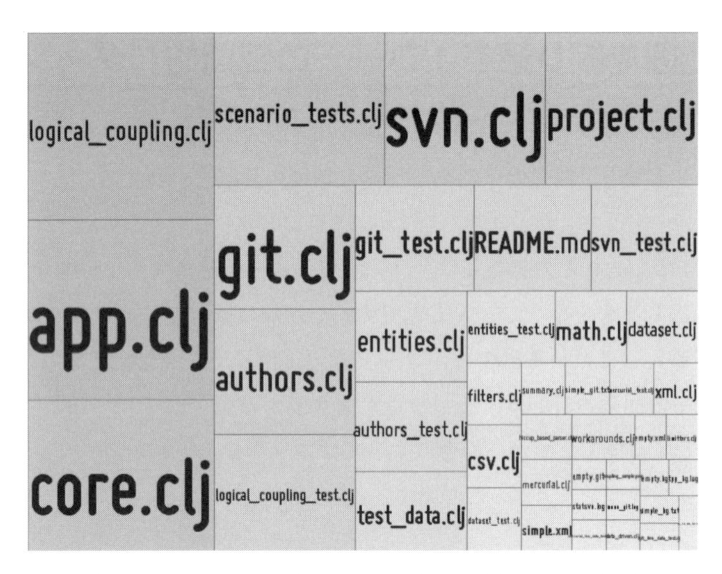

図 2-5：TreeMap アルゴリズムに基づくバージョン管理データ

変更頻度の計測（定量化）は、過去に変更されたコードは再び変更される可能性が高いという考えに基づいています。コードの変更には、常に理由があります。おそらくモジュールの責務（役割や機能）が多すぎるか、問題が十分に理解されていないか、機能領域がどんどん広がっていることが考えられます。いずれの場合も、チームが最も労力を費やしたモジュールをバージョン管理データから特定できます。

2.3.1　変更頻度を捜査の指針にする

図 2-5 の TreeMap による可視化から、ほとんどの変更が `logical_coupling.clj` というモジュールと（次いで）`app.clj` というモジュールで発生していることがわかりました。これらの２つのモジュールがまとまりのない複雑なコードであることが判明した場合、それらの設計を見直せば、将来の作業に重大な影響をおよぼすでしょう。何しろ、現在進行形でほとんどの時間をそこで費やしているのです。

作業量を調べることは正しい方向に向かうための一歩ですが、コードの複雑さについてももう一度考えてみる必要があります。コードの性質については何もわかっていないため、時間的な情報だけでは不十分です。確実なのは、`logical_coupling.clj` が頻繁に変更されていることです。このモジュールは、完全に構造化された、一貫性のある、明確なソリューションかもしれませんし、小さな変更がたびたび加えられる設定ファイルにすぎないかもしれません。変更の頻度だけでは、その部分のコードの関連性しかわかりません。コード自体に関する情報がなければ、そのコードが問題かどうかを判断することはできないのです。

2.3.2　複雑さと関連性を組み合わせてホットスポットを特定する

Code City の可視化に戻って、その複雑さの次元と、関連性という新たな指標を組み合わせてみましょう。図 2-6 において濃い色で示されているのが、その結果です。注目すべきは、この 2 つの次元が重なっている部分です。

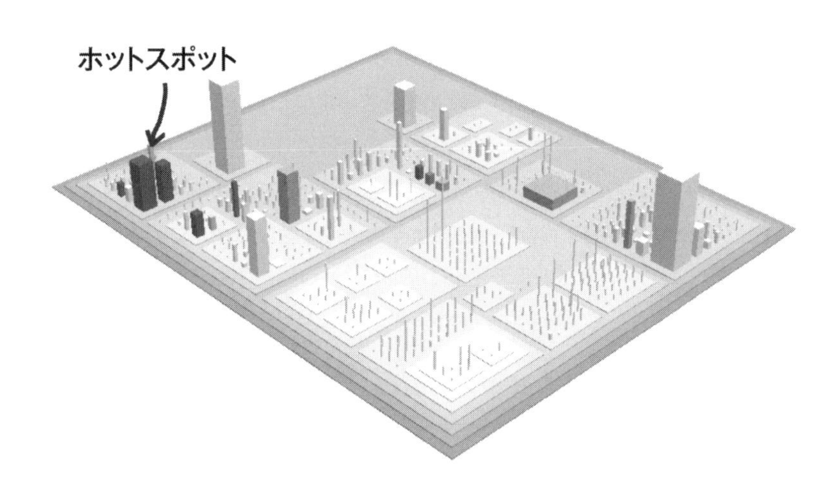

図 2-6：ホットスポットを検出する

総合的に見て、複雑さと作業量が重なる部分は、コードのホットスポット（犯人）を示しています。ホットスポットは頻繁に変更することになる複雑なコードです。

本書では、影響力の大きい改善とリファクタリングの指針としてホットスポットを使います。ただし、それだけではなく、ホットスポットは品質とも深く結び付いています。そこで、先に進む前に、このトピックに関する研究を詳しく調べてみましょう。

2.3.3　ホットスポットは欠陥の予兆となる

次に示す研究によれば、複雑なコードが頻繁に変更されると、品質の低下が予測されることがわかっています。

- 長期的に運用されているシステムを調査した結果、コードの純粋なサイズよりもコードの変更回数のほうが欠陥を予測するのに適していることがわかった（*Predicting fault incidence using software change history* [GKMS00]）。

- コードの重複に関する研究では、頻繁に変更されるモジュールがメンテナンスの問題点や低品質のコードに関連していることがわかった（*An Empirical Study on the Impact of Duplicate Code*［HSSH12］）。コードの重複については、第９章で詳しく見ていく。
- シンプルな指標と複雑な指標との間には多くの重複が見られることが、いくつかの研究で報告されている。モジュールに対する変更という材料の重要性が非常に高く、指標を複雑にしたところで、より多くの予測的価値をもたらすことはほとんどない（*Does Measuring Code Change Improve Fault Prediction?*［BOW11］など）。
- この報告は、コードの品質問題を検出するためのさまざまな予測モデルをテストした研究によって裏付けられている。コードの行数とモジュールの変更状況の２つが最も強力な予測変数であることが判明している（*Where the bugs are*［BOW04］）。
- 最後に、セキュリティの脆弱性を調査した2021年の研究では、セキュリティエラー密度（1K SLOCあたりのエラー数）とホットスポットの存在との間で、強い正の相関が認められた（*The Presence, Trends, and Causes of Security Vulnerabilities in Operating Systems of IoT's Low-End Devices*［AWE21］）。

組織としての私たちがコードとやり取りする方法に関して行動分析的な視点を導入できれば、こうした予測力をすべて自分たちのものにできます。

2.4 ホットスポットは確率を反映する

地理的犯罪者プロファイリングは確率に基づいていますが、ホットスポットが捜査官に対して犯罪者を指し示すという保証はありません。コードのホットスポットにも同じ性質があります。頻繁に変更されるコードが問題であるとは限りませんが、やはり問題になる可能性は高くなります。そのため、ホットスポットがもたらす空間的確率分布をコードレベルの知見で補完することが重要となります。このトピックについては、第１部全体で詳しく見ていきます。

ホットスポット分析の主な価値は、複雑なコードが組織にどのような影響を与えるのかを照らし出すことにあります。コードそのものを見ているだけでは、そうしたことはわかりません。この情報をもとに、最もコストのかかる技術的負債を最初にリファクタリングすると、コードが理解しやすくなります。ホットスポットは時間を賢く使うのに役立つ簡単なテクニックです。

ホットスポットの仕組みと、ソフトウェアの品質との重要な関係がわかったところで、このテクニックをコードに適用する準備ができました。それでは、最初の犯罪者――いや、ソースコードのプロファイルを一緒に見ていきましょう。

第3章

ホットスポットの検出：
コードの犯罪者プロファイルを作成する

犯罪者プロファイリングの仕組みがわかったところで、理論を実践に移してみましょう。ここでは、ホットスポット分析を使って現実のコードベースを分析し、偶有的複雑性を突き止めて修正します。

まず、これらの科学捜査技術をReactに適用します。ReactはFacebookによって開発された人気の高いJavaScriptライブラリです。この分析が完了すると、図3-1のような犯罪者プロファイルが得られます。

可視化について説明する前に、必要なエビデンスを取得する機械的なステップについて説明しておく必要があります。ここで使うツールチェーンはこれらのステップを自動化できますが、データがどこから得られるのかを知っておいて損はありません。これらのステップを手動で実行する機会がなかったとしても、コアとなるアルゴリズムを理解しておけば、エビデンス取得に関する理解を深めることにつながります。したがって、人とコードが交わる部分を通る最初のステップについては、この後の章よりも詳しく説明することにします。

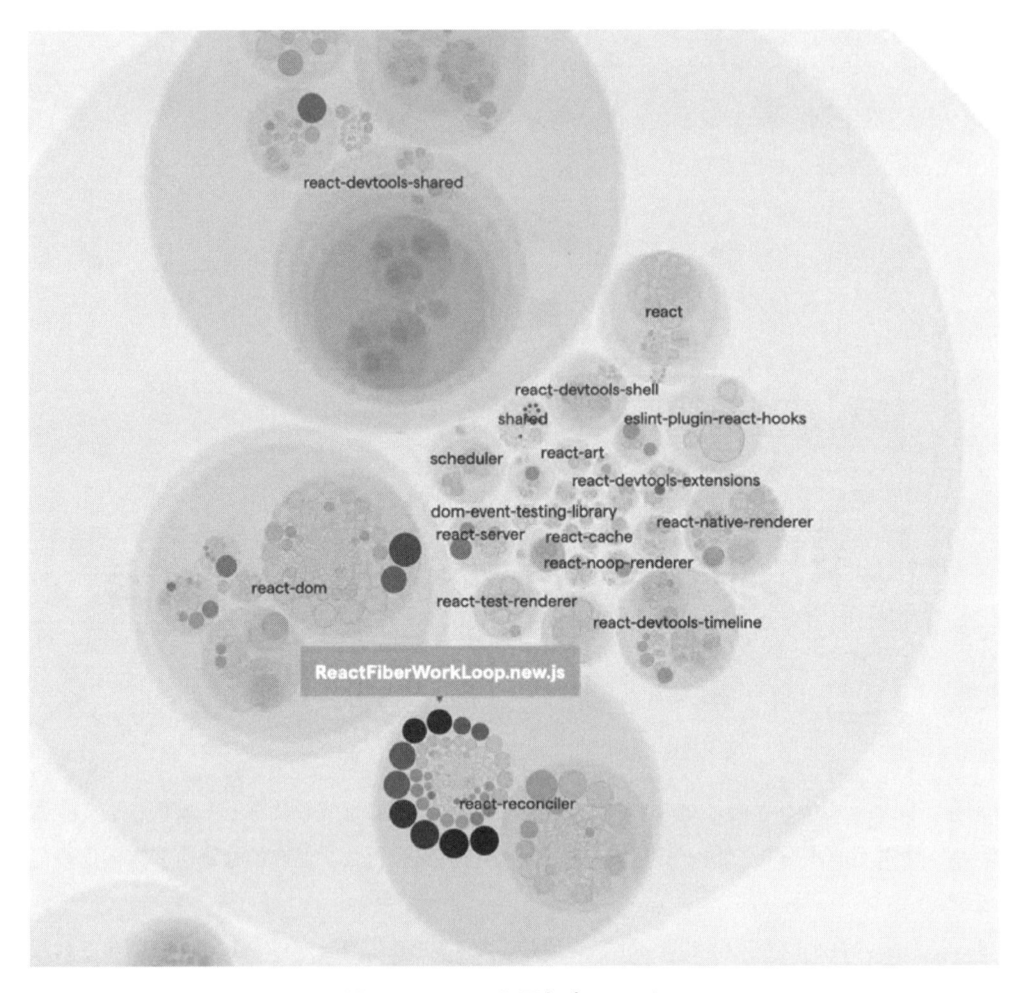

図 3-1：React の犯罪者プロファイル

3.1　コードの進化を掘り出す

ホットスポット分析は複数のステップで構成されています。完成したプロファイルをオンラインギャラリーからダウンロードして、手元に置いておくとよいでしょう※1。そうすれば、私たちが何を作ろうとしているのかがわかります。

プロファイルがどのように作成されるのかを理解するために、コマンドラインから始めることにします。本文を読みながら実際に試してみるために、React リポジトリ※2 のクローンを作成して、各自のコンピュータ上で完全なソースツリーを再現してください。

※1　https://tiny.one/react-hotspots-full

※2　https://github.com/code-as-a-crime-scene/react

```
$ git clone git@github.com:code-as-a-crime-scene/react.git
Cloning into 'react'...
Updating files: 100% (2460/2460), done.
$
```

これで、ソースコードが含まれたreactフォルダがローカルに作成されるはずです。このフォルダに移動してください。

```
$ cd react
```

3.1.1　Gitログに慣れる

Reactリポジトリのクローンを作成したところで、開発者の活動を調べる準備ができました。この作業には、Gitのlogコマンドを使います。このコマンドでは、コミットの履歴を調べることができます。情報を詳細レベルで取得するために--numstatフラグを追加します。

```
$ git log --numstat
```

このコマンドを実行すると、すべてのコミットの詳細なログが出力されます（図3-2）。

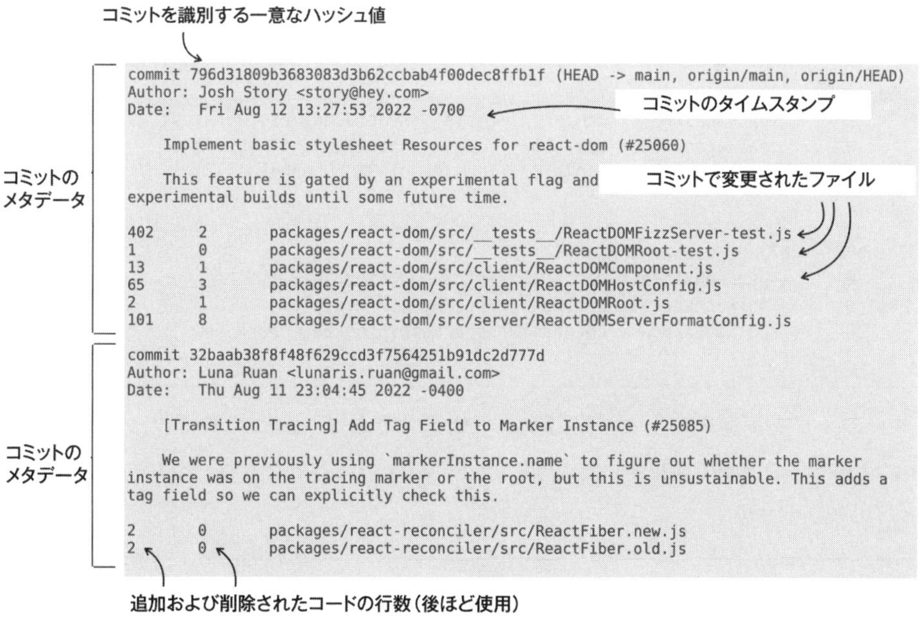

```
commit 796d31809b3683083d3b62ccbab4f00dec8ffb1f (HEAD -> main, origin/main, origin/HEAD)
Author: Josh Story <story@hey.com>
Date:   Fri Aug 12 13:27:53 2022 -0700

    Implement basic stylesheet Resources for react-dom (#25060)

    This feature is gated by an experimental flag and
experimental builds until some future time.

402     2       packages/react-dom/src/__tests__/ReactDOMFizzServer-test.js
1       0       packages/react-dom/src/__tests__/ReactDOMRoot-test.js
13      1       packages/react-dom/src/client/ReactDOMComponent.js
65      3       packages/react-dom/src/client/ReactDOMHostConfig.js
2       1       packages/react-dom/src/client/ReactDOMRoot.js
101     8       packages/react-dom/src/server/ReactDOMServerFormatConfig.js

commit 32baab38f8f48f629ccd3f7564251b91dc2d777d
Author: Luna Ruan <lunaris.ruan@gmail.com>
Date:   Thu Aug 11 23:04:45 2022 -0400

    [Transition Tracing] Add Tag Field to Marker Instance (#25085)

    We were previously using `markerInstance.name` to figure out whether the marker
instance was on the tracing marker or the root, but this is unsustainable. This adds a
tag field so we can explicitly check this.

2       0       packages/react-reconciler/src/ReactFiber.new.js
2       0       packages/react-reconciler/src/ReactFiber.old.js
```

図3-2：コミットの詳細なログ

ホットスポットを計算するために必要なのは、Gitログに各ファイル名が出現する頻度を調べることだけです。もちろん、開発が活発に行われているコードベースでは、1日あたりのコミット数が数十または数百に上ることがあります。したがって、コミットデータを手動で調べるのは間違いのもとですし、もっと重大なのは、楽しいプログラミングの時間が削られてしまうことです。自動化が必要です。

3.1.2　Code Maat用のGitログを作成する

本書の「はじめに」では、Code Maatを紹介しました。今度は、Code Maatを使って変更頻度を分析します。Code Maatをまだインストールしていない場合は、「はじめに」の手順に従ってインストールしてください。

Code Maatを実行するには、まず、入力データを適合させる必要があります。Gitのデフォルトの--numstat出力は、人間が使う分には問題ありませんが、Code Maatのようなツールには冗長すぎます。ありがたいことに、logコマンドを使って単純化できます。

```
$ git log --all --numstat --date=short --pretty=format:'--%h--%ad--%aN' --no-renames
```

このコマンドには、出力を制御するための--pretty=formatオプションが指定されています。このオプションを指定すると、各コミットヘッダーのハッシュ値、日付、作成者だけが出力に含まれるようになります。Reactリポジトリで試してみてください。出力は次のようになるはずです。

```
--796d31809--2022-08-12--Josh Story
402     2       packages/react-dom/src/__tests__/ReactDOMFizzServer-test.js
1       0       packages/react-dom/src/__tests__/ReactDOMRoot-test.js
13      1       packages/react-dom/src/client/ReactDOMComponent.js
......

--32baab38f--2022-08-11--Luna Ruan
2       0       packages/react-reconciler/src/ReactFiber.new.js
2       0       packages/react-reconciler/src/ReactFiber.old.js
2       0       packages/react-reconciler/src/ReactFiberBeginWork.new.js
......
```

これらのオプションを使うと、出力がより構造化されます。このログフォーマットならCode Maatに食わせることができます。そこで、Code Maatの入力となるローカルファイルにGitの出力をリダイレクトします。

```
$ git log --all --numstat --date=short --pretty=format:'--%h--%ad--%aN' --no-renames \
> --after=2021-08-01 > git_log.txt
```

追加されたフラグ--afterは、コードの進化に関するデータをどれくらい前までさかのぼって収集するのかを決定します。この期間については第4章の4.3節でさらに詳しく説明しますが、さしあたり、合理的なデフォルト値として1年を選択します。

3.1.3 コミットアクティビティを調べる

Gitログを保存したところで、Code Maatを起動する準備が整いました。次のコマンドを入力してCode Maatを起動してください。オプションについては後ほど説明します。なお、maat部分はjava -jar code-maat-1.0.4-standalone.jarなどの実際のコマンドに置き換えてください。

```
$ maat -l git_log.txt -c git2 -a summary
statistic,                    value
number-of-commits,            773
number-of-entities,           1651
number-of-entities-changed, 5662
number-of-authors,            107
```

-aフラグは、必要な分析を指定します。今回は、入力データを調べるためにsummary分析を使います。さらに、ログファイルの場所(-l git_log.txt)と、実際に使っているバージョン管理システム(-c git2)を指定する必要もあります。オプションは以上です。これらの3つのオプションで、ほとんどのケースがカバーされるはずです。

先の概要統計量は、コンマ区切りの値(.CSV)として生成されます。過去1年間に107人の作成者による773件のコミットが発生したことがわかります。これらのコミットからパターンが見つかるかどうかを確認してみましょう。

プレーンテキストは普遍的なインターフェイス

結果を.CSVとして生成すると、ほかのプログラムでも出力を読み取ることができます。.CSVは広くサポートされているテキストフォーマットであり、スプレッドシートにインポートしたり、簡単なスクリプトを使ってデータベースにデータを入力したりできます。このようなきわめて単純なモデルにより、Code Maatをベースとして、より高度な可視化や分析を行うことができます。プレーンテキストは普遍的なインターフェイスであり、計算をその表現から切り離すことができます。

3.1.4 影響の分析：コードの変更頻度を計算する

次のステップでは、Reactコードベース内のファイル間で変更がどのように分布しているのかを分析します。そこで、分析の種類としてrevisionsを指定します。

```
$ maat -l git_log.txt -c git2 -a revisions
entity,                                                  n-revs
packages/react-reconciler/src/ReactFiberCommitWork.old.js, 72
packages/react-reconciler/src/ReactFiberCommitWork.new.js, 71
packages/react-reconciler/src/ReactFiberWorkLoop.new.js,   65
packages/react-reconciler/src/ReactFiberWorkLoop.old.js,   64
packages/react-reconciler/src/ReactFiberBeginWork.old.js,  60
......
```

出力はリビジョンの回数に基づいてソートされます。つまり、最も頻繁に変更された候補はコミット数が72のReactFiberCommitWork.old.jsであり、その後に続く候補はコミット数が71のReactFiberCommitWork.new.jsという曖昧な名前のファイルです。これで、最初のホットスポットが特定されました。これらの結果は次節で再利用するため、ローカルファイルに保存しておきます。

```
$ maat -l git_log.txt -c git2 -a revisions > react_revisions.csv
```

3.2 複雑さの次元を調べる

前節で収集したデータは、コードベース内でのプログラマーの空間的な動きを明らかにします。これは行動分析的な視点であり、第2章で説明したように、これを複雑さの次元と組み合わせる必要があります。複雑さの視点を追加すると、問題がありそうなコードを、頻繁に更新されるものの良好な状態にある部分からすばやく切り離すことができます。Reactの中でも最も頻繁に更新されるReactFiberCommitWorkモジュールは、ひょっとしたらJames Joyce[※3]の『ユリシーズ』[※4]も顔負けの表現力を持つ驚異のクリーンコードかもしれません。それとも、モンスター級のやっかいなレガシーコードが待ち受けているのでしょうか。Reactのどこに複雑さが隠れているのかを調べてみましょう。

3.2.1 コードの行数から複雑さを把握する

コードの複雑さの指標は、いくつかの中から選択できます。第1章の1.3節では、循環的複雑度について説明しました。もう1つの古典的な指標として、Halstead複雑度があります[※5]。どちらの指標もかなり古いものですが、依然として広く使われており、そこから派生した多くの指標に影響を与えています。そうしたアプローチの1つは**認知的複雑度**（Cognitive Complexity）であり、コードの制御フローを考慮することで現代のプログラミング言語の構造に対処することを目的としてい

※3 https://ja.wikipedia.org/wiki/ジェイムス・ジョイス
※4 https://ja.wikipedia.org/wiki/ユリシーズ
※5 https://en.wikipedia.org/wiki/Halstead_complexity_measures

ます（*Cognitive Complexity: A New Way of Measuring Understandability*［Cam18］）。

一見すると、多くの選択肢の中からどれかを選ぶのは難しいように思えるかもしれませんが、心配はいりません。ありがたいことに、どの複雑度指標を選択してもよいからです。残念なのは、このアドバイスの背景には、次のような根拠があることです――ほとんどのコードの複雑度指標は、基本的に複雑さの予測変数としてはうまく機能しないという点で共通しています（*Program Comprehension and Code Complexity Metrics: An fMRI Study*［PAPB21］を参照。この論文では、fMRI脳画像を使って上記を含めた41の指標を調査し、指標とプログラマーの応答時間との間に弱～中程度の相関が認められることを発見しています）。

既存の指標が同等にうまくいく、またはうまくいかない（私たちがどれくらい寛容であるかによります）とすれば、単純さを信用しても問題なさそうです。そこで、コードの複雑さの目安としてコードの行数を使うことにしましょう。やや大雑把な指標ですが、大きな利点がいくつかあります。

- **シンプルで直観的**
  循環的複雑度はよく知られている指標かもしれないが、広く理解されているとは言えない。コードの分析を生業としている筆者は、8歳児がMinecraftセッションでゾンビを退治する頻度を上回るペースで、指標を説明している自分に気づいた。その時間は発見したことを伝える（またはピクセル化されたゾンビを狩る）ことに費やすほうがましである。コードの行数であれば説明はいらない。
- **より複雑な指標と同等の性能が得られる**
  性能的には、コードの行数がより複雑なコードレベルの指標と同水準であることが複数の調査で判明している（これらの調査については第5章を参照）。
- **言語に依存しない**
  コードの行数はどのプログラミング言語でも意味を持つため、すべてのパーツの全体像を把握できる。つまり、現代の多言語コードベースで役立つ。

本書の後半では、より高度な知見を得るために、言語ごとのテクニックに目を向けます。ここでは、複雑さの合理的な目安としてコードの行数を使うことにします。

3.2.2 clocで行数を調べる

コードの行数を調べるために筆者が普段使っているのは`cloc`です。`cloc`は使いやすいツールであり、無償で提供されています。GitHubリポジトリ[※6]で`cloc`のコピーを取得できます。

`cloc`をインストールしたら、Reactリポジトリで実行してみましょう。

※6 https://github.com/AlDanial/cloc

```
$ cloc ./ --unix --by-file --csv --quiet --report-file=react_complexity.csv
```

--by-file と --csv 出力を指定して、cloc に統計データの数をカウントさせています。すでにReact リポジトリの中にいるため、ターゲットとして現在のディレクトリ ./ を指定しています。また、レポートをファイル（react_complexity.csv）に出力しています。次の出力からわかるように、cloc はコードがどのプログラミング言語で書かれているのかを見事に検出しています。

```
language,filename,blank,comment,code,
Markdown,AttributeTableSnapshot.md,547,0,13128
JSON,package-lock.json,0,0,12684
JavaScript,__tests__/ESLintRuleExhaustiveDeps-test.js,147,234,7840
JavaScript,pe-class-components/benchmark.js,185,0,5400
JavaScript,pe-functional-components/benchmark.js,185,0,4917
......
```

cloc は、言語に応じてコメントを含んでいる行を実際のコードから切り離します。行数で複雑度を分析する場合、空行やコメントは不要です。

正規化されていないデータの扱い

多くの統計モデルでは、データのスケーリングと正規化が要求されます。たとえば、複雑度と変更頻度では範囲が異なります。これらの指標をユークリッド距離に基づく機械学習モデルに入力として渡したい場合は、それらの値を一般的な尺度（通常は、0 以上 1 以下の数値）に変換しなければなりません。こうしたスケーリング手法については、本書の後半でさまざまなサンプルからのデータを比較するときに説明します。

ただし、すべてのデータを正規化すべきであるとは限りません。コードの複雑度の自然な単位は、より直観的に推論できます。ファイルサイズであれば、2,500 行のコードとして報告するほうが、たとえばスケールされた 0.07 という値よりも明確に伝わります。できれば、正規化されていない値のほうを人に見てもらい、スケールされた値はそれらを必要とするアルゴリズムのために保存してください。

3.3　複雑さと作業量が交差する場所

この時点で、あなたはコードベースを 2 つの異なる視点から眺めています。1 つは、コードの複雑さを明らかにし、もう 1 つは変更頻度を示しています。図 3-3 に示すように、2 つの視点が交差する場所は潜在的なホットスポットです。

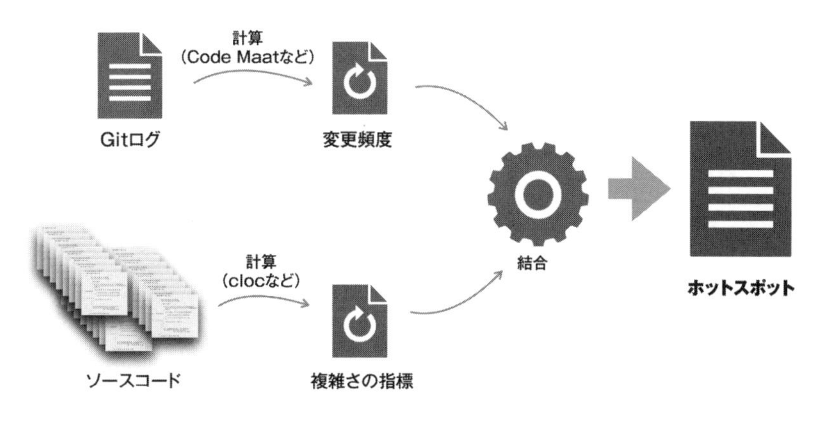

図 3-3：2 つの視点が交差する場所はホットスポットかも

2つの視点を結び付けるのは簡単です。変更頻度を含んでいる .CSV ファイルをループ処理して、cloc のデータで対応する code フィールドを調べます。面倒なコードを書く手間を省くため、Python スクリプトを用意しました。GitHub リポジトリ[※7]から merge_comp_freqs.py をダウンロードし、先ほど保存した結果ファイルを入力として実行してください。そうすると、容疑者の優先順位付きのリストが出力されます。

```
$ python merge_comp_freqs.py react_revisions.csv react_complexity.csv
module,                                                    revisions, code
packages/react-reconciler/src/ReactFiberCommitWork.old.js,    72,       3302
packages/react-reconciler/src/ReactFiberCommitWork.new.js,    71,       3302
packages/react-reconciler/src/ReactFiberWorkLoop.new.js,      65,       2408
packages/react-reconciler/src/ReactFiberWorkLoop.old.js,      64,       2408
packages/react-reconciler/src/ReactFiberBeginWork.old.js,     60,       3220
packages/react-reconciler/src/ReactFiberBeginWork.new.js,     60,       3220
packages/react-dom/src/__tests__/ReactDOMFizzServer-test.js, 43,       4369
packages/shared/ReactFeatureFlags.js,                         42,       56
......
```

このリストを調べるときには、Git ログを過去 1 年分に制限したことを思い出してください。一番上に表示されているホットスポット ReactFiberCommitWork.old.js では、この期間中に 72 回のコミットがありました。つまり、開発者がそうしたコミットの詳細を週に数回ほど理解しなければならない計算になります。コードは 3,302 行もあり、かなり複雑であるため、これは骨の折れる作業であると結論付けてよいでしょう。最初のホットスポットが見つかりました！

※7　https://tinyurl.com/merge-complexity-script

Reactのファイルが重複しているのはなぜか

よく気がつきましたね！ Reactのほとんどのホットスポットは、名前が `.old` または `.new` で終わるペアで存在しているようです。このパターンは分析とは関係なく、コードベースのフォークが同じブランチで管理されるというReactチームによる設計上の選択を表しています。チームが重要なモジュールに同じコード上の変更を2回適用しなければならない可能性があることを考えると、かなり型破りな選択です。

https://x.com/acdlite/status/1402982845874909186

3.4 空間的確率分布によるリファクタリング

ホットスポットの変更頻度は相対的な指標です。すべてのコードベースには、ほかの部分よりも変化しやすいコードがあるものです。変更頻度と複雑度を組み合わせたら、結論の導出に取りかかることができます。

自分のコードを分析していて、どのホットスポットでも複雑度が低いことに気づいたとしましょう。その場合、あなたは恵まれています。あなたが最も多く作業しているコードは、最もよいコードでもあるからです。あなたとチームはそのままよい仕事を続けて、前に進むだけです。

質の高いシステムの構築は、ソフトウェア開発を成功させ、持続可能にするための基盤です。製品の将来がどうなるかは決してわかりませんが、ホットスポットが発生する確率が高いことはわかっています。コードは単純であるに越したことはありません。

ただし、ホットスポットはたいてい本当の問題の表れです。技術的負債という視点からホットスポットをさらに詳しく調べてみましょう。

3.4.1 技術的負債をすべて返済しなくてもよいのはなぜか

Reactのケーススタディでは、複雑なコードを含んでいるホットスポットがいくつか明らかになりました。ホットスポットが見つかったら、対処する必要があります。第2章の2.3.3項では、複雑なホットスポットが製品の品質を危険にさらすことを学びました。欠陥を減らすこと自体が改善の原動力になりますが、第7章で説明するように、実際の影響はもっと深く、スループットや開発者の幸福度にもおよびます。

自分のコードで同じような問題にぶつかった場合は、ホットスポットが肯定的なメッセージを伝えていることを覚えておいてください。この点を明確にするために、図3-4を見てください[※8]。

※8 https://tiny.one/react-change-distro

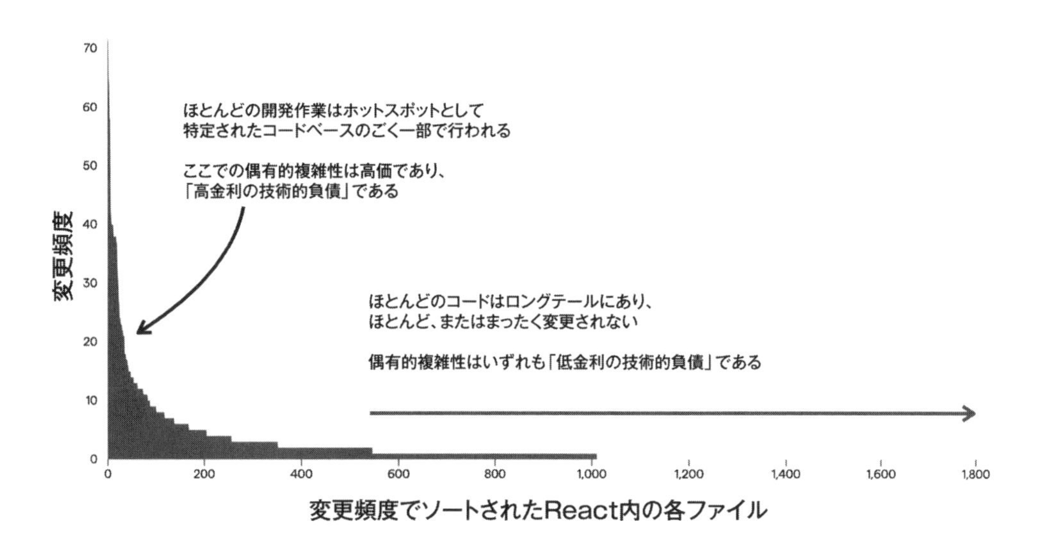

図 3-4：高金利の技術的負債と低金利の技術的負債

図3-4は、本書において最も重要なデータかもしれません。この図から、Reactの開発作業がコードベース全体に均等に分布しているわけではないことがわかります。開発作業は冪分布をなしており、少数のファイルが大半を占め、ほとんどのファイルは曲線のロングテールの一部となっています。このパターンはReactに特有のものではありません。この10年間、筆者はあらゆる規模、スケール、分野の300あまりのコードベースを分析してきましたが、そのどれもが冪分布をなしていました。ソフトウェアはそのように進化するらしく、私たちにとって願ってもないことです（さらに詳しく知りたい場合は、新たな視点を提供するMichael Feathersの先駆的な記事『The Active Set of Classes』※9を参照）。

冪乗則の進化は、技術的負債をすべて返済する必要はなく、そうすべきでもないことを意味します。3.3節のホットスポットのリスト（容疑者の優先順位付きのリスト）をもう一度見てみると、最初の6つのホットスポットの後は、変更頻度が大幅に下がっていることがわかります。フォークされたコピーを無視すれば、Reactのホットスポットが9,000行のコードを構成していることがわかります。これらのホットスポットは、コードベースのうち、理解しやすさを改善することが最大の効果を生みそうな部分を浮かび上がらせています。

もちろん、9,000行でも相当な数です。しかし、Reactコードベースの合計サイズである400,000行のコードに比べれば、はるかに少ない数です。さらに重要なのは、これがあなたのコードであるとすれば、（開発組織として）コードとどのようにやり取りしているかに関するデータをもとに、リファクタリングを主導できるようになることです。そうなったら、すばらしいのでは？

※9　https://tinyurl.com/feathers-active-set-of-classes

以上が本書の中心的な考えであり、ホットスポットを自力で特定する方法がわかりました。次章では、ホットスポットとコードを可視化する方法を調べて、この概念をさらに掘り下げることにします。また、基本的なユースケースも取り上げます。ただし、分析に慣れるせっかくの機会なので、次の練習問題を解いてみてください。

3.5 練習問題

この練習問題では、ホットスポット分析の特殊なケースを調べます。行き詰まったときは、付録Aを参照してください。筆者が喜んでアドバイスを提供します。

3.5.1 ホットスポット分析をコードベースの一部に限定する

- リポジトリ：https://github.com/code-as-a-crime-scene/react
- 言語：JavaScript
- ドメイン：ReactはUIライブラリ
- 分析スナップショット：https://tiny.one/react-hotspots-map

ほとんどの場合、あなたはコードベース全体のホットスポットマップを作成したいと考えるはずです。しかし、状況によっては、特定のサブシステムやサービスなど、コードベース全体の一部に焦点を合わせたいこともあるでしょう。典型的な例は、大規模システムでソリューションの一部だけを担当しているときです。そのような場合は、該当部分だけに的を絞れると便利です。

分析範囲をコードベースの一部に限定するには、複数の方法があります。もちろん、コードベース全体を分析し、結果として得られたCSVをフィルタリングするという手もあります。より直接的な方法は、フィルタリングをツールに実行させることです。Gitと`cloc`では、目的のパスを指定することで、出力を絞り込めます。Gitでは、`log`コマンドにディレクトリパスを追加するだけです。たとえば、`git log --numstat packages/react-reconciler`とすれば、ログが`react-reconciler`パッケージに制限されます。`cloc`では、最初の引数として目的のフォルダを指定するだけなので、さらに簡単です。

Reactプロジェクトで、ホットスポット分析を`package/react-dom`に限定してみてください。`react-dom`の主なホットスポットは何でしょうか。

第4章

ホットスポットの応用：人の視点に立ってコードを可視化する

ここまでの時点で、最初の犯罪者プロファイルが完成しました。シンプルなテクニックから始めて、Reactの主な容疑者をリストアップしました。引き続き、本章でもホットスポットの情報に基づいて大規模な分析を行う準備をします。不足している情報が埋まれば、ホットスポットに関する情報を日常業務に取り入れる方法もわかるでしょう。

本章では、まず、コードベースの進化に関する多次元データを可視化するためのさまざまなアプローチを調べます。コード自体は抽象的な概念であり、テキスト形式で目にしがちですが、この表現だとパターンを特定することが難しくなります。古いことわざにあるように、「コードを見て森を見ず」です。

そうではなく、ホットスポットをコードとともに表示する必要があります。図4-1の犯罪者プロファイルが犯行パターンを示すのと同じように、コードでのコミットを可視化する地図が必要です。

開発者の行動に照らしてソースコードを可視化すれば、より俯瞰的な視点が得られます。本当に必要なのは、そうした視点です。大規模なシステムであっても、問題がありそうなモジュールを数秒以内に特定できるようになります。まさにスーパーパワーであり、後ほど、300万行のコードからなる大規模なアプリケーションであるKubernetesのプロファイリングで実際に体験してもらいます。旅の始まりは、おなじみのCode Cityです。

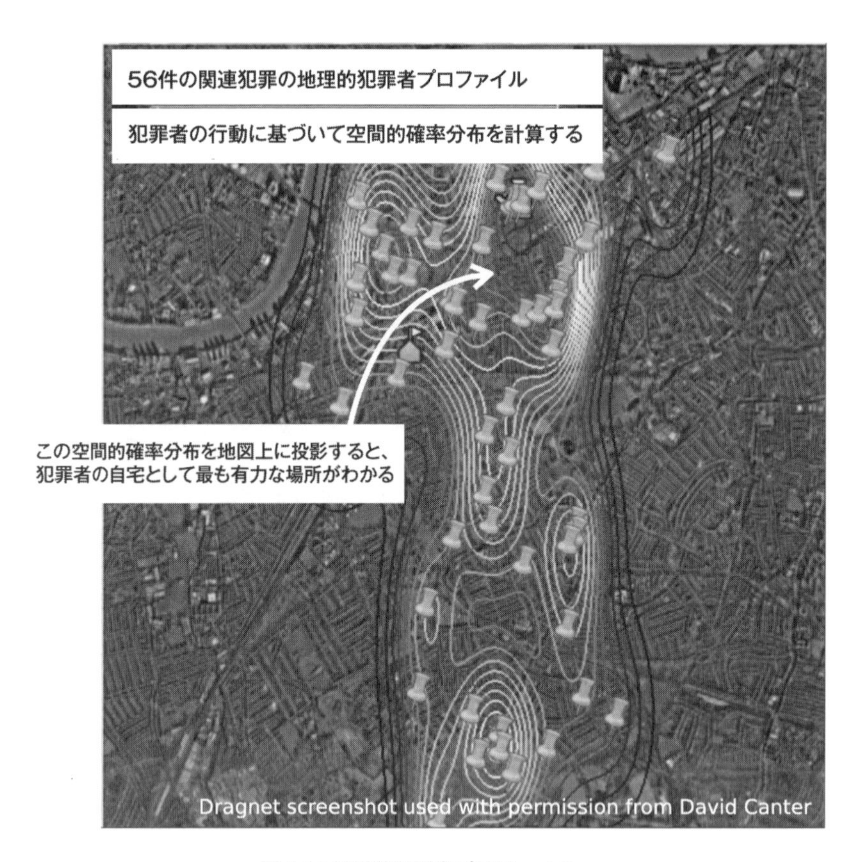

図 4-1：地理的犯罪者プロファイル

4.1　ソースコードを可視化する

第２章の 2.2 節では、Code City を使って開発者の空間的な動きを可視化しました。都市のメタファーによる可視化は、非常に効果的な発想です。

Code City は、2010 年に筆者が行動的コード分析という概念を確立したときの出発点でした。視点の変化を可能にする可視化は、その鍵となりました。ほとんどのコードは、コードエディタの制約の中で表示したときには無害に見えます。Code City では、そうはいきません――これまで気づかなかったパターンが見えてくるはずです。この方法がうまくいくのは、視覚的なイメージが、私たちが知る限り最も強力なパターン検出器である人間の脳に訴えるからです。

言語ごとのCode Cityクローン

Code Cityにヒントを得て、いくつかのクローンが誕生しています。これらのクローンは言語に固有のもので、特定のプログラミング言語のコードを解析して可視化できます。さらに、(無料)サービスとしてホストされていて、すぐに可視化できるものもあります。たとえば、JavaScript用のJSCITY※1、Go言語用のGoCity※2、PHP用のPHPCity※3などです。

4.1.1 可視化を比較する

都市の景観は科学捜査の地理的プロファイリングと自然に結び付いており、出発点となることに疑いの余地はありません。Code Cityがすっかり気に入った筆者ですが、そのスタイルがホットスポットに最適ではないことはすぐにわかりました。JSCITYによるReactの可視化(図4-2)を見て、筆者が言わんとすることを確かめてみてください。

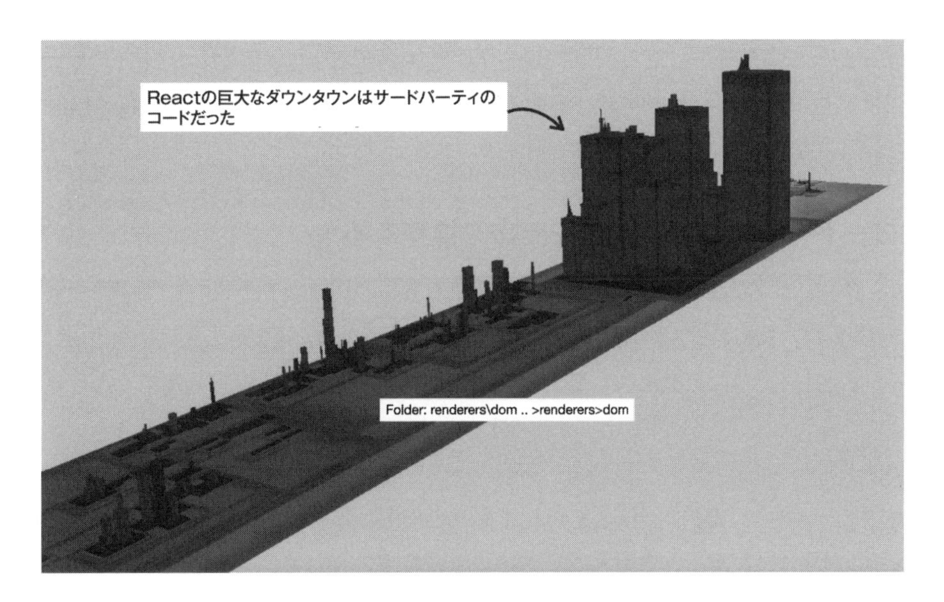

図4-2：JSCITYによるReactの可視化

※1 https://github.com/ASERG-UFMG/JSCity/wiki/JSCITY
※2 https://github.com/rodrigo-brito/gocity
※3 https://github.com/adrianhuna/PHPCity

3D的な可視化は、大規模なシステムにはうまくスケールできません。これは複数の観点からの結論です。1つ目の問題は、都市の可視化はレンダリングに時間がかかることです。これは解決可能な問題ですが、既存のツールはスケーリングのために最適化されていません。

スケーリングの2つ目の問題は、人間の脳にまつわるもっと根本的なものです。凝った3Dビューは画面領域を占有するため、システムの全容をひと目で把握することができないのです。そうすると、データの可視化が持つ肝心の力が奪われてしまいます。さらに、ワーキングメモリに余計な負荷がかかります。つまり、頭の中に情報を入れた上で、システムのほかの部分にスクロールしなければならないわけです。コードについて推論するときに、脳のサイクルを無駄にするわけにはいきません。

最後に、都市の可視化は複雑さという特徴を際立たせます。図4-2をもう一度見てみると、高層ビルが立ち並ぶダウンタウンに目を奪われるはずです。これらのビルはすべて誤検出（偽陽性）であり、チェックインされたサードパーティのコードを表していて、チームの管轄外です。

第1章の1.3節で説明したように、複雑さは行動的コード分析において最も関心の低い特徴です。複雑さの代わりに、あなたとあなたのチームがコードとどのように関わるかというダイナミクスに注意を向けることができるとしたらどうでしょう。それが可能なら、安定したコードとサードパーティコードは直ちに取り除かれますが、関連のある情報は残ったままです。この質を担保する可視化について詳しく見ていきましょう。

4.1.2　コードベースのメンタルモデルを構築する

エンクロージャ図は、認知的にうまくスケールするもう1つの可視化です。ここで使うエンクロージャ図はかなりインタラクティブなものであり、静的な本ではなかなかこうはいきません。Reactのオンラインの可視化※4にアクセスして、ぜひエンクロージャ図を体験してみてください。そうすると、見覚えのある図が表示されるでしょう（図4-3）。そう、図3-1で見たReactのホットスポットの可視化です。

可視化されたパターンは確かに見栄えがします（大規模なソフトウェアが美しくないなんて誰が言ったのでしょうか）。しかし、私たちはその美しさに驚嘆するためにここにいるわけではありません。円の1つをクリックしてみてください。図4-4に示すように、最初に気づくのは、この可視化がインタラクティブであることです。

※4　https://tiny.one/react-hotspots-full

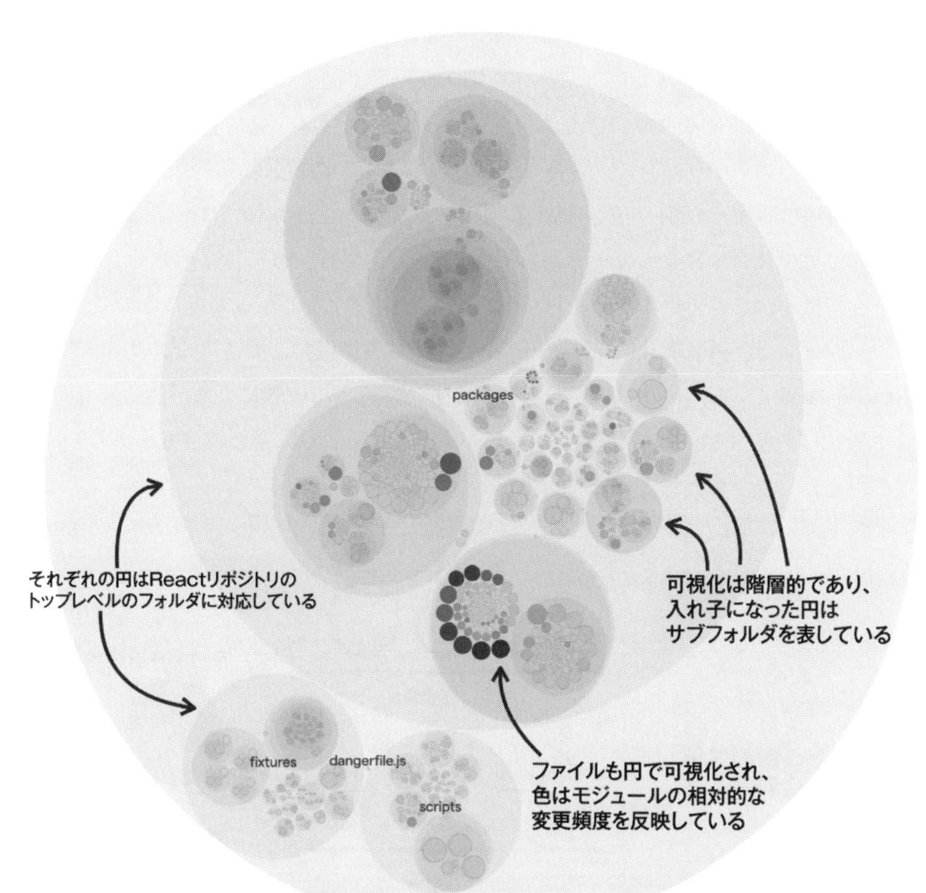

図 4-3：React のホットスポットの可視化

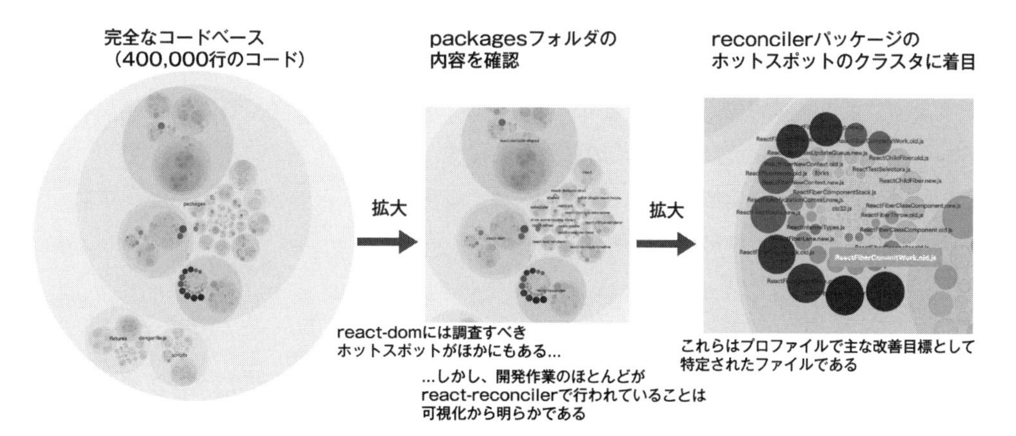

図 4-4：インタラクティブな可視化

インタラクティブな可視化では、詳細さのレベルを自由に選べます。ホットエリアを見つけたら、拡大してさらに詳しく調べてみてください。エンクロージャ図では、分析結果とそれらが表す実際のコードを簡単に切り替えることができます。もう1つの利点は、変化しやすいクラスタとシステムの安定した部分の両方がひと目でわかることです。試しに、図4-4をもう一度見てください。ホットスポットが目につきませんか？ そう見える理由は、変更が記録されたコードだけではなく、コードベース全体が可視化対象になっているからです。clocの実行結果には、そもそも各モジュールのサイズという指標が含まれているため、可視化されると明確な差となって表れるのです。

エンクロージャ図は、**円充填**（circle packing）と呼ばれる幾何学的配置アルゴリズムに基づいています。円は、それぞれシステムの一部を表しています。コードの行数による計測と同じで、モジュールが複雑であればあるほど、円が大きくなります。続いて、最も重要な特性である「変更」に注意を惹き付けるために、色が使われています（図4-5）。

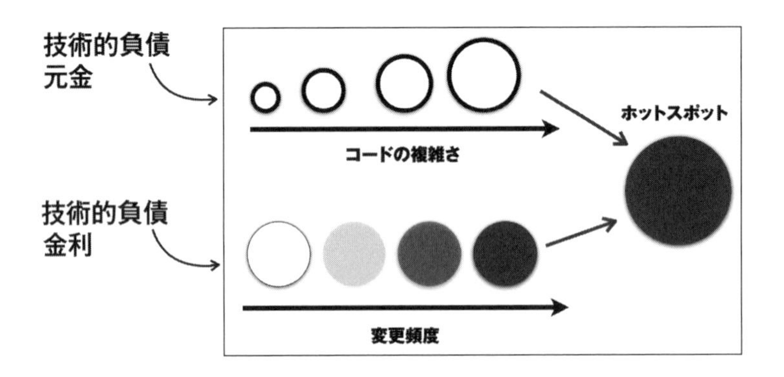

図4-5：円充填アルゴリズムと色の使い分け

Reactについて何も知らなくても、可視化のおかげで、このシステムを理解するための入口に立つことができます。安定した部分も脆弱な部分も、一目瞭然であるため、コミュニケーションが容易になります。ホットスポットマップをチームに披露すれば、コードがどのようなものであるかに関するメンタルモデルを全員が構築するのに役立ちます。

そして、それはコードを実際に調べる前の話です。大規模なコードベースをわかりやすく説明するにあたって、これ以上よい出発点はありません。

直観はスケールしない

専門家の直観は質の高い意思決定につながる可能性があります。Malcolm Gladwell が、その直観を称えて本を1冊書き上げたほどです（*Blink* [Gla06]）。では、なぜわざわざホットスポット分析を行うのでしょうか。近くにいる専門家（あなた自身かもしれません）に尋ねるほうが、もっと手っ取り早いはずです。直観は自動的かつ無意識のプロセスです。脳の自動化されたあらゆるプロセスと同様に、直観は認知的バイアスや社会的バイアスの影響を受けやすいものです。天気や気分など、特定の状況における要因も判断に影響を与えます。ほとんどの場合、あなたはその影響に気づいていません（第12章でその例をいくつか示します）。これらの理由により、瞬時の判断の質だけに頼るわけにはいかないのです。

裏付けとなるデータを使って直観を検証すれば、バイアスを抑えることが可能です。さらに、直観はスケールしません。特に、複数の開発チームが並行して絶えず変更を行っている100万行のコードからなるシステムの場合は当てになりません。

4.1.3 コードを可視化する

次に進む前に、シンプルなツールを使ってコードを可視化する方法を見てみましょう。本章のコード犯罪者プロファイルの可視化は、D3.js※5 のアルゴリズムに基づいています。D3.js はデータをもとにさまざまな分析を行うドキュメントのための JavaScript ライブラリです。もう少し具体的に言うと、エンクロージャ図では Zoomable Circle Packing アルゴリズムが使われます。

ここで、D3.js のデータ駆動型という性質が助けになります。というのも、ほとんどの詳細を無視して、可視化をブラックボックスとして扱うことができるからです。D3.js のサンプル※6 を試してみるのは驚くほど簡単なので、ここでは入力データの生成に焦点を合わせることにします。

D3.js の円充填アルゴリズムには、JSON ドキュメントが必要です。そこで今回は、第3章で作成した `.CSV` の結果を、D3.js に入力として渡せる木構造に変換します。具体的には、図4-6のようになります。

可視化を直観的なものに保つには、JSON の木構造をコードベースの構造に沿ったものにしたいところです。ホットスポットを目立たせるために、各ファイルの変更頻度を `weight` として追加しますが、それらの値は `0.0`（コミットなし）から `1.0`（コードベースにおいて最も深刻なホットスポット）の範囲に正規化します。

※5 http://d3js.org/
※6 https://observablehq.com/@d3/zoomable-circle-packing

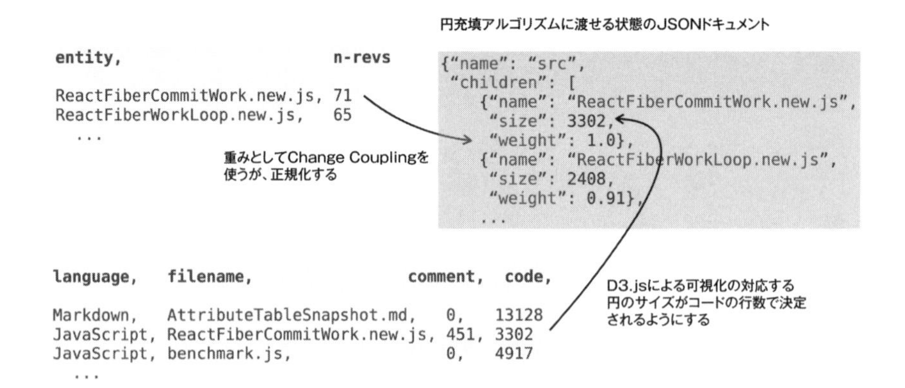

図4-6：.CSVを木構造に変換する

作業をすぐに開始できるように、変換用のPythonスクリプトを用意しました※7。このスクリプトを`python csv_as_enclosure_json.py -h`として実行すると、使い方の説明が表示されるはずです。

なお、必要なツールがすべて含まれたパッケージのほうがよければ、付録Bに用意してあります。付録Bは、HTMLとJavaScriptコードを組み合わせた例を使ったステップ形式のガイドになっています。

実際に試してみましょう。データを可視化するのは楽しい作業です。

4.1.4　可視化空間を探索する

ここで念のために断っておくと、本書の戦略はD3.jsに依存していません。D3.jsはコードを可視化するさまざまな方法の1つにすぎません。D3.js以外にも、次のような選択肢があります。

- **スプレッドシート**
  ここでは出力フォーマットとして`.CSV`を使っているため、スプレッドシートアプリならどれでもホットスポットの結果を可視化できる。スプレッドシートアプリは、分析結果を処理するための（結果のデータの並べ替えやフィルタリングなど）、すばらしいローテクアプローチである。
- **Jupyter Notebook**※8
  データサイエンティストにとって主力のツールであり、ホットスポットの調査にも適しているWebベースの、インタラクティブな、すばらしい開発環境。Jupyterでは、統計計算やデータ可視化のためのPythonの充実したライブラリセットを利用できる。

※7　https://tinyurl.com/visualize-enclosure-json
※8　https://jupyter.org/

- **R プログラミング言語**※9
  Python が苦手な場合は、Jupyter に匹敵する機能を持つ R 言語を調べてみることをお勧めする。習得するのは少し難しいが、データ分析をきわめたければ、その努力は報われる。しかも、プログラミング言語としてもおもしろい。

4.2　言語に依存しない分析：言語の壁を打ち破る

ここまでは、JavaScript という 1 つのプログラミング言語で書かれたコードだけを分析してきました。ただし、ここでの分析には、言語に依存するものは何もありません。バージョン管理のマイニングの利点は、すべてのデータが言語に依存しないことです。データは、ただのコンテンツです。つまり、あらゆるプログラミング言語で実装されたコードベースを分析できるということです。分散チーム向けの高性能なチャットソリューションである **Zulip** の例を見てみましょう。図 4-7 は、ホットスポットが（JavaScript と Python の間の）言語の壁を越えることを示しています。今日のシステムが多言語コードベースになる傾向であることを考えると、この点は重要です。

現代のソフトウェア開発は、あらゆる知識労働と同様に、専門性が高くなる傾向にあります。ますます複雑化する世界において、多方面にわたる知識や技能を持つ人がどんどん少なくなっていることを考えれば、これは必然的と言えるでしょう。絶え間なく流入する新しいフロントエンドフレームワークに後れをとらずについていかなければならないというのに、バックエンドを開発している暇などあるでしょうか。

専門化が避けられない、または望まれているとしても、エンジニアリングチーム内のコミュニケーションに支障をきたす可能性があることは否定できません。たとえば、Zulip などのプラットフォームを担当しているとしましょう。あなたは要望の高い機能について同僚と膝を交えて話をしています。バックエンドの担当者は提案された機能を単純だと思うかもしれませんが、提案された UI の変更はフロントエンドの担当者にとって背筋が凍るようなものかもしれません。システム全体を可視化することは、全員が同じ言語を話し、設計について共通の理解が得られる貴重なコミュニケーションツールです。ホットスポットは、多言語コードベースにおけるバベルフィッシュ※10のようなものです。

※9　http://www.r-project.org/

※10　［訳注］言語を瞬時に翻訳する架空の魚。『銀河ヒッチハイク・ガイド』（https://ja.wikipedia.org/wiki/銀河ヒッチハイク・ガイド）に登場する。
https://ja.wikipedia.org/wiki/バベルフィッシュ

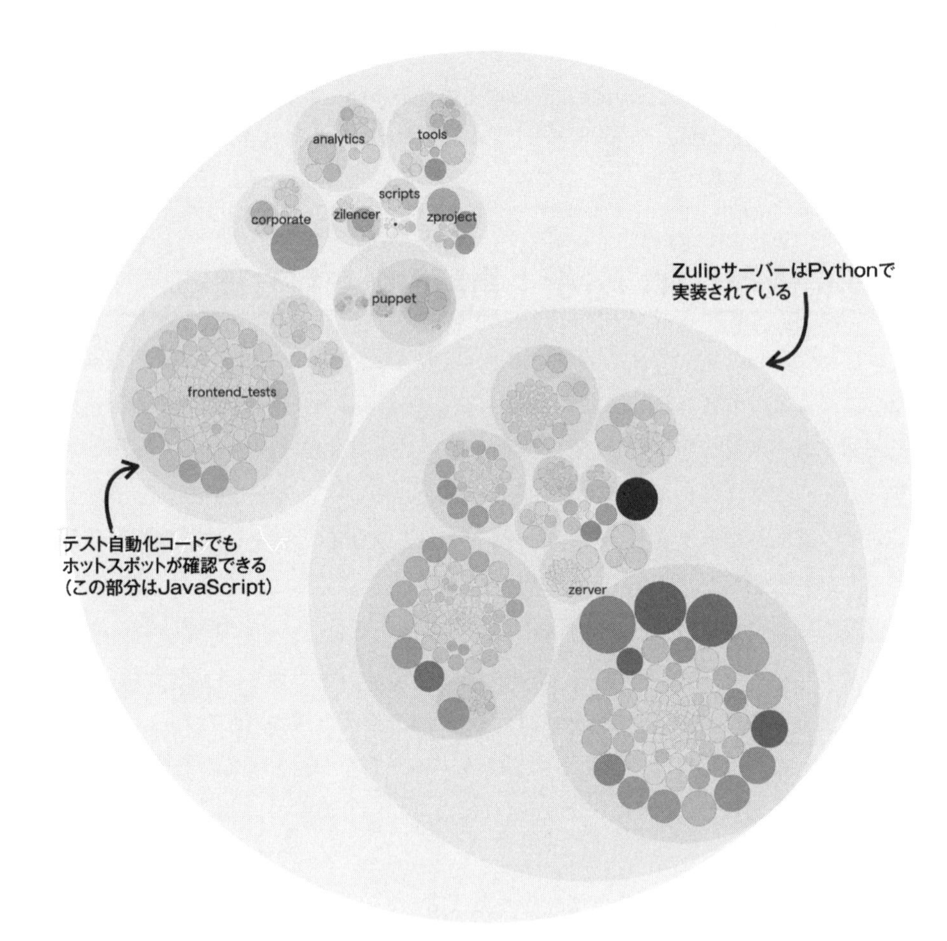

図 4-7：Zulip の可視化

通勤犯罪者が作り出す複数のホットスポットクラスタ

地理的犯罪者プロファイリングでは、「犯罪者の居場所は犯行現場によって定義されるエリア内にあるはずだ」という1つの仮定が置かれます。この仮定は大半のケースで満たされますが、異なる行動パターンを示す犯罪者もいます。そうした犯罪者は犯行を重ねるために出かけていき、犯行後は自宅に戻ります（ここでコンサルティングのジョークを言うのは簡単ですが、やめておきましょう）。つまり、移動する犯罪者、すなわち通勤犯罪者（commuter）です。万引き犯はその典型的な例であり、ターゲットを見つけるために商業地区まで出かけることがあります（詳細については、*Mapping Murder: The Secrets of Geographical Profiling*［CY04］を参照）。

コードでは、私たちも通勤犯罪者になる可能性があります。マルチリポジトリのコードベースで作業しているときに、別のリポジトリに別のホットスポットクラスタが現れるかもしれません。このパターンについては、第2部で詳しく見ていきます。

4.3　ホットスポットの温度を確認する

ここまでは、コードベース内での相対的なランクを使ってホットスポットを特定してきました。この相対的なランクは、過去1年間のリビジョンの最大回数に基づいて決定されました。その回数が3だった場合はどうなるでしょうか。あるいは、845だった場合は？ 図4-8を見てわかるように、コンテキストがなければ、これらは単なる数字です。分析の範囲はどのように決定するのでしょうか。さっそく見ていきましょう。

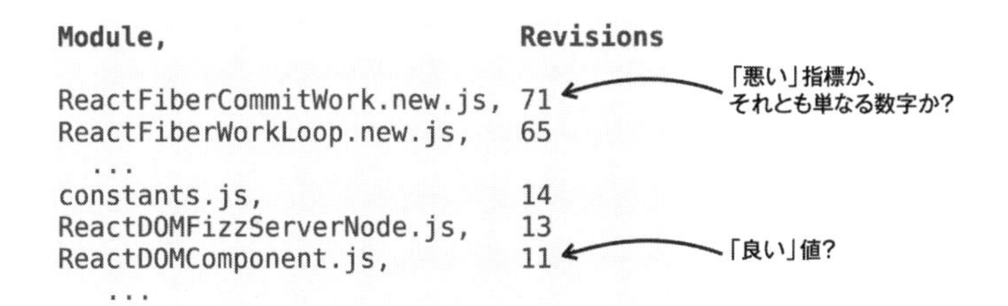

図4-8：相対的なランクを表す数字

4.3.1　分析の期間を選択する

ホットスポットには、時間的な要素があります。開発の焦点は次第に変化し、それに応じてホットスポットも変化します。同様に、設計上の問題が解決された時点で、以前のホットスポットはクールダウンしていきます。クールダウンしていないとすれば、問題はまだ存在しています。

では、バージョン管理のマイニングを行う際には、データをどれくらい掘り出すべきでしょうか。この点に関しては、普遍的に適用できるシンプルな答えが得られる、最も信頼できる権威ある情報源をぜひとも紹介したいところです。しかし、絶対的なルールというものは存在しません。ソフトウェア設計におけるほかの多くのことと同様に、「状況による」という答えでお茶を濁すのが精一杯です。ただし、実用的な目的をすべてカバーする有効なヒューリスティック（経験則）がいくつかあります。

- **最近の開発に焦点を合わせる**
  過去のデータを集めすぎると、最近の重要な傾向がわからなくなり、結果が歪められる危険がある。何年も前にクールダウンした古いホットスポットを見つけてしまうこともある。
- **適切なデフォルトは1年**
  ホットスポット分析を開始する際、筆者は常に1年分の履歴データを含めることにしている。システムとその長期的な傾向を探るのに十分な履歴データが得られるため、うまくバランスが取れている。プロジェクトの開発活動が活発であることが判明した場合は（1日あたり数千件のコミットが発生することを考えてみよう）、最初の期間を短く（1か月程度に）する。

- **主要なイベントを出発点として使う**
  最後に、コードや担当者の再編成といった重要なイベントの前後の期間を定義することもできる。大規模な設計の見直しや作業方法の方法はコードに反映される。この分析方法では、影響と結果（アウトカム）の両方を調査できる。

4.3.2 コミットのスタイルを統一する

コミットのスタイルは、人それぞれです。多くの開発者は小規模な変更を単体で頻繁にコミットしますが、世界の半分を変えるようなビッグバンコミットを好む開発者もいます。こうしたコミットのスタイルのために、ホットスポット分析にバイアスが生じる可能性はあるでしょうか。

筆者自身は、そうした違いを問題として経験したことは一度もありません。何よりもまず、個人差があったとしても、大規模な環境では均一化されます。次に、リビジョンの回数は切り離して考えられるようなものではありません。本章で見てきたように、複雑さという特徴で指標を補っている限り、誤検出（偽陽性）は解消され、実際のホットスポットが姿を現すはずです。

スタイルに違いがあってもホットスポット分析がうまくいくのは願ってもないことですが、すべてのコミットを対象とした共通の規則をチームに採用させれば、得るものがたくさんあります。Gitなどのツールでは、自動化されたpre-commitフックを使って規則を検証することもできます[※11]。一貫性は、すべてのワークフローを単純化します。

4.4 バグがバグを生む

ホットスポットのもう1つの重要な性質は、欠陥の予測変数として適していることです。引用件数の多いある研究では、コードの複雑度の指標とバージョン管理の変更の指標とで、欠陥に対する予測力を比較する一連の機械学習アルゴリズムが構築されました。その結果、変更の指標に基づくモデルの性能は、複雑度の指標に基づくモデルの性能を上回っていて、すべての欠陥の75%以上を正確に予測することがわかりました（この調査の詳細については、*A Comparative Analysis of the Efficiency of Change Metrics and Static Code Attributes for Defect Prediction*［MPS08］を参照）。コードの変更は危険な行為であるとすら言えそうです。

※11 https://git-scm.com/book/en/v2/Customizing-Git-Git-Hooks

本当に？ 複雑なコードを変更するほうがリスクが高いのでは？

よくぞ質問してくれました！ 確かに、キーワードは「変更」です。*How, and Why, Process Metrics are better* [RD13] で報告されているように、コードレベルの指標は安定する傾向にあり、リリースごとの変化はそれほどありません。例を挙げて説明しましょう。

複雑この上ない架空のモジュールがあるとしましょう。このモジュールを理解しなければならないと考えただけで、自分のキャリアの選択を考え直したくなります。核融合電力の開発のほうが簡単に思えるほどです。このようなコードでも、正しくデバッグされた後は正しく機能するはずです。そのモジュールがドメインの安定した部分である場合、コードを変更する理由は何もありません。複雑さだけを考慮すると、このモジュールが偽陽性、つまりホットスポットとして何度も誤検知されてしまうことになります。繰り返しになりますが、コードだけですべてを語ることはできません。

4.4.1 ホットスポットと欠陥の関係

最近では、ほとんどの開発チームがJira、GitHub、Azure DevOpsなどの課題管理システムを利用しています。各コミットメッセージが対応する問題を参照する**スマートコミット**も実行している場合は、修正された問題をコードの特定のモジュールにマッピングできます。図4-9は、その一般的な仕組みの一例です。

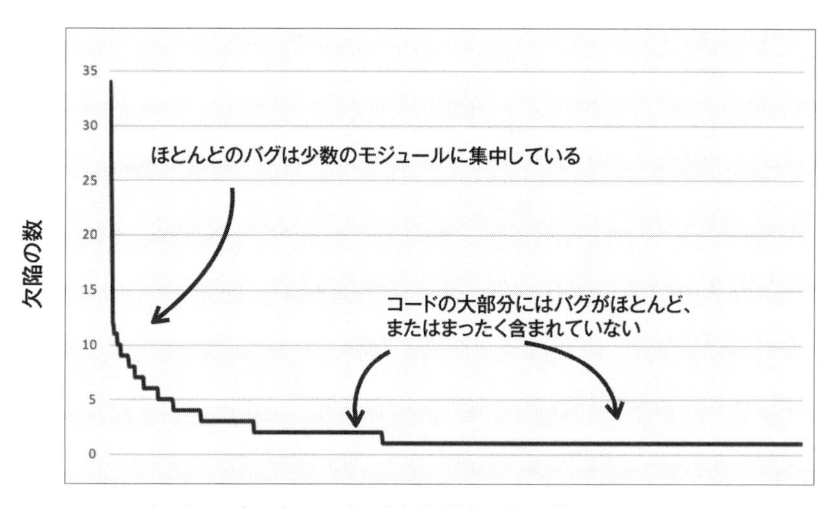

図4-9：欠陥とモジュールのマッピング

図4-9を見てわかるように、欠陥は密集する傾向にあります。バグは互いに引き寄せ合うのです。同様に、ほとんどのモジュールにはバグがほとんど、あるいはまったく含まれていません。図4-9のシステムでは、ホットスポットはコードの4%を占めているだけですが、そのコードには全欠陥の72%が含まれていました。

この比率は（スケールの上限近くにあるものの）典型的なパターンを表しています。一般に、ホットスポットはコードベース全体の1～5%を占めるだけですが、そのコードは、すべてのバグの25～75%の原因です。このように、ソフトウェアでは至るところに冪乗則が存在します。

この点については、第2章の2.3.3項でも簡単に取り上げました。さらにデータが得られたので、これらの調査結果をうまく利用して、最も必要な部分のコードを改善できます。ホットスポットをガイドとして、バグが多発しているエリアを厳重に包囲してください。

4.5 情報は使ってこそ価値がある

ホットスポット分析の醍醐味は、そうしたすべての情報をすばやく取得できることです。科学捜査班がVisual Basic GUIをハッキングしてIPアドレスをリアルタイムに追跡するのとは比べものにならない速さです[※12]。このようにして、最も必要な部分のコードに注意と活動を集中させることができます。

- **技術的負債の返済を優先する**
  筆者は、明確なビジネスアウトカムが得られない、あるいは緊急性のない書き換えに組織が何か月も費やしているのを長年にわたって見てきた。そうした活動は無駄なだけではなく、実際に違いを生む部分を改善する機会を逃すことにもなる。ホットスポットを活用すれば、そうした問題を回避できる。
- **レガシーコードのモダナイゼーションを推進する**
  レガシーシステムの改善を計画し、優先順位を付ける必要性に迫られた筆者は、犯罪科学をコードに初めて適用することになった。改善案はすべて設計の見直しであり、それぞれ数週間の集中的な作業を要するものだった。将来の開発作業にとって実際にメリットのある改善を確実に選択しなければならなかった。頻繁に変更される複雑なコードは有力な候補と見なされる。
- **コードレビューを実施する**
  調査によって一貫してわかっているのは、コードレビューを実施すると欠陥が高確率で取り除かれることである。しかし、コードレビューを正しく実施するのも時間のかかる作業である。ホットスポットとバグのあるコードとの関係についてわかっていることに基づいて、より詳細なレビューに時間をかける価値のあるモジュールを、分析を使って特定しよう。

※12 ［監訳注］科学捜査班をテーマとするアメリカのドラマ『CSI: 科学捜査班』からのスピンオフ『CSI: ニューヨーク』のシーズン4の20話『Taxi』に、Visual Basic GUIでIPアドレスをリアルタイムでトレースするというシーンがある。このシーンは、エンジニアたちのコミュニティでその非現実性が話題になった。

- **エンドツーエンドのテストを自動化する**
  新しいシステムを構築するときには、コードとテストを同時に成長させるのが自然であり望ましいが、多くの企業は既存のシステムにもテストカバレッジを追加している。その際、コードの改善と同様に、最も重要な領域を最初にカバーすべきである。繰り返しになるが、ホットスポットは優れたインパクトガイドである。
- **オンボーディングの力は偉大である**
  React プロジェクトに参加することになったとしよう。目の前には、400,000行もの見慣れないコードがある。このプロジェクトに貢献した700人以上の開発者と話をすることは、辞めてしまった人もいることを考えれば、どう見ても非現実的である。オンボーディングは長期戦であり、平均的な企業では3～6か月ほどかかる。ホットスポット分析は、コードベースの最も緊急性の高い部分を明らかにすることでオンボーディングにはずみをつけ、焦点を絞った上で学習に集中できるようにする。また、ホットスポットは会話を切り出すのにもうってつけである。

ホットスポットを活用する方法がわかったところで、あらゆる規模のコードベースに取り組む準備ができました。ただし、時間を有効活用するには、調査ツールをもう1つ追加すべきです。ここまで見てきたように、ホットスポットはどれも同じというわけではありません。つまり、そのホットスポットが深刻化しつつある問題なのか、それともチームがすでに認識していて、改善に取り組んでいる問題なのかは判断がつきません。次章では、複雑さの傾向がコードのこの時間的側面をどのように浮き彫りにするのかについて見ていきます。その前に、本章で学んだ内容を応用して次の練習問題を解いてみてください。

4.6 練習問題

この練習問題を解いて、テクニックとユースケースに慣れてください。また、「ホットスポットを可視化すれば、たとえ大規模なコードベースであっても、問題がありそうなコードをものの数秒で特定できる」という本章の当初の主張を検証する機会でもあります。

4.6.1 言語に依存しない分析を試してみる

- リポジトリ：https://github.com/code-as-a-crime-scene/zulip
- 言語：Python、TypeScript、JavaScript
- ドメイン：チャットアプリケーション
- 分析スナップショット：https://tinyurl.com/zulip-hotspots-map

Zulipを例とした多言語コードベースの説明では、特別な処理は必要なく、以前に説明した犯罪者プロファイリングのステップに従いました。ちょうどよい機会なので、このプロセスに慣れるために、ホットスポット分析を実際に試してみましょう。

Zulipの分析に関しては、第3章の3.1.2項の手順に従ってください。唯一の違いは、Zulipリポジトリから行う必要があることです。つまり、次のようにしてZulipリポジトリのクローンを作成してください。

```
$ git clone git@github.com:code-as-a-crime-scene/zulip.git
Cloning into 'zulip'...
Updating files: 100% (2460/2460), done.
$
```

残りの手順は同じです。結果を検証するには、完了したホットスポット分析の結果と照合します。

4.6.2 Vue.js：もう1つの選択肢

- リポジトリ：https://github.com/code-as-a-crime-scene/vue
- 言語：TypeScript
- ドメイン：UIを構築するためのフレームワーク
- 分析スナップショット：https://tinyurl.com/vue-js-hotspots-map

もちろん、Web用のユーザーインターフェイス（UI）を構築するための選択肢はReactだけではありません。よく知られているもう1つの選択肢はVue.jsです。オープンソースライブラリを選択するときには、特徴空間とスタイルが自分の状況に合っているものにする必要があります。これは重要な判断基準です。ただし、複雑なコードを特定する方法はもうわかっているため、メンテナンス面を考慮するのも判断基準の1つになります。拡張するのが難しいライブラリに基づいて新しい製品を構築したい人はいないでしょう。

分析スナップショットにアクセスし、Vue.jsの上位のホットスポットを調べて、それらの数字をReactの対応するサイズ／複雑さの数字と比較してください。将来のメンテナンスという観点から見てリスクが低いのはどちらのコードベースでしょうか。

4.6.3 Kubernetesの技術的負債を特定する

- リポジトリ：https://github.com/code-as-a-crime-scene/kubernetes
- 言語：Go
- ドメイン：コンテナ化されたアプリケーションの管理によく使われるソリューション
- 分析スナップショット：https://tinyurl.com/k8-hotspots-map

新しいサービスを本番環境にデプロイしたい場合には、おそらくKubernetesが思い浮かぶでしょう。「K8s」とも呼ばれるKubernetesは、（誰が見ても）この分野を代表するプラットフォームとなっています。ミッションクリティカルなコードベースの裏側を覗いてどのようなものなのかを調べるのは常に興味をそそります。K8sの場合は、およそ300万行のコードが存在します。これだけの量のコードがあるとなると、最も優先順位が高い技術的負債をどれだけ早く特定できるでしょうか。

分析スナップショットにアクセスして、`kubernetes/pkg`パッケージを拡大し、ホットスポットのサイズを確認してください。コードを詳しく調べなくても、それらのモジュールに問題がありそうかどうかがわかるでしょうか。

第5章
劣化している構造を突き止める

コードベースが健全であれば、引き続き少ない作業量で新しい機能を追加できます。これは非常に大きな利点であり、繰り返し行う作業を徐々に高速化していくことができます。しかし、残念ながら、実際にはその逆のほうが一般的です —— 新しい機能を追加すると、一筋縄ではいかない設計がさらに複雑になるのです。開発が遅々として進まなくなり、最終的にはシステムが正常に動作しなくなってしまいます。

この現象は、ソフトウェアがどのように進化するのかに関する一連の観測を通じて Manny Lehman[※1] によって特定され、定式化されました。この**複雑性増大法則**の中で、Lehman は「進化するプログラムは絶えず変更されるため、複雑性を現状維持または削減するための作業を行わない限り、構造の劣化を反映して複雑性は増大する」と述べています(*On Understanding Laws, Evolution, and Conservation in the Large-Program Life Cycle* [Leh80])。

ホットスポット分析については、すでに説明したとおりです。ホットスポット分析を活用すれば、こうした「構造の劣化」を特定し、複雑さを減らす対策を講じることができます。しかし、コードが改善に向かっているのか、それとも壮大なる終焉に向かっているのかを知るにはどうすればよいのでしょうか。プログラムの複雑さを明らかにする方法を探ってみましょう。

※1　http://en.wikipedia.org/wiki/Manny_Lehman_%28computer_scientist%29

5.1 コードの形状から複雑さの傾向を判断する

数年前、筆者は通勤に電車を使っていました。毎日ほぼ同じ時間に駅に通っているうちに、同じ時間に通勤する人々の顔を覚えました。ある男性は電車の中でラップトップを開いてコードを書いていました。Java、C++、C# のどの言語でコードを書いていたのかはわかりませんが、ちらっと見ただけでも、彼のソフトウェアが異様に複雑であることがわかりました。

おそらく読者も同じような状況に遭遇したことがあるでしょう。コードのような複雑なものの印象をちらっと見ただけで形成できるなんて、すごいと思いませんか。

人間は視覚的な生き物であり、私たちの脳は膨大な量の視覚情報をひと目で処理します。プログラマーである私たちは、コードをざっと眺めながら、コードの視覚的な形状を自分の経験と自動的に比較します。その自覚がなくても、何年もコードを書いてきた私たちは、よいコードがどのようなものであるかを知っています。このスキルをもっと意図的に使わない手はありません。

5.1.1 複雑さをひと目で判断する

2つのモジュール A と B が描かれた図 5-1 を見てください。細部をわからなくするためにコードは意図的にぼかしてありますが、全体的な構造を見れば、「メンテナンスするとしたらどちらか？」という質問に答えるのに十分な情報が得られるはずです。

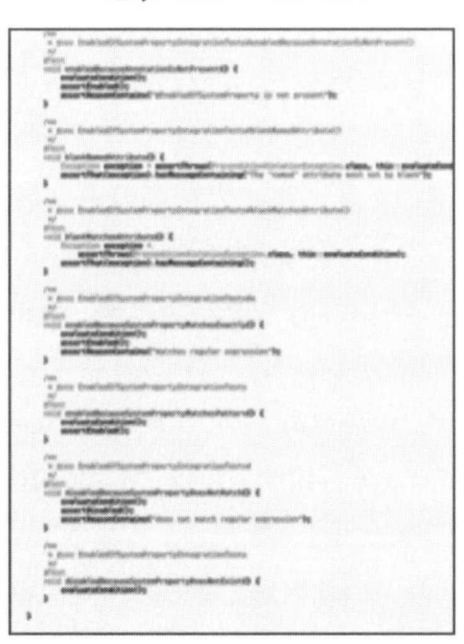

図 5-1：メンテナンスするとしたらどちら？

どのプログラミング言語が使われているかに関係なく、複雑さの違いは一目瞭然です。モジュールBは単純そうに見えますが、モジュールAには何重にも入れ子になった複雑な条件文があります。おそらくあなたが選んだのはモジュールBで、しかも瞬時に判断したのではないでしょうか。興味深いのは、実際のコードを見ずにそう判断したことです。コードの形状からその複雑さを認知するのは、どのようなプロセスなのか、わかるでしょうか。

コードの形状から洞察を得る

コードの形状を利用するというアイデアを検討し始めたのは、テスト駆動開発 (TDD) を教えていたときでした。TDD は強力な設計手法であり、落とし穴がいくつもある厳格な方法論です※2。プログラミングチームは、できあがったコードの全体的な形状を調べることで、次のようなことができました。

- ユニット (単体) テストの複雑さの違いを比較する。
- 設計において構造のほかの部分から逸脱している一貫性のない部分を特定する。
- 基本的な設計原理を浮かび上がらせるツールとして視覚的な違いを使う。たとえば、ポリモーフィズムを用いるソリューションは、条件付きロジックに基づくソリューションとはまったく違って見える。

5.2 コードのネガティブスペースを調べる

前節の目視検査は、個々のユニットを分析するのに適しています。しかし、そうした手作業での可視化の比較を、大規模なホットスポットにまでスケールアップできないことは明らかです。

最近では、各種データの画像化による比較は、(ディープニューラルネットワークの投入が必要ですが) コンピュータサイエンスでは仕組みが解明されて実用化されているテクニックです。人間の脳ならニューロンをいくつかひょいと動かせば済むところですが、コンピュータでは複雑なアルゴリズムを使わなければならず、相当な量の処理能力が消費されます。そこで、コードのテキスト表現を引き続き使うことにしますが、視点を変えることで、このプロセスを単純化します——ネガティブスペースに着目するのです。

ネガティブスペースはビジュアルアート (視覚芸術) の重要な概念であり、画像の周囲や画像内の余白 (たとえば、キャンバスの何も描かれていない部分) を表します。ネガティブスペースは、うまく利用すれば、それ自体が画像の被写体になり得ます。よく知られている例は、図5-2のルビンの壺です※3。

※2 http://www.adamtornhill.com/articles/codepatterns/codepatterns.htm

※3 https://en.wikipedia.org/wiki/Rubin_vase

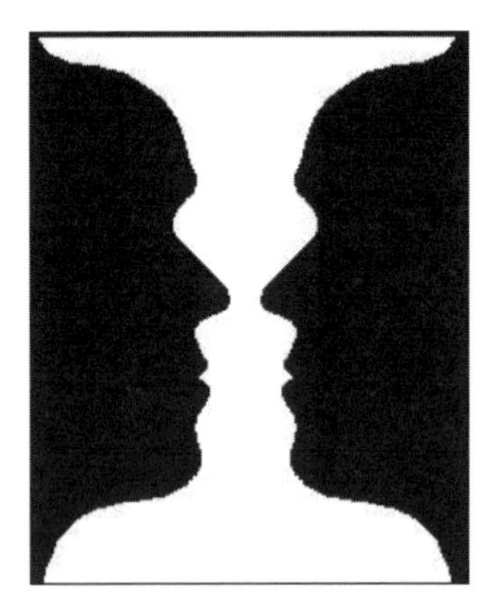

図5-2：ネガティブスペースの例（ルビンの壺）

ネガティブスペースが持つ力は、プログラミングにおいても、コードの複雑さを計測するツールとして役立ちます。図5-3はその仕組みを示しています。

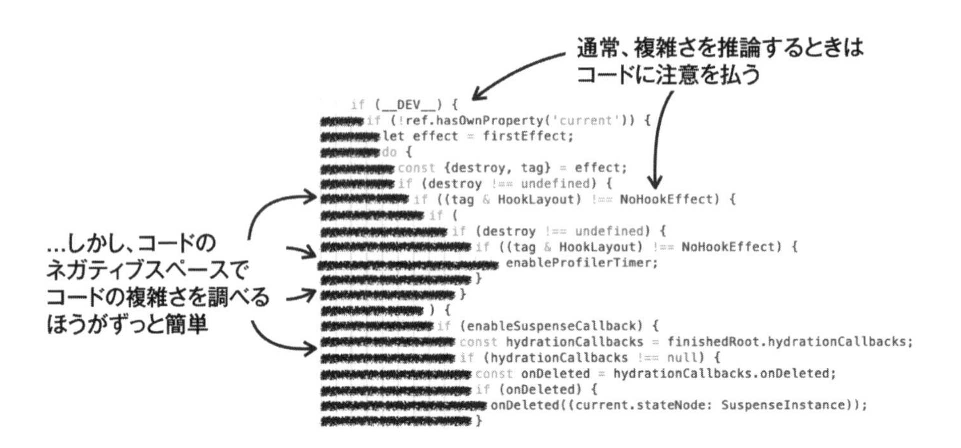

図5-3：ネガティブスペースを使ってコードの複雑さを計測する

この方法がうまくいくのは、インデントを無作為に付けることが決してないからです（もしそうしているとしたら、もっと大きな問題を抱えています）。プログラミング言語のほぼすべてが、コードを読みやすくするためにホワイトスペースのインデントを使っています（言語の名前から連想される目的に反して、Brainfuck※4 プログラムでも使われているようです）。そこで、コード自体に焦点を合わせるのではなく、そこにないもの――つまり、ネガティブスペースに着目します。複雑さ

※4　http://en.wikipedia.org/wiki/Brainfuck

の目安としてインデントを使うのです。

第一印象として、ずいぶん短絡的な発想だなと思うかもしれません。確かに、コードの複雑な特性をこれほど簡単に扱ってよいわけがありません。複雑な問題には複雑なソリューションが必要ですよね。安心してください。インデントを複雑さの目安にするという発想は、調査によって裏付けられています（*Reading Beside the Lines: Indentation as a Proxy for Complexity Metric*［HGH08］）。インデントは単純な指標ですが、McCabeの循環的複雑度やHalstead複雑度など、より複雑な手法に相通じるものがあるのです。

ホワイトスペース分析の主な利点は、簡単に自動化できることです。また、高速であり、言語に依存しません。言語が異なれば形状も異なりますが、この概念はJavaでもClojureやCと同じように有効です。

ただし、この分析には、平坦に見えても自明ではない構造があるという代償が伴います（リスト内包表記※5が思い浮かびます）。繰り返しになりますが、コードの静的なスナップショットでソフトウェアの複雑さを計測しても、絶対的な真実が得られるわけではありません。私たちは手がかりを探っているのです。では、これらの分析がどれくらい役立つのかを見てみましょう。

本当にすべての言語でうまくいくのか

よい質問です。一般に、アセンブリ言語とマシン語の構造は平坦です。インデントを付けたければそうすることもできますが、実際にインデントが付いているものを見たことはありません。それらの言語が構造化プログラミング運動が始まる前から存在しているからでしょうか。8ビット時代に一世を風靡したCommodore 64がキャリアの始まりだったのなら自分で気づけよと言われれば、確かにそのとおりです。ご指摘に感謝します。

5.2.1 複雑さに関するホワイトスペース分析

第3章では、メンテナンスの問題が起こりそうな候補として、Reactの`ReactFiberCommitWork`モジュールを特定しました。ホワイトスペースによる複雑度の分析では、その証拠がさらに提供されます。

インデントを計算するのは簡単です。ファイルを1行ずつ読み取り、先頭のスペースとタブの数をカウントするだけです。`complexity_analysis.py`というPythonスクリプトを使って試してみましょう※6。

※5 http://en.wikipedia.org/wiki/List_comprehension

※6 https://github.com/adamtornhill/maat-scripts/blob/python3/miner/complexity_analysis.py
［訳注］本章の分析には、https://github.com/adamtornhill/maat-scripts/tree/python3/miner フォルダにあるほかのスクリプトも必要。

complexity_analysis.pyスクリプトは論理インデントを計算します。先頭のスペースはすべてタブに変換されます。4つのスペースまたは1つのタブは1つの論理インデントとしてカウントされ、空行または空白行は無視されます。

コマンドプロンプトを開いて、以前に作成したReactリポジトリのフォルダに移動し、次のコマンドを実行します。scripts/miner/の部分は、実際のパスに置き換えてください。

```
$ python scripts/miner/complexity_analysis.py \
> packages/react-reconciler/src/ReactFiberCommitWork.old.js
n,    total,   mean,  sd,  max
3753, 6072.25, 1.62, 1.07, 5.5
```

レントゲン写真さながらに、これらの統計量からモジュールの内部構造を窺い知ることができます。total列は累積された複雑度であり、異なるリビジョンまたはモジュールを相互に比較するのに便利です（この点については、後ほど説明します）。残りの統計量は、その複雑さがどのように分散しているのかを表しています。

- mean列から、1行あたり平均1.62個の論理インデントがあり、かなり複雑であることがわかる。高い数値だが、悪すぎるわけではない。
- sd列は標準偏差であり、このモジュール内での複雑さの分散を表す。ここで得られたような低い数値は、ほとんどの行の複雑さがmeanに近いことを表す。これもそれほど悪いわけではなく、特に重視されることのない数値である。
- しかし、max列の複雑さは最も重要であると言っても過言ではなく、問題の兆候を示している。論理インデントの最大レベルが5.5というのは、非常に高い数値である。

最大インデントが大きいということは、インデントが大量にあるということで、コード内に入れ子の複雑さが点在していることが予想されます。この知見だけでも偶有的な複雑性を診断するときに役立ちますが、まだできることがあります。ホワイトスペース分析を履歴データに適用して、ホットスポットの傾向を追跡してみましょう。

コードフラグメントの分析

ホワイトスペース分析の有望な応用例の1つは、コードリビジョン間の差分を分析することです。インデントを計測するのに完全なプログラムは必要ありません。部分的なプログラムでもまったく問題なく適用できます。つまり、変更されたコード行ごとに複雑さの差分を分析できるということです。この分析を分析期間内のリビジョンごとに行えば、変更の傾向を突き止めることが可能です。このような使い方は、変更に費やされた作業量を計測するための手段となります。作業量が徐々に減っていくのが、よい設計の決め手です。

5.3　絶対値よりも傾向を優先する

今のところ、Reactの調査におけるエビデンスは、どれも実際の問題を示しています。ホットスポットは複雑であり、ホワイトスペース分析によって、さらなる懸念が指摘されています。しかし、それらの問題をチームがすでに認識し、その修正に取り組んでいる場合はどうなるのでしょうか。そのファイルがホットスポットとして特定されたそもそもの原因が、大規模なリファクタリング作業だったということも考えられます。その場合は、コードが徐々に改善され、今日のほうが1週間前よりもよい状態になっていることが予想されます。

スナップショットだけでは、この重要な進化の軌跡は明らかになりません。幸いなことに、本書ではバージョン管理データを使って履歴をどのようにさかのぼればよいかをすでに確認しています。この機能を新しいホワイトスペース分析と組み合わせれば、経時的な**複雑さの傾向**をプロットできるはずです。

振り返ってみると、処理しなければならないコードは山ほどあります。`ReactFiber-CommitWork`だけでも3,000行以上のコードがあり、傾向を明らかにするには72件のコミットにわたって分析を行う必要があります。ありがたいことに、ホワイトスペース分析は驚くほど高速です。貴重な時間を無駄にすることなく、消費電力を低く抑えた上で、さまざまな範囲のリビジョンに適応できます。

5.3.1　ある範囲のリビジョンを分析する

リビジョンを1つだけ分析する方法は、すでに説明したとおりです。ここでは、ある範囲のリビジョンを分析します。

1. 特定のモジュールで、ある範囲のリビジョンを取得する。
2. 各リビジョンで発生した、モジュールのインデントの複雑さを計算する。
3. リビジョンごとに結果を出力することで、さらに分析できるようにする。

傾向分析のレシピはいたって簡単ですが、バージョン管理システムとのやり取りが必要になります。Gitの場合は、`git log`を使って、特定の範囲のリビジョンを取得します。次に、引数としてリビジョンとファイル名を指定し、`git show`を使ってコードの履歴バージョンを取得します。

本書は`git`の本ではないので、実装依存の詳細は省略し、`scripts`ディレクトリにすでに存在するスクリプトを使うことにします。Gitの詳細をすべて知りたい場合は、自由にコードを調べてください。ここでは概要を示すにとどめ、主なステップを追っていきます。

5.3.2 傾向を突き止める

React リポジトリのフォルダで git_complexity_trend.py を実行します。コマンドプロンプトに次のコマンドを入力してください（scripts/miner/ の部分は、実際のパスに置き換えてください）。

```
$ python scripts/miner/git_complexity_trend.py --start fc3b6a411 \
> --end 32baab38f --file packages/react-reconciler/src/ReactFiber.old.js
rev,        n,   total,  mean, sd
a724a3b57, 761, 652.25, 0.86, 0.77
a6987bee7, 780, 667.25, 0.86, 0.77
57799b912, 784, 674.75, 0.86, 0.78
72a933d28, 788, 681.25, 0.86, 0.78
......
```

最初は謎めいて見えますが、この出力のフォーマットは ReactFiberCommitWork の最新リビジョンでのホワイトスペース分析と同じです。ここでの違いは、コードの過去のリビジョンごとに複雑さの統計量が得られることです。最初の列には、（最も古いバージョンから順に）各リビジョンのコミットハッシュが表示されています。

リビジョンの範囲は、--start フラグと --end フラグによって決定されます。これらの引数は、対応するコミットハッシュを参照して分析期間を表します。図 5-4 に示すように、これらのハッシュ値は、ホットスポット分析ですでにマイニング済みの Git ログから見つかります。

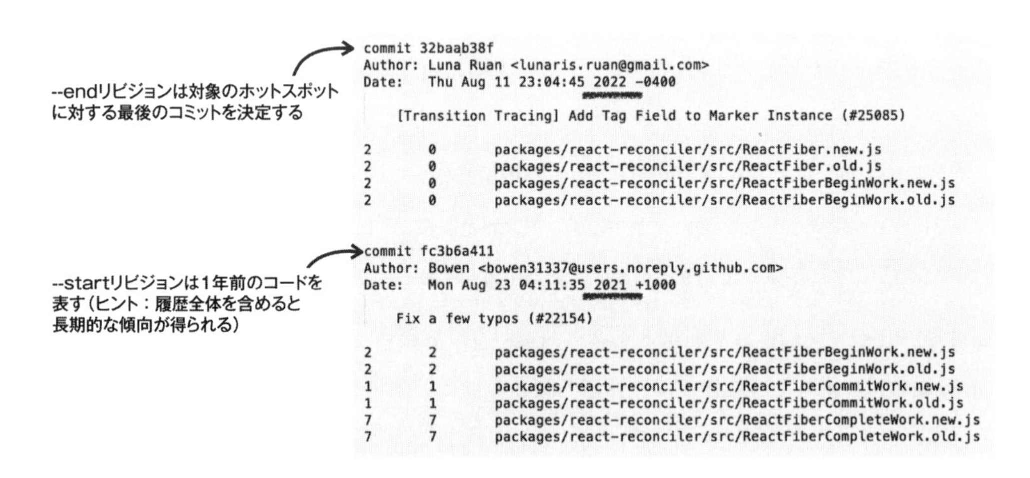

図 5-4：リビジョンのホットスポットウィンドウ

図 5-4 のように、傾向のホットスポットウィンドウを１年間に限定することもできます。代わりにファイルの最初のリビジョンを指定すると、ホットスポットの長期的な傾向が明らかになります。結果を可視化して、それらのパターンを突き止めてみましょう。

5.3.3　複雑さの傾向を可視化する

スプレッドシートは、複雑さの傾向を可視化するのに申し分ありません。`.CSV`出力をファイルに保存し、Excel、LibreOffice、それ以外のスプレッドシートアプリにインポートするだけです。また、オンラインギャラリーで流れを追うこともできます。オンラインギャラリーでは、完全な複雑さの傾向をグラフで確認できます※7。まず、図5-5で全体的な複雑さの増加を調べてみましょう。

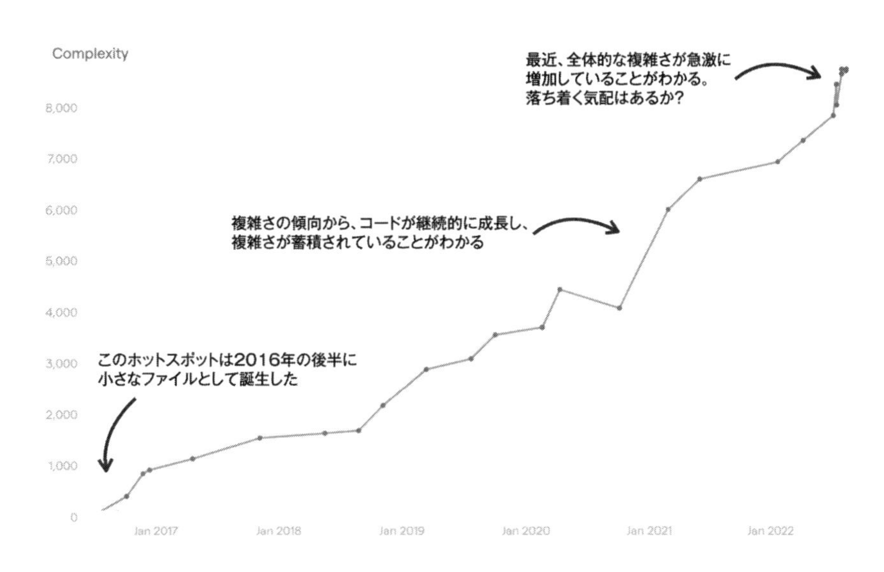

図5-5：全体的な複雑さを表す曲線

図5-5を見てわかるように、`ReactFiberCommitWork`は急な角度の上昇軌道を描いており、減速する兆しはありません。この成長の理由として考えられるのは、基本的に次の2つです。

1. 新しいコードがモジュールに追加される。
2. 既存のコードがより複雑なコードに置き換えられる。

コードの行数が純粋に増えるだけであっても、どこかで問題に発展します（この点については、第6章の6.1.2項で説明します）。しかし、特に憂慮すべきはケース2であり、Lehmanの法則が警告する「構造の劣化」です。

これら2つのケースを区別するのは複雑な問題ですが、簡単な方法があります。コード行の履歴を表す2つ目のデータベクトルをプロットすることです。図5-6の曲線を見ただけで、ホットスポットが「どのように」拡大するのかが、すぐにわかります。

※7　https://tiny.one/react-fiber-complex

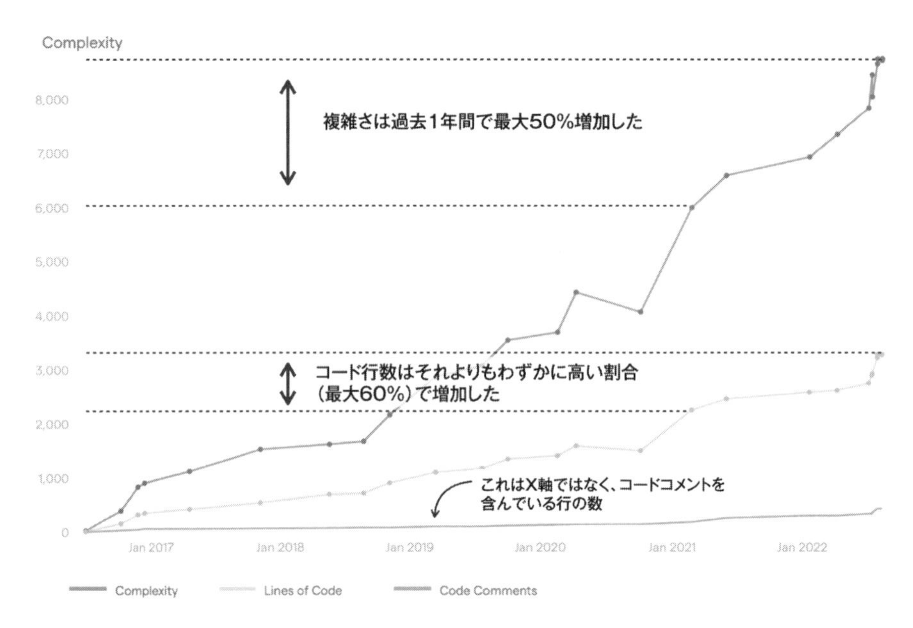

図 5-6：コード行の増加を表す２つ目の曲線

コード行のプロットを追加したことで、「Reactのホットスポットの全体的な複雑さは増加しているが、その増加は追加によるものであり、既存の行の複雑さが増したからではない」ということが明らかになっています。総合的に見て、複雑さを表す曲線を単体で見るよりも、このほうが効果的です。

ケース２を体験するために、筆者が数年前に分析したもう１つの有名なコードベースBitCoin※8の傾向を見てください（図5-7）。

※8　https://bitcoin.org/

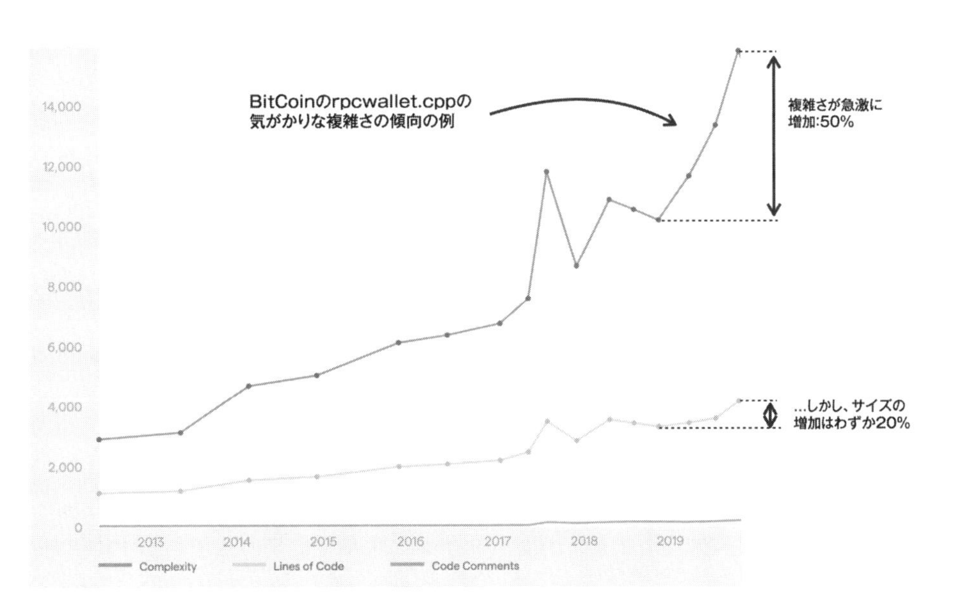

図 5-7：BitCoin のコードベースの傾向

5.4　成長のパターンを評価する

BitCoin のホットスポットデータから、「肝心なのは数字そのものではなく、進化の曲線の形状である」という重要なポイントが浮かび上がります。図 5-8 は、コードで最もよく見つかるパターンをまとめたものです。

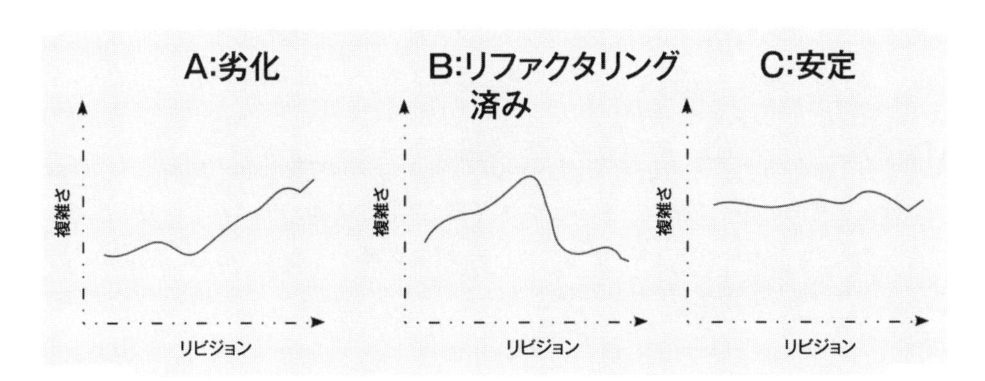

図 5-8：コードで最もよく見つかるパターン

- **劣化**
  すでに見てきたように、ケースAは危険信号である。ファイルは、複雑になればなるほど、理解するのが難しくなる。このパターンはリファクタリングを必要としている。
- **リファクタリング済み**
  ケースBの曲線の急降下は、リファクタリングを反映した肯定的なサインである。コードが再び劣化することがないように、今後も傾向を監視し続けよう。
- **安定**
  ケースCは、モジュールの構造と責務にほとんど変更がない場合によく見られるパターンである。このパターンは、調整や変更が小さなものにとどまる全体的に安定したモジュールを表す。

5.4.1 複雑なコードから学ぶ

プロジェクトの成功は、関与する人々のコーディングスキルにかかっています。能力、訓練、経験は、人それぞれです。これらの違いにより、たとえ同じチームであっても、プログラマーの間でコードの質にばらつきが生じます。1つの領域内のすべてのモジュールを同じ人が設計すれば、結果は同じになるでしょう。時には、同じ個人が原因で複雑さ傾向の急上昇を招いてしまい、結果的にホットスポットのクラスタが発生することもあります。

ただし、現在のホットスポットを調べるときには、元のコンテキストが欠けていることを覚えておいてください。すべての間違いは後から考えればわかりきったものですが、コードがそのような状態になった理由は1つではないかもしれません。ひょっとしたら、脆弱な基盤の上に構築するという戦略上の決断だったのかもしれません。つまり、意図的な技術的負債です。あるいは、かつてのプロジェクトマネージャーの軽はずみな決定で、使い捨てのプロトタイプだったものが本番環境にデプロイされることになったのかもしれません。そして今や、その問題があなたに降りかかっているというわけです(これは実話です)。

もちろん、ホットスポットによってスキルの差が明らかになる可能性もあります。そのような場合は、この機会を利用して、チームをもっとよい方法で教育するか、チームを再編成してスキルを交換してください。コラボレーション、ピアレビュー、継続学習という強力な文化は非常に有効です。本書の第3部では、そうした領域を取り上げます。

5.4.2 スタイルの変化に注意する

ホワイトスペース分析のような単純なテクニックを利用するとなると、インデントスタイルの違いが結果に影響を与えるのでは？と思っているかもしれません。この点について調べてみましょう。

本章が理論的基礎としているのは、*Reading Beside the Lines*［HGH08］という調査です。この調査では、278のプロジェクトについてインデントに基づく複雑さが評価され、インデントが比較的統一されていて規則的であること、そして(ここが重要ですが)インデントがズレていても結果に大きな影響をおよぼさないことがわかりました。

変化に乏しいという性質は、そもそもこのテクニックがうまくいく理由でもあります。インデントはコードの可読性を向上させるものであり、それゆえにベースとなるコーディング構造と深く結び付いています。私たちはコードブロックにでたらめにインデントを付けるわけではありません(International Obfuscated C Code Contest※9に参加しているなら話は別ですが)。

とはいえ、驚くような分析結果になるエッジケースもあります。プロジェクトの途中でインデントのスタイルが変化すると、結果が歪められる可能性があります。たとえば、コードベースで自動インデントプログラムを実行すれば、その履歴が台無しになり、誤った複雑さの傾向が示されるでしょう。そのような状況にある場合、インデントスタイルが変化する前と後のリビジョンを比較することはできません。

5.4.3 複雑さを理解する

ホットスポット分析の概念についての説明は、スタイルをもって完了です。ここでは、Reactのような中規模システムでコードを分析する方法と、犯罪者プロファイルを可視化することで大規模なコードベースにスケールアップする方法を学びました。また、個々のモジュールを詳しく調べて、その内部の複雑さを明らかにしました。次なる自然なステップは、これらのすべての情報に基づいて行動を起こすことです。問題と劣化の兆しが見えるホットスポットを確認したら、次はどうすればよいでしょうか。次章では、ソフトウェア設計の成功の行方を左右するコーディングパターンを調べます。その前に、本章で学んだ内容を応用して次の練習問題を解いてみてください。

5.5 練習問題

この練習問題を解けば、現実のコードベースで複雑さの傾向を評価できます。サンプルやユースケースを直接体験する機会でもあります。

※9 https://www.ioccc.org/

5.5.1 Kubernetesの主な容疑者を調べる

- リポジトリ：https://github.com/code-as-a-crime-scene/kubernetes
- 言語：Go
- ドメイン：コンテナ化されたアプリケーションの管理によく使われるソリューション
- 分析スナップショット：https://tiny.one/kubernetes-complexity

前章の練習問題では、Kubernetesのホットスポットプロファイルを作成しました。主な容疑者の1人は、5,000行を超えるコードからなるホットスポット`pkg/apis/core/validation/validation.go`です。

5.3.2項のスクリプトと手順を使って、`validation.go`の複雑さの傾向を可視化してください。どのような成長パターンが見られるでしょうか。Reactのホットスポットの進化と比べて、どのように異なるでしょうか。

5.5.2 傾向をコードの複雑さのカナリアとして使う

- リポジトリ：https://github.com/code-as-a-crime-scene/folly
- 言語：C++
- ドメイン：FollyはFacebookで使われているC++コンポーネントライブラリ
- 分析スナップショット：https://tiny.one/folly-complexity

炭鉱では、一酸化炭素を検知する生物学的警告システムとして、古くからカナリアが使われてきました。コードの複雑度が急速に高まっていることを警告する複雑さの傾向は、炭鉱のカナリアと同じような目的を果たします。

分析スナップショットにアクセスして、Follyの`AsyncSocketTest2.cpp`モジュールの傾向を調べてください。どのようなことが明らかになるでしょうか。そして、ここが重要ですが、これが私たちのコードだったとしたら、憂慮すべき状態でしょうか。どのタイミングで行動を起こすのがよかったのでしょうか。

ボーナス問題として、これがテストコードであるとしたら、そのことは問題でしょうか。どのような意味で問題でしょうか。

第6章
複雑なコードを修正する

ここまでで、あらゆる規模のコードベースでホットスポットを検出し、問題を可視化し、次第に劣化していくコードに優先順位を付ける方法を理解しました。すでに大きく前進していますが、次に肝心なのは、見つけたものを実際に役立てることです。本章では、ホットスポットを調べているときに漂ってくるであろう一般的なコードの臭いを明らかにします。

まず、認知的限界のある人間の脳にスポットを当てます。認知的な視点に立つと、入れ子の（ネストした）ロジック、Bumpy Road（でこぼこ道）コードの臭い※1、凝集性の低さなど、複雑さを誘発するコーディング構造の影響が見えてきます。何を探せばよいかがわかれば、コードを詳しく調べて単純化する準備が整います。では、始めましょう。

※1　[監訳注] https://codescene.com/engineering-blog/bumpy-road-code-complexity-in-context/
この記事では、条件ロジックの複数入れ子（ネスト）がプログラマーのワーキングメモリを消費し、コード理解の障害になったり構造的な誤りを生む原因となったりすると主張し、それゆえに複雑性の尺度に使えるという提案がされている。確かに、ネストを意識させるために、エディタには開始と終了を常に対として表示させるといった機能があるなど、複数入れ子構造に起因するミスが多いということは同意できる。

6.1 コードで脳を科学する

プログラマーにとって最も興味深い認知的概念の1つは**ワーキングメモリ**です。ワーキングメモリは、頭の中で情報を認識、解釈、操作するための、知能の作業台です。クロスワードパズルや数独パズルを解いたり、(本書の目的である) コードの一部を理解したりするときには、ワーキングメモリが使われます。ワーキングメモリは、私たちプログラマーにとってなくてはならないものです。

残念ながら、ワーキングメモリは非常に限られた認知リソースでもあり、一度に覚えられる情報は限られています。この生物学的限界を超えようとすると、精神的に大きな負担がかかります。認知能力の限界で頭を働かせることになるため、間違いを犯すリスクも高くなります。

ワーキングメモリを過負荷に陥らせてみよう

ワーキングメモリが一杯になったときの感覚を体験するために、**Nバック課題** (N-Back task) に取り組んでみてください。Nバック課題はワーキングメモリを使い果たす効率的な方法であり、認知研究のために開発されました (C++のテンプレート引数の推論ルール※2を理解しようとするのに匹敵する効果があります)。Brainturk※3など、対話型のNバック課題がWeb上で提供されています。

さて、ワーキングメモリと長期記憶の両方の性能を引き上げる夢のような脳ハックが見つかったとしましょう。それはあなたのコーディング方法にどのような影響を与えるでしょうか。最新のPerl構文やKubernetesの複雑な機能を楽々マスターできるようになるでしょう。AWSの認定試験も、関連するドキュメントを斜め読みするだけで合格間違いなしです。

興味深いことに、このような能力を持つ人々がいます。代表的なケーススタディとしては、有名な心理学者A. R. Luriaによる無限の記憶力を持つ共感覚人間Sの逸話があります。私たちは平均で3つか4つの事柄を記憶できますが、能動的リハーサルがなければ、記憶の痕跡はすぐに消えてしまいます。対照的に、Sは何と70もの事柄を楽々と記憶し、さらに驚くことに、数週間、数か月、さらには数年後に同じ情報で再テストしても、どんな順序でもその情報を思い出すことができました。精密な臨床検査を行っても、Sの記憶容量に限界らしきものは見つかりませんでした。

Sは優秀なプログラマーになるでしょうか。残念ながら、LuriaがSに出会ったのは1920年代であり、コンピュータ時代が幕を開けるずっと前のことなので、確かなことはわかりません。しかし、筆者の予想では、Sは (彼の認知的才能を考えれば意外かもしれませんが) 開発者としては苦労したことでしょう。その理由を理解するために、ソフトウェア設計の目的について考えてみましょう。

※2　https://en.cppreference.com/w/cpp/language/template_argument_deduction
※3　https://www.brainturk.com/dual-n-back

共感覚とは何か

共感覚とは、感覚刺激が別の感覚様相を活性化し、感覚が混ざり合う状態のことです。たとえば、特定の単語を耳にすると、その単語を表す絵が「見えて」きます。共感覚のもう1つの例は、数字が特定の形や、色、さらには味に関連付けられることです。Sの共感覚は、情報を整理して取り出すための強力な記憶の手がかりとして機能していました。しかし、視覚戦略は、抽象的な概念に関しては途端に機能しなくなります。「無」や「永遠」の概念について考えてみましょう。それらをどのようにして可視化するのでしょうか。それができなかったSは、結果として抽象的な言葉を記憶することと理解することの両方に苦労しました。認知の世界では、うまい話はないのです。

6.1.1 コードを脳に合わせて調整する

完璧な記憶力があるとすれば、あなたのコードを解釈するのはコンパイラだけになるでしょう。最初は魅力的な提案のように思えます。忘れっぽい人間の要求に応える必要がなくなれば、プログラミングはおそろしいほど単純になるはずです。関数や変数にちゃんとした名前を付ける？ もうそんな気配りはやめましょう。そのような必要はなく、プログラミングスタイルをめぐる愉快な争いはすべて、ほぼ一瞬にして終わります。それでもなお、カプセル化がよい設計の頂点に立つのでしょうか。すべてのビジネスルールとそれらの位置を記憶できるのであれば、カプセル化する意味はありません。その場合は、タイピングだけがコーディングのボトルネックとして注目されることになります。

こうしたコーディングスタイルは、プログラミングの悪夢の元凶であると理解されていることを願っています。ソフトウェア設計に配慮するのには理由があります。私たちのほとんどはSのような能力を持ち合わせていませんが、それでも、コードを脳の認知的ボトルネックに適合するような形式にする方法を見つけ出す必要があります——つまり、脳の弱点と戦うのではなく、脳の強みを活かすような形式にするのです。脳に優しいコードに欠かせないのは凝集性です。さっそく凝集性について見ていきましょう。

6.1.2 凝集性を考慮した設計

これまでのケーススタディを振り返ってみて、ほとんどのホットスポットが大きなファイルだったことに気づいているかもしれません。コードの行数が複雑さや欠陥とどのように相関するのかは、もうわかっています。では、モジュールが大きすぎるのは、どのようなときでしょうか。

ソフトウェア設計ではよくあることですが、数字に関する一般的なルールは、それほど興味深いものではありません。モジュールにコードが100行、1,000行、または2,000行含まれているからといって、それだけで設計の成否が決まるわけではないのです。決め手となるのは、現在のサイズに至った要因です――つまり、モジュールに凝集性があるかどうかです。

凝集性(cohesion)は、モジュールの各部分がどれくらいうまく組み合わされているのかを表す設計原理です(*Structured Design: Fundamentals of a Discipline of Computer Program and Systems Design* [YC79])。最近の研究では、凝集性はメンテナンス可能なソフトウェアにおいて最も影響力の高い特性の1つとして強調されています。そこで、読者の皆さん自身のコードにおけるホットスポットの凝集性を明らかにする方法を調べてみましょう(オブジェクト指向の指標との比較については、*Ranking of Measures for the Assessment of Maintainability of Object-Oriented Software* [YS22] を参照)。

凝集性の低いコードは、同じクラスの中で複数の責務を実装しています。凝集性が低いことは、認知の観点から問題があります。コードを読むときに複数の概念を頭に入れておかなければならなくなるからです。さらに、機能間の思わぬ相互作用によってバグが発生するリスクを常に抱えています。給与の計算を変更したかったのに、同じモジュールに含まれている電子メール通知にうっかり影響を与えてしまい、いつの間にか300万人のユーザーにスパムが送信されていたとしたらどうでしょうか。常にそうであるとは限りませんが、ファイルサイズが大きいということは、往々にして凝集性に関する根深い問題の兆候です。

設計の凝集性を判断するときには、形式的な手法と関数名に基づくヒューリスティックという2つの方法を利用できます。ここでは両方を取り上げますが、わかりやすくておもしろいヒューリスティックのほうから見ていきましょう。

6.1.3 関数名に基づいてホットスポットをリファクタリングする

ホットスポットを特定したら、そのメソッドと関数の名前に注目してください。それらの名前は未来への鍵を握っています。Hibernate ORM[※4]の例を見てみましょう(図6-1)。Hibernateは広く使われているオブジェクト/リレーショナルマッパー(ORM)です。

図6-1は、Hibernateのホットスポットである`AbstractEntityPersister.java`のメソッドの一部を示しています。ホットスポットのコードが5,000行で、メソッドが400近くあることを考えると、名前の`Abstract`を文字どおりに受けとるわけにはいきません。どうやら、ここで複雑なロジックが見つかりそうです。まさに犯行現場です。

※4 https://github.com/code-as-a-crime-scene/hibernate-orm

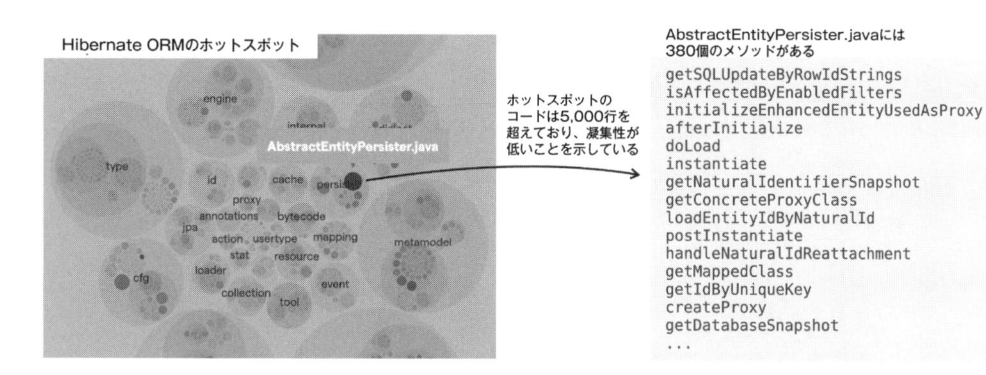

図 6-1：Hibernate のホットスポット

関数名を出発点として、それらをタスクごとにグループ化し、ホットスポットの責務を洗い出します。図 6-2 に示すように、リファクタリングの際には、責務を明確にするために、Extract Class（クラスの抽出）リファクタリングを使って責務を別のモジュールにまとめるようにしてください（*Refactoring: Improving the Design of Existing Code, 2nd Edition* [Fow18]）。

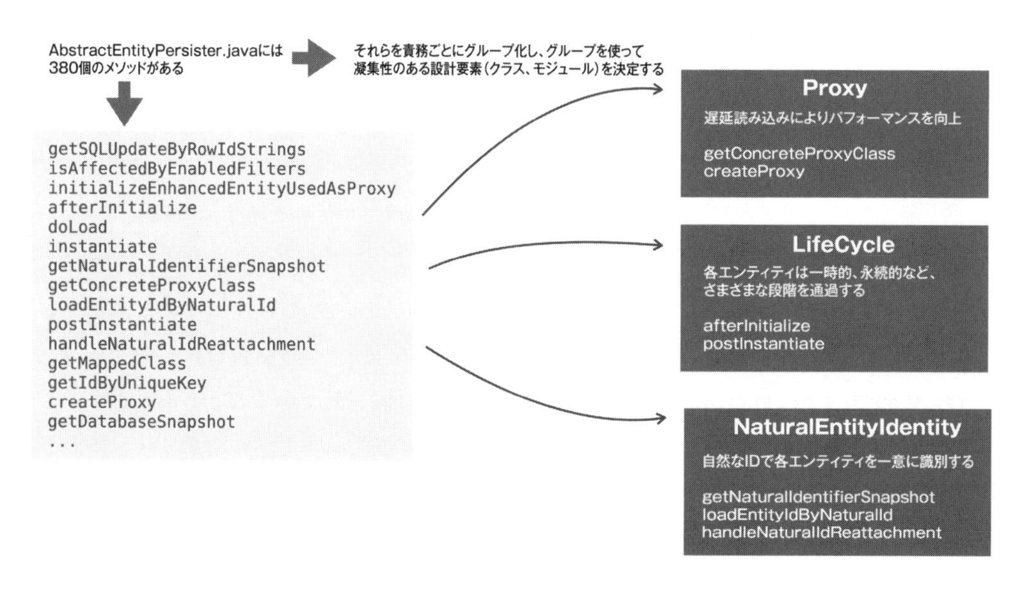

図 6-2：Extract Class リファクタリング

6.1.4 形式分析を使って凝集性を計測する

関数名による手法は、凝集性の高い設計に向けたリファクタリングで筆者が最初に用いるアプローチですが、先に述べたように、形式的な指標もあります。

これらの指標が役立つのは、ホットスポットが複雑すぎて推論できない場合や、関数名にこれといった特徴がない場合です。最も一般的に支持されている凝集性の指標は、Lack of Cohesion in Methods（メソッドの凝集性欠乏度）、略してLCOM4です※5。

LCOM4の末尾の「4」は、この指標が過去に3回試されたことを示しており、凝集性が簡単な問題ではないことを伺わせます。図6-3はLCOM4の基本原理を示しています。

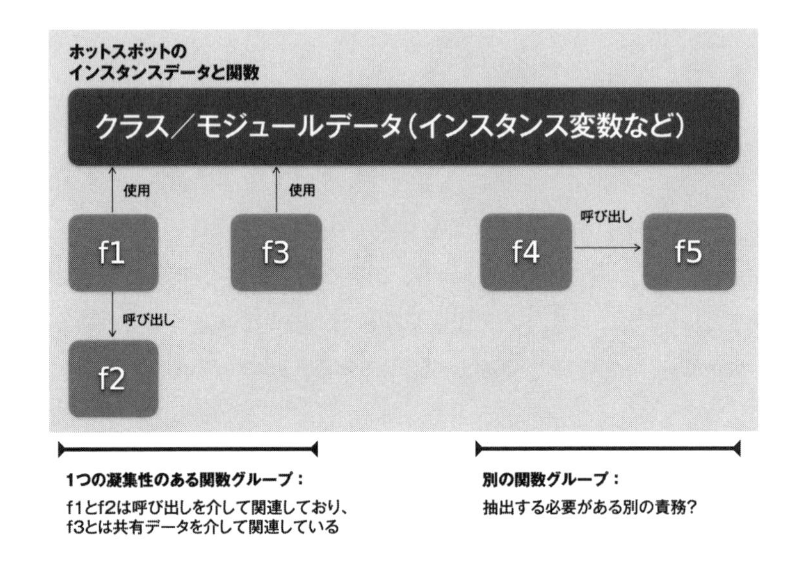

図6-3：LCOM4の基本原理

LCOM4は、共有データと呼び出し（call）チェーンに着目して、関数の依存関係の連結グラフを導出します。2つの関数が同じグラフに属するのは、a) 同じデータにアクセスする場合、または b) 一方の関数がもう一方の関数を呼び出す場合です。もちろん、2つの関数（`f1`と`f3`とします）が`f1 -> f2 -> f3`のような呼び出しチェーンを通じて間接的に関連していることもあります。この指標をモジュール全体に適用すると、関連する関数のグループが浮かび上がります。浮かび上がってきたグループが1個だけというのが、完全な凝集性を持つユニットということになります。言い換えると、ユニット内のすべての関数が連結されている状態です。逆に、関数グラフの数が多ければ多いほど、凝集度は低くなります。

LCOM4を実装しているコード分析ツールはいくつかありますが、その主な利点は必ずしも指標を適用することではなく、凝集性を説明するのに役立つことにあります。元になっているルールは、同じグループに属するのは何か、別のモジュールにカプセル化するほうがよい責務はどれかを判断

※5　https://tinyurl.com/cohesion-lcom4-research

するためのレシピとして機能します。そのようにして凝集性を分析することで、問題がありそうなホットスポットを持続可能な設計に変えることができます。詳しく見てみましょう。

チームの相互作用を通じて凝集性を理解する

本章では凝集性の認知的効果に焦点を合わせていますが、その影響はコーディングだけにとどまりません。第14章の14.3節で説明するように、凝集性はスタッフ間のチームワークや協調性にも影響をおよぼします。凝集性は、コードの人的な側面をスケールさせるのに不可欠な特性です。

6.1.5 変更を切り離す設計

凝集性の高いモジュールは、信頼性、メンテナンス可能性、拡張可能性に影響を与えることが実証されており、質の高いソフトウェアの必須条件です（*Object Oriented Dynamic Coupling and Cohesion Metrics: A Review* [KNS19]）。凝集性は、理解を容易にするという点で重要です。私たちのワーキングメモリの容量が限られていることを覚えているでしょうか。認識度の高い名前を持つ凝集性の高い設計要素は、一度に頭の中に入れておくことができる情報の量を増やします。このプロセスを**チャンキング**（chunking）と呼びます。認知心理学では、チャンキングとは、低レベルの情報を集めて、より高レベルの抽象概念としてグループ化するプロセスのことです。チャンキングは始終使われており、たとえば本書を読んでいるときには、個々の文字が整理されて（抽象概念である）単語になります。チャンキングによって頭の中に入れておけるアイテムの数が増えるわけではありませんが、それぞれのアイテムが伝達する情報の量を増やすことができます。

プログラミングでは、チャンキングは読みやすいコードへの鍵であり、別のタスクに対する反応としてコードを変更する私たちの能力を向上させます。図6-1のHibernateのホットスポットから凝集性の高いモジュールを抽出した後のコンテキストを比較してみましょう。右側の設計のほうが、はるかに理解しやすいはずです。責務には、それぞれ明白な居場所があります。それにより、頭の中で既存のコードにすばやく移動できるのみならず、予期せぬ機能の相互作用というリスクを最小限に抑えることもできます。

凝集性の高い設計には、開発時にコードを安定させるという利点もあります。ドメイン内では、さまざまな領域がさまざまなペースで進化しますが、凝集性を使ってそうしたペースの違いを設計に反映させることができます。図6-4は、そうした変化のペースの一例です。この例では、`engine`は安定したパッケージを表しています。本来であれば、ほとんどのコードに同じような安定性を求めたいところですが、`dialect`と`query`の2つのサブシステムと見比べてみると、`engine`とは対照的に、同時発生した複数のホットスポットが含まれています。

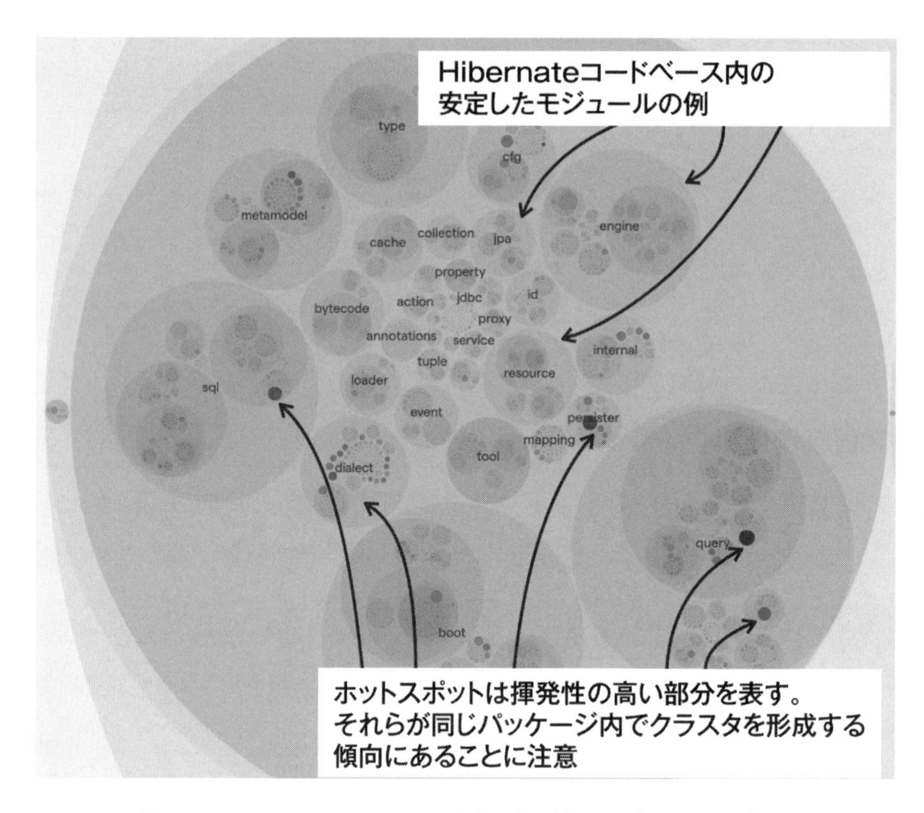

図 6-4：Hibernate コードベースの安定したモジュールとホットスポット

本当に必要？

デスマーチプロジェクトを初めて経験したのは、ソフトウェア開発者としてのキャリアが始まってまだ１年しか経っていない頃でした。このプロジェクトは遅れていて、主要な機能はまだ正常に動作しておらず、クラッシュする状態でした。残業続きの開発チームは疲弊していました。たまたま行われたある大胆な書き換えが、その場の窮地を救っただけではなくプロジェクト全体をも救いました。後になって、誰かが「その機能はどうして必要なのか？」というきわめて重要な質問をしました。調べてみると、その機能はハードウェア特性がまったく異なる古いシステムの遺物で、要件に紛れ込んでいただけだったことが判明しました。つまり、その機能を丸ごと削除しても何ら問題はなかったのです。

ここでの教訓は、「間違ったシステムを実装しているとしたら、コードがどれだけシンプルでクリーンであろうと意味がない」ことです。ホットスポットを調査するときには、常に機能セットを疑ってください。コードの一部を削除できるでしょうか。ほんの少しでも削除できたら最高です。コードは少ないに越したことはありません。

コードの不安定さは、しばしば凝集性の低さに起因します。サブシステムとモジュールには変更する理由がいくらでもあるため、それらはひっきりなしに変更されます。凝集性があれば、変更を切り離すことができます。そして、コードが安定すればするほど、頭の中に入れておかなければならないコードが少なくなります。正常に動作する安定したコードの存在は、設計上気にかける労力をかなり減らせる特性であり、認知的経済性※6という心理的側面へのよい影響によって、そのシステムのメンテナンスにより長く関わることを可能にしてくれます。

6.2　ワーキングメモリに負担をかける入れ子のロジックを突き止める

第3章の3.2節で説明したように、最も一般的なコードレベルの指標では、偶有的な複雑性をうまく捉えることはできません。その主な理由は、循環的複雑度では、コードを理解するために必要となる全体的な作業量を明示することがほとんどできないからです。この指標では、簡単に理解できる繰り返しパターンを持つコードと、理解するには認知的努力を必要とする乱雑きわまりない実装を区別できません。図6-5を見て、循環的複雑度がいかに誤解を招きやすいかを確かめてみましょう。

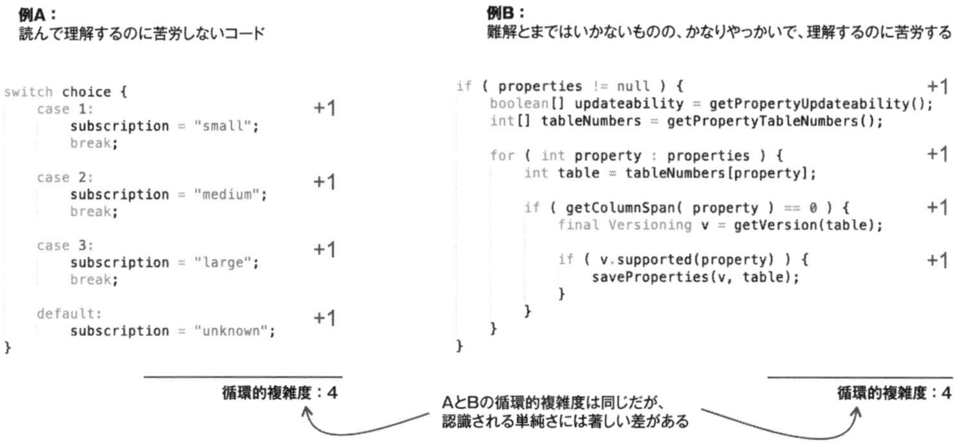

例A：
読んで理解するのに苦労しないコード

```
switch choice {
    case 1:                                  +1
        subscription = "small";
        break;

    case 2:                                  +1
        subscription = "medium";
        break;

    case 3:                                  +1
        subscription = "large";
        break;

    default:                                 +1
        subscription = "unknown";
}
```

循環的複雑度：4

例B：
難解とまではいかないものの、かなりやっかいで、理解するのに苦労する

```
if ( properties != null ) {                                       +1
    boolean[] updateability = getPropertyUpdateability();
    int[] tableNumbers = getPropertyTableNumbers();

    for ( int property : properties ) {                           +1
        int table = tableNumbers[property];

        if ( getColumnSpan( property ) == 0 ) {                   +1
            final Versioning v = getVersion(table);

            if ( v.supported(property) ) {                        +1
                saveProperties(v, table);
            }
        }
    }
}
```

循環的複雑度：4

AとBの循環的複雑度は同じだが、認識される単純さには著しい差がある

図6-5：循環的複雑度は誤解を招きやすい

第5章の5.1節で学んだように、複雑さを追究するときには、コードの形状を調べます。深く入れ子になったロジックを持つコードは、ワーキングメモリに大きな負担をかけます。

※6　［訳注］可能な限り少ない認知的負担で知識を得ようとする人間の性質のこと。

この問題を実際に体験するために、図6-5の例Bで、`saveProperties()`呼び出しを変更する必要があるとしましょう。この変更を行うとき、その手前にある`if`文はすべて、頭の中に入れておかなければならないプログラムの状態を表します。このコードには分岐が4つもあるため、このコードについて推論しながら認知能力の限界で作業することになります。しかも、実際の変更のロジックを考える余地も残しておかなければなりません。入れ子のコードで問題が起きるのも不思議ではないでしょう。

入れ子のロジックの認知コストは、スウェーデンの大手企業7社（Volvo、Ericsson、Axisなど）のソフトウェアエンジニアを対象とした包括的な調査でも裏付けられています。この調査では、入れ子の深さと全体的な構造の欠如の2つが、コードを読むときに最も複雑さを感じさせる問題点であり、条件文の数自体よりもはるかに大きな問題であることが明らかになっています（*A Pragmatic View on Code Complexity Management*［ASS19］）。

ありがたいことに、入れ子のロジックをリファクタリングするのは簡単です。入れ子のブロックをそれぞれ適切な名前が付いた別々の関数にカプセル化するだけです（図6-6）。

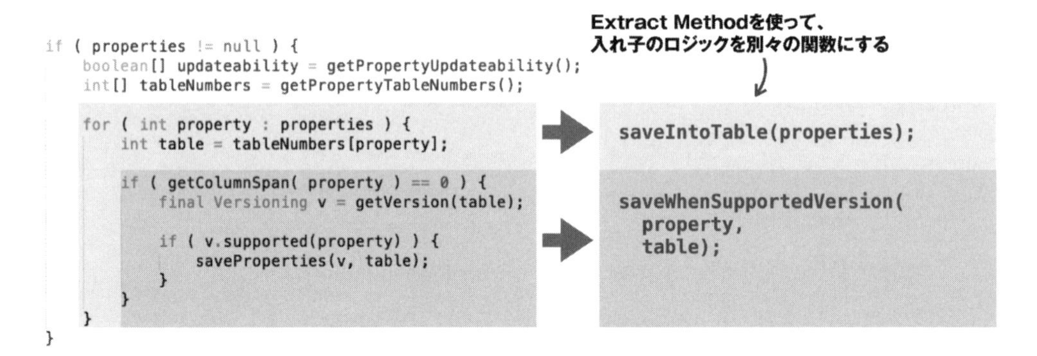

図6-6：入れ子のロジックをリファクタリングする

6.2.1　でこぼこ道には近寄らない

入れ子のロジックは問題かもしれませんが、例のごとく、複雑さの地獄はいくつかの階層に分かれています。より深刻な問題は、**Bumpy Road**（でこぼこ道）と呼ばれるコードの臭いです。Bumpy Roadは入れ子のロジックの腹黒い親戚です。

Bumpy Roadの臭いは、入れ子の条件付きロジックからなるチャンクが複数含まれている関数です。でこぼこ道が車を減速させ、快適さを低下させるのと同じように、コードのでこぼこ道は理解の妨げになります。それだけならまだしも、命令型言語では、機能のもつれのリスクも高まり、バグのある複雑な状態管理につながります。

Bumpy Roadはコードによく見られる問題であり（メンテナンスを減らすと発生します）、プログラミング言語に関係なく、多くのホットスポットで見つかります。ReactのReactFiberCommitWork.old.jsホットスポットのJavaScript関数commitMutationEffectsOnFiberは、その具体的な例です※7。図6-7は、コードのごく一部を示しています。

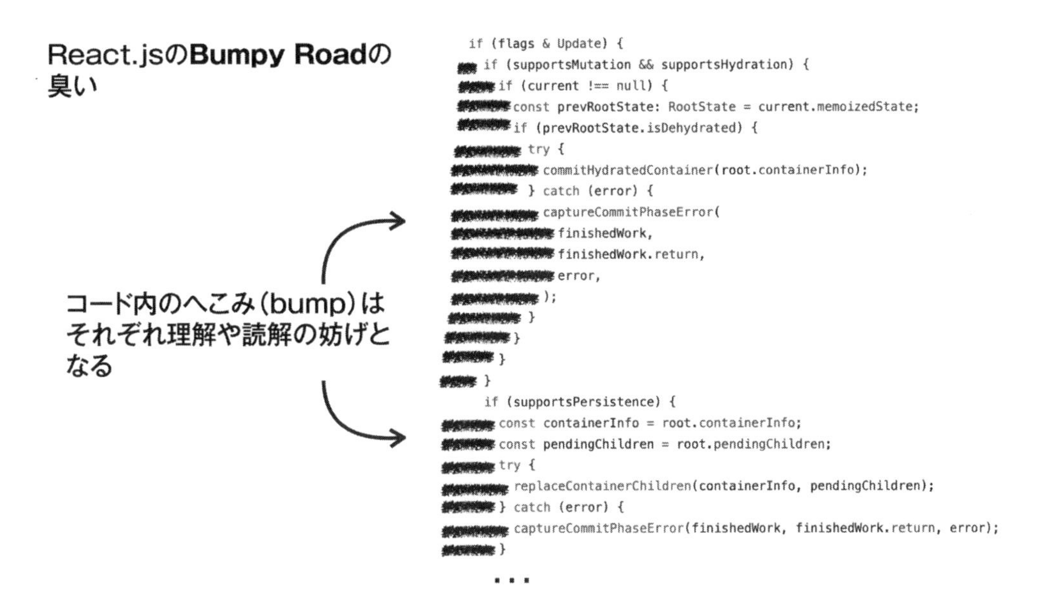

図6-7：Bumpy Roadの臭い

Bumpy Roadの臭いの深刻度を分類するために使えるヒューリスティックがいくつかあります。

- それぞれのへこみにある入れ子のロジックが深ければ深いほど、ワーキングメモリへの負担が大きくなる。
- それぞれのへこみは抽象化されていないことを表し、へこみが多ければ多いほど、リファクタリングコストが上昇する。
- へこみが大きければ大きいほど（つまり、へこんでいる部分のコードの行数が多いほど）、その関数についてのメンタルモデル（その関数をメンテナンスするためのやる気）を構築するのが難しくなる。

基本的に、コードのBumpy Roadの臭いは、そのコードがカプセル化されていないことを表しています。それぞれのへこみは責務や動作を表す傾向にあります。したがって、最初の改善措置は深く入れ子になったロジックの場合と同じです――道を平坦にするために、特定された責務を関数として抽出します。

※7　https://tinyurl.com/react-fiber-code2202

コードの臭いに関する説明を続ける前に、少し立ち止まって、メソッドの抽出について説明することにします。メソッドの抽出は、設計をよりよいものにするための基盤を築く上で非常に重要なリファクタリングです。

6.3 複雑なコードのリファクタリング：シンプルな手順

ここまで見てきたコードの臭いは、いずれも異常に長いクラスと関数に起因しています。ReactFiberCommitWorkは顕著な例であり、このモジュールの3つの中心的な関数はそれぞれ200～400行のコードにおよびます。ここで疑問が浮かびます。多くの小さなメソッド――推奨されるリファクタリングの当然の結果――と、関連するコードを1つの大きなチャンクにまとめるのとでは、どちらのほうが望ましいのでしょうか。

コードをモジュール化する主な利点は、関数が短くなることではなく、6.1.5項で説明したように、コンテキストを変換することにあります。凝集性の高い、適切な名前の付いた関数を抽出することで、設計にチャンクを導入するわけです(図6-8)。これらのチャンクにより、解決しようとしている問題についてより効果的に推論できるようになり、多くの場合は、その過程でより根本的なリファクタリングが提案されます。

図6-8は、複雑なホットスポットにチャンクを導入すると、コードの全体的な意図が明らかになる様子を示しています。元の実装は非常に複雑で、深く入れ子になったロジックが不快なほどでこぼこした道になっています。関連するメソッドを抽出するだけでも、次のようなメリットがあります。

- **変更を切り離す**
  元のコードはバグやコーディングミスがいつ発生してもおかしくないほど絡まり合っている。振る舞いを1つ変更しただけで、一見無関係な別の機能が動かなくなる可能性がある。コードをモジュール化すると、さまざまな機能を互いに保護できる。さらに、モジュール性が高くなると、データの依存関係が明確になる。
- **コードを読み解く手引きとなる**
  凝集性の高い関数は、コードを読み解く手引きとなる。特定のビジネスルールがどのように実現されるのかに関する詳細を調べるための明確な場所が1つになるからである。
- **意図を明らかにする**
  関数を抽出すると、全体的なアルゴリズムが明らかになる。それにより、本当の違いを生む、より重要な設計上の変更が示唆される。図6-8の例では、コードがCommandパターンの候補に見えてくる(*Design Patterns: Elements of Reusable Object-Oriented Software* [GHJV95])。各case文をオブジェクトに置き換えると、凝集性が高まり、関数の大部分が消えてなくなる。偶有的な複雑性を取り除くことほど、すばらしいことはない。

元のコンテキスト

```
switch (finishedWork.tag) {
  case FunctionComponent:
  case ForwardRef:
  case SimpleMemoComponent: {
    recursivelyTraverseLayoutEffects(
      finishedRoot,
      finishedWork,
      committedLanes,
    );
    if (flags & Update) {
      commitHookLayoutEffects(finishedWork, HookLayout | HookHasEff
    }
    break;
  }
  case ClassComponent: {
    recursivelyTraverseLayoutEffects(
      finishedRoot,
      finishedWork,
      committedLanes,
    );
    if (flags & Update) {
      commitClassLayoutLifecycles(finishedWork, current);
    }

    if (flags & Callback) {
      commitClassCallbacks(finishedWork);
    }

    if (flags & Ref) {
      safelyAttachRef(finishedWork, finishedWork.return);
    }
    break;
  }
  case HostRoot: {
    recursivelyTraverseLayoutEffects(
      finishedRoot,
      finishedWork,
      committedLanes,
    );
    if (flags & Callback) {
      // TODO: I think this is now always non-null by the time it r
      // commit phase. Consider removing the type check.
      const updateQueue: UpdateQueue<
        *,
      > | null = (finishedWork.updateQueue: any);
      if (updateQueue !== null) {
        let instance = null;
        if (finishedWork.child !== null) {
          switch (finishedWork.child.tag) {
```

複雑なコードのリファクタリングが複雑であるとは限らない。まず、振る舞いごとに名前が付いた関数を抽出する

この単純なステップにより、左のコードを、右のよりモジュール化された表現に変えることができる

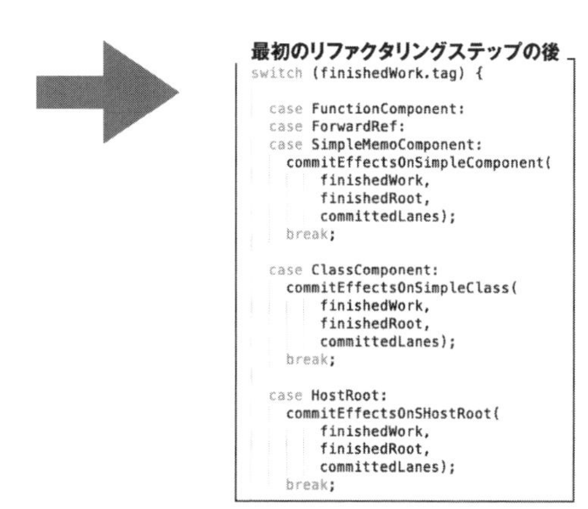

ただし、ここでやめない。チャンクを導入すると、次のリファクタリングステップが明らかになる傾向にある

続いて、Commandデザインパターンへのリファクタリング

図 6-8：コードをモジュール化する

これらのリファクタリングの手順と利点は、単純すぎるように思えるかもしれません。まるで私たちが、複雑な問題には常に複雑な解決策が必要だと期待しているかのようです。しかし、Extract Methodのようなリファクタリングの単純さは人を惑わせます。**正しい**振る舞いとチャンクをモデル化することは、決して簡単ではないからです。リファクタリングを行うには、適切な抽象化を見つけて、それらに適切な名前を付けるための専門知識が必要です。

6.3.1　不適切な名前を見分ける

第1章の1.1節で学んだように、私たちはほとんどの時間を既存のコードを理解することに費やしています。コードチャンクにどのように名前を付けるかという問題は、そのプログラムを読解するプロセスにおいて、きわめて重要です。ある研究によれば、私たちは主にクラスや関数の名前を読んで心的表象を構築することで、よく知らないコードの目的を推測しようとします（実験的な調査結果については、*Software Design: Cognitive Aspects*［DB13］を参照）。

このことから連想されるのは、よい名前はわかりやすく、意図を明らかにするということです。よい名前は凝集性の高い概念も示唆します――責務が少なければ少ないほど、変更する理由も少なくなることを思い出してください。これに対し、悪い名前は次のような特徴によって区別されます。

- 悪い名前は、StateManager（状態管理はプログラミングの目的では？）やHelper（何のための、誰のためのヘルパー？）などのように、情報らしきものをほとんど伝えず、モジュールの目的についてヒントを与えない。
- 悪い名前には、andやorなどの接続詞が含まれている。接続詞は凝集度が低いことの目印である。そうした例には、ConnectionAndSessionPool（接続とセッションは同じ概念を表しているのでは？）や、FrameAndToolbarController（フレームとツールバーの両方に同じルールが適用されるって本当？）が含まれる。

悪い名前は、夏の暑い日にレモネードがスズメバチを引き寄せるがごとく、接尾辞を引き寄せます。すぐに疑われるのは、Manager、Util、またはあの忌まわしいImplで終わるものすべてです。このような洗礼名が付いたモジュールは、通常は単なるプレースホルダですが、気がつけばコアなロジック要素を含んでいたりします。中を覗けば、痛い目を見るでしょう。

オブジェクト指向の継承階層の名前

よいインターフェイスは意図を表明し、使い方を提案します。その実装は、具体的なインスタンスの詳細と、その何が違っているのかの両方を定義します。意図を表明するインターフェイスChatConnectionを作成するとしましょう（そのとおり。認知を妨げるプレフィックス［Interfaceの I］は削除しました）。このインターフェイスの各実装では、SynchronousTcpChatConnection、AsynchronousTcpChatConnectionのように、その実装を一意なものにする要素を指定します。

6.3.2 指標ではなく脳に合わせて最適化する

大きな関数、複雑なロジック、曖昧な名前、Bumpy Roadといったコードの臭いは、カプセル化されていないという根本的な問題の兆候にすぎません。複雑なコードのリファクタリングは、かなり反復的なプロセスです。単純なものから始めて、間違いが起きやすい構造を段階的に減らしながら、コードを脳にとって都合のよいものに変えていきます。そして、モジュール化は始まりであって終わりではないことを覚えておいてください。

メソッドの分割は、長さではなく、振る舞いと意味のある抽象化に基づいて決定してください。閾値のみに基づいて関数を分割すると、コードはよくなるどころか悪くなります。一緒にしておくべきコードは一緒にしておくべきです。常にそうしてください。

とはいえ、David Farleyが*Modern Software Engineering*［Far22］で推奨している「関数あたり最大30行のコード」といった一般的なヒューリスティックは、やはり警告システムとして役立ちます。

メソッドは長ければ長いほど、うまく抽象化されていない可能性が高くなります。上限値はヒューリスティックな指標として参照しつつも、指標ではなく脳に合わせて最適化することを忘れないでください。

6.4 オブジェクト指向から逸脱しない

ホットスポットを調査しているときに、情報の隠蔽とカプセル化の原則に違反している箇所がいくつか見つかる可能性があります。多くの場合は、ここまで見てきたコードの臭いよりも微妙です。よくある2つの違反は、**プリミティブ型（基本データ型）**[※8]**への執着**と、**デメテルの法則**への違反です。どちらの問題もコードを複雑化させる誘因となるため、詳しく見てみましょう。

6.4.1 プリミティブ型に執着しない

ここで質問です。次のようなコードに何回出くわしたことがありますか？

```
boolean changePassword(
  String userName,
  String existingPassword,
  String newPassword) {
  ......
}
```

このコードは2つの異なるドメイン概念を表すためにStringを使っていますが、これはいかなるAPIにおいても不適切な選択であり、もっと広い問題を反映しています。文字列や整数のような組み込み型の使いすぎは、プリミティブ型への執着という問題につながります。つまり、次のようなさまざまな欠点を持つコードの臭いにつながります。

- **コミュニケーションが難しくなる**
  Stringはその意図や目的について何も明らかにしない。ユーザー名はともかく、一般的なStringには、ラテン語の花の名前から核兵器を発射するための秘密のコードまで、どのようなものでも格納できる。それらはごちゃまぜにしないほうがよいが、このコードには、メンテナンスプログラマーが正しい使い方や目的を理解するためのガイドになるものは何もない。
- **カプセル化の効果が失われる**
  メソッドのシグネチャに含まれているプリミティブ型は偶有的な複雑性を引き起こす。検証はすべてアプリケーションコードで行われることになるからだ。結果として、ビジネスルールが変更された場合は、その影響を受けるすべての用例をコードベースで探しまくってShotgun Surgery[※9]を行わざるを得ない。

※8　［訳注］オブジェクトではなく、メソッドを持たないデータ型のこと。string型（文字列）、number型（数値）など。
※9　［訳注］ショットガン手術。乱暴かつ雑なやり方で手術することから転じて、きわめて雑なやり方で手を入れるという意味。

- **型システムの短絡**
  静的型付け言語のセールスポイントの1つは、コンパイラが早い段階に間違いを検出できることである。この利点は、同じ種類の一般的なデータ型を使って別々のドメイン概念を表現した瞬間に失われる。
- **セキュリティの脆弱性**
  プリミティブ型では、値の範囲を制限できない。String、Integer、Doubleには、ほぼどのようなものでも格納できる。このため、本来ならビルドパイプラインの早い段階で重大な問題を検出できるはずの動的なテストを行うことは事実上不可能になる。さらに、プリミティブ型では、センシティブなデータが誤ってログや診断データにダンプされるという事故があまりにも起きやすい。

プリミティブ型への執着によってコードの読みやすさがどれほど損なわれるかを明らかにするために、ニュースフィード実装からの例をもう1つ見てみましょう。

```
public ActionResult ListRss(int languageId) {
  ......
}

public ActionResult NewsItem(int newsItemId) {
  ......
}
```

「language(言語)」と「news(ニュース)」は明らかに異なるドメイン概念であり、ビジネスルールとユーザーの振る舞いも異なりますが、このコードはそうした違いを捉えていません。

プリミティブ型への執着は、そのドメインの言語でコードを表現するドメイン型を導入することによって是正されます。ドメイン型によって抽象度が高まるだけではなく、関数のシグネチャで使えば、変数名が執着から解き放たれ、コンテキストを伝えるために利用できるようになります。これは重要な利点なので、適切な型を使うと先のコードがどうなるか見てみましょう。

```
// 型がドメインを捉えるようになったため、このコードを読む人にとって
// ガイドとなるコンテキストを伝えるために、引数名を自由に使うことができる
public ActionResult ListRss(Language preferredRssFeedLanguage) {
  ......
}

// NewsItem でも同じことを行う
// これで、異なる ID を誤って混同してしまうこともなくなる
// これらはドメイン型にカプセル化された実装依存の詳細にすぎない
public ActionResult NewsItem(NewsItem clickedHeader) {
  ......
}
```

読みやすさの向上と型の安全性の強化の組み合わせは、ドメイン型の根拠として十分です。すべてのパブリック関数のシグネチャでドメイン型を使ってください。

6.4.2 デメテルの法則に従う

デメテルの法則（Law of Demeter：LoD）は、オブジェクト指向コードの設計原理であり、「知らない人とは話さない」という格言を見事に体現しています（*Assuring Good Style for Object-Oriented Programs*［LH89］）。このコンテキストでは、別のメソッドから返されたオブジェクトのメソッドを呼び出すたびに、またはほかのオブジェクトに含まれているデータプロパティにアクセスするたびに、知らない人と話をすることになります。

LoDを採用して、コードの依存関係に関する仮定を制限すれば、疎結合設計を実現するのに役立ちます。現実的な例として、Webアプリケーションを構築するためのフレームワークであるASP.NET Core※10を使って説明することにします。

```
if (!viewContext.ViewData.ModelState.ContainsKey(fullName) && formContext == null) {
    return null;
}

var tryGetModelStateResult =
    viewContext.ViewData.ModelState.TryGetValue(fullName, out var entry);
......
```

このコードは、ViewDataオブジェクトの奥深くでクエリを実行します。最初にModelStateにアクセスしてContainsKey()メソッドを呼び出します。このクエリが成功したら、同じチェーンを再び探索しますが、今回はfullNameキーに関連付けられた値を取得します。このようにすると、このコードが別々のオブジェクトの3つの属性に結び付けられ、ModelStateにディクショナリ（辞書）が含まれているという実装上の詳細が漏れてしまいます。これは情報隠蔽の原則に違反するだけではなく、コードが連鎖的な変更のリスクにさらされることにもなります。LoDに違反すると、切り裂きジャックも真っ青の、内部に手を伸ばして引っ張り出すようなコーディングスタイルになります（免責事項：このケーススタディでは被害に遭うオブジェクトはありません）。

このコードの臭いに対処するには、関連する振る舞いを、そのデータを所有しているオブジェクトに移動させ、カプセル化します。先の例では、そもそもモデルの状態をクエリすべきではありません。代わりに**State**や**Strategy**などのデザインパターンを導入すれば、ステートフルな演算を別のオブジェクトに委譲できます。コードをLoDに従わせれば、モデルの状態がどのように格納されるのか、またはそれらの状態を取得するためにさらなるオブジェクトとのやり取りが必要なのかといった実装上の詳細を知る必要がなくなります。LoDに従うことは、うまくカプセル化されたモジュール型のコードへと続く道です。ぜひうまく活用してください。

※10 https://github.com/code-as-a-crime-scene/aspnetcore

混ざり合ったコードの臭い

ホットスポットのコードの臭いは、手を打たずに放置すると悪化し、最終的には深刻な問題に発展しがちです。Bumpy Roadロジックを持つメソッドには、より多くの責務が積み重なっていることが多く、ますます多くのインスタンス変数に依存するようになります。やがて、そのようなメソッドは**Brain Method**（ブレインメソッド）――いわゆる**God Function**（神の関数）になります。

Brain Methodとは、外側のモジュールの振る舞いを一元的に管理する大規模で複雑な関数のことであり、開発チームにとって手痛い時間の無駄になります。改善策は本章で説明してきたことと同じですが、そのリファクタリングは（テストカバレッジが適切であっても）リスクの高い困難な作業になります。正直なところ、深刻な問題を抱えているコードがそのような性質（適切なテストカバレッジ）を持っていることは、まずありません。深刻化する問題を早期に特定するためにできることは、何でも役立つ可能性があります。

6.5　思考ツールとして抽象化を使う

本章は、無限の記憶力を持つ人物であるSについてのLuriaによる同情的な描写から始まりました。一般的な人間の記憶力は、Sが経験したものとは根本的に異なります。まず、ほとんどの人は、正確な情報を思い出すのではなく、メッセージの重要な要素に焦点を合わせます。本章のソフトウェアの設計原理はすべて、そうした人間の不完全さに端を発しています。設計は、認知上のボトルネックを補います。そうしたボトルネックには、当てにならない人間の記憶力が含まれますが、それだけに限定されません。

とはいえ、ソフトウェア設計は、補うだけではなく可能性も与えます。設計がちゃんとしていれば、問題と解決策の両方について推論できるため、コードを改善し、パターンとして一般化し、そこから新しい課題に適応させることができます。この継続的な認知プロセスは学習を反映しており、希望の光となる抽象化なしには実現しません。抽象化はドメインを記憶して理解するための鍵だからです。

一般的なコードの臭いを嗅ぎ分けられるようになったところで、同僚のエンジニアと技術的な問題について話し合うためのツールが手に入りました。欠けているのはビジネスへの影響です。複雑なホットスポットのリファクタリングには時間がかかり、新機能の追加を一時的に後回しにせざるを得なくなります。ストレスを回避し、組織全体の期待値を揃えるには、このトレードオフを非技術系の利害関係者（プロダクトオーナーや経営陣）に伝えることが不可欠です。次章では、この課題に取り組みます。その前に、本章で学んだ内容を応用して、次の練習問題を解いてみてください。

6.6 練習問題

本章で説明したコードの臭いは言語に依存しませんが、現実のコードを使った例では、なじみのない言語を調べる必要があったかもしれません。とはいえ、一般的なプログラミング概念に即した例になるように努めました。ヒントやさらなるアドバイスが必要な場合は、付録Aを参照してください。

6.6.1 ハリウッドからの電話

- リポジトリ：https://github.com/code-as-a-crime-scene/tensorflow
- 言語：Python
- ドメイン：TensorFlowは最先端の機械学習プラットフォーム
- 分析スナップショット：https://tinyurl.com/tensorflow-hotspots

tensor_tracer.pyは、入れ子のロジックがいくつか含まれたPythonファイルです。2,145行目から始まるコード※11を見てください。関数クエリを使って条件パスを決定し、そのようにして実行する振る舞いを決定するという一般的なパターンが見つかります。

```
if self._use_tensor_values_cache() or self._use_tensor_buffer():
    if self._use_temp_cache():
        # すべての統計データを連結して一時的なtfキャッシュ変数を作成
        graph_cache_var = self._cache_variable_for_graph(graph)
        if graph not in self._temp_cache_var:
            ......
```

この問題は、先ほど説明したデメテルの法則への違反に似ています。あなたなら、このコードをどのようにリファクタリングしますか。

ヒント：ハリウッドの原則※12「電話をかけてこないで。必要なときはこちらから電話する」に要約されるすばらしい解決策があります。

※11 http://tinyurl.com/tensorflow-2145

※12 https://wiki.c2.com/?HollywoodPrinciple

6.6.2 シンプルなボタンを単純化する

- リポジトリ：https://github.com/code-as-a-crime-scene/lightspark
- 言語：C++
- ドメイン：Lightsparkはオープンソースの Flash プレイヤー実装
- 分析スナップショット：https://tinyurl.com/lightspark-hotspots

Lightsparkの主なホットスポットは、C++ファイル flashdisplay.cpp です。5,625～5,661行目にある SimpleButton クラスのコンストラクタ[※13]を調べてください。

```
// 練習問題に関連する部分を目立たせるために少し簡略化している
SimpleButton::SimpleButton(
  ASWorker* wrk,
  Class_base* c,
  DisplayObject *dS,
  DisplayObject *hTS,
  DisplayObject *oS,
  DisplayObject *uS,
  DefineButtonTag *tag)
{
    subtype = SUBTYPE_SIMPLEBUTTON;
    if(dS)
    {
        dS->advanceFrame();
        if (!dS->loadedFrom->needsActionScript3())
              dS->declareFrame();
        dS->initFrame();
    }
    if(hTS)
    {
        hTS->advanceFrame();
        if (!hTS->loadedFrom->needsActionScript3())
            hTS->declareFrame();
        hTS->initFrame();
    }
    if(oS)
    {
        ......
```

ここで、どのような設計上の問題が見つかるでしょうか。6.3節で説明したように、問題を修正するためのリファクタリングを（理想的には複数の安全な手順で）提案できるでしょうか。

※13　http://tinyurl.com/flash-display-5625

第7章
技術的負債のビジネスへの影響を伝える

ホットスポットを特定し、複雑さの傾向を判断し、複雑なコードを修正する方法がわかった今こそが、立ち止まって技術的負債に対処するのに絶好の機会です。しかし、技術的負債とは何でしょうか。技術的負債は偶有的な複雑さの産物であり、結果として、メンテナンスコストが必要以上に高くつくコードになります。つまり、金融ローンと同じように利息を支払うことを意味します。コードが理解しにくいものである場合は、変更が発生するたびにコストとリスクが増加します。つまり、コーディングにかかる時間が長くなり、バグが増えることになります。たまったものではありません。

何を修正すべきかに関する優先順位がホットスポットによって決まる仕組みはもちろん、バッドコードが与える影響（専門用語で言うところの「the why」、つまりなぜホットスポット状態になってしまったのかという**理由**）についても、すでにわかっています。これを非技術系のマネージャーにとって関連性のあるものにするには、ビジネスにとって意味のある指標で**理由**を言い換える必要があります。コードレベルの診断結果を、市場投入までの時間、顧客満足度、ロードマップのリスクといったアウトカムに結び付けると、非技術系のステークホルダーにトレードオフを伝えるための言語が得られます。そのようにして、ビジネスへの影響に基づいて、技術的な改善と大規模なリファクタリングに対するビジネスケースを開発者として作成できます。まず、現代の企業が技術的負債をうまく管理できていない理由を探ってみましょう。

7.1 技術的負債のコストと結果を知る

技術的負債の影響に関する調査結果がようやく数字になったのは、2010年代の後半でした。これらの数字は、どの調査結果を調べるかによって異なりますが、どれもかなり悲観的な状況を示しています。組織は技術的負債とバッドコードの影響に対処するために、開発者の時間の23～42%を無駄にしています(*Software Developer Productivity Loss Due to Technical Debt*［BMB19］)。

思考実験として、42%の無駄が何を意味するのかを考えてみましょう。ある部署に100人のソフトウェアエンジニアがいるとします。他の条件がすべて同じであるとすれば、エンジニアの時間の42%が無駄になると、結果として開発者58人分に相当する成果しか得られないことになります――ソフトウェア以外のほとんどの状況では許容できない効率上の損失です。残念ながら、この推定上の生産性の損失でさえ楽観的すぎます。100人の開発者を抱える組織は、同じ成果を58人で達成できる別の組織よりも常に多くのオーバーヘッドを抱えることになります。

この業界が世界的なソフトウェア開発者不足に直面していることを考えると、開発者の時間の半分を無駄にするのは賢明な選択ではないように思えます。そして、世界中のITマネージャーが技術的負債を最優先課題に挙げているはずです。マネージャーが最優先課題としているのを見たことがあると思いますが、実際には、技術的負債が最優先で扱われたことなどありません。むしろ、企業は新機能などの短期的な利益と引き換えにコードの品質を犠牲にし続けており、開発チームはさらに多くの技術的負債を抱えざるを得ないことが調査で明らかになっています。この八方ふさがりの状況を変えるために、心理学的な見地からこの問題を調べてみましょう。

技術的負債の問題は今後も深刻化し続ける

本書の第1版※1では、技術的負債については少し触れただけでした。2014年当時、この用語はあまり広まっておらず、筆者が話を聞いたITマネージャーのほとんどはこのメタファーを知りませんでした。あれから10年がたった今、技術的負債を意識していない技術マネージャーを見つけるのは難しいほどです。技術的負債は概念として一般に使われるようになっており、筆者の見立てでは、技術的負債は今後数年間は増え続けるでしょう。本書を執筆している2022年後半の時点で、世界は景気後退に向かっています。つまり、継続的に人員を増やして無駄を補うことは、もはや不可能な状態です。企業は既存のスタッフで、または人員を削減した上で、より多くのことを成し遂げる必要があります。このため、技術的負債を返済することは、これまで以上に重要となっています。

※1 ［訳注］本書は『Your Code as a Crime Scene, Second Edition』の翻訳で、第1版となる『Your Code as a Crime Scene』は2015年に刊行されている。

7.1.1　持続可能なソリューションよりも短期的な利益が優先される理由

法心理学では、犯罪予測のほぼすべてのモデルに個人の時間的嗜好が反映されます。長年の研究により、時間的視野が狭い人は犯罪に手を染めるリスクがより高いことがわかっています。その理由は単純で、犯罪の報酬はその場ですぐに手にできるのに対し、処罰は不確定な未来にあるからです（最新の研究については、*Time discounting and criminal behavior*［ÅGGL16］を参照）。

技術的負債に遍在する管理のずさんさも同じような心理によるものです。ソフトウェアプロジェクトにおけるフィードバックのタイミングにも決定的な違いがあります。

- 新機能のリリースは、顧客を満足させる（または少なくとも顧客の怒りを和らげる）、新規顧客を確保する、さらには新しい市場への参入など、即時報酬をもたらす。短い投資時間ですぐに成果が得られる。
- 一方で、増え続ける技術的負債からのフィードバックは遅く、兆候に気づいたときには、対処するにはすでに手遅れになっていることがある。

このフィードバックのタイミングの違いは、**双曲割引**（hyperbolic discounting）※2 と呼ばれる意思決定バイアスを引き寄せます。双曲割引が発生するのは、将来の自分が後悔するような選択を今日行うときです。翌朝に仕事の打ち合わせが入っているにもかかわらず懇親会で飲みすぎてしまったのかもしれませんし、すでに複雑な関数にさらに`if`文を追加するという選択をしたのかもしれません（*Hyperbolic Discounting*［AH92］）。

双曲割引は依存症の心理状態を説明するためによく使われます。偶然にも、これは企業が技術的負債に対処できないときの最もうまい言い訳でもあります。依存症の人と同じように、私たちは健全なコードベースという将来の幸福と引き換えに、次なるその場しのぎの解決法と短期的な報酬の誘惑に屈します。Melvin Conway の言葉を借りれば、「何かをきちんと行う時間が十分にあった試しはないが、やり直す時間なら常に十分にある」というわけです（*How do committees invent?*［Con68］）。

双曲割引バイアスに対抗するには、主要な意思決定者に適切なタイミングでフィードバックを提供して、リスクの観点から将来について考えさせる必要があります。言うのは簡単ですが、技術的負債のような技術的なものには、いくつもの課題があります。

1. **コードは抽象的**
   開発者自身がコードを理解するのに苦労しているというのに、プログラミングとは無縁のマネージャーがソフトウェアの複雑さという事情をどうやって理解できるというのだろうか。コードは、万人が理解できる言語ではない。

※2　［訳注］行動経済学の概念で、時間的に遠くにある報酬に関しては我慢できるが、近くにある報酬に対しては我慢ができないという人間の性質のこと。

2. **コードには可視性がない**
   コードは私たちの想像力の産物であり、物理特性を有していない。大規模なコードベースを手に取ってひっくり返し、欠陥や技術的負債がないかを調べるというわけにはいかない。

3. **コードの質は経営課題としてあまり重視されない**
   筆者はソフトウェア業界で長年働いてきたが、筆者が関わったどの企業も「コードの質は重要だ」という考えに口では賛同していた。しかし、いざ期日が迫ると、真っ先に犠牲になるのはコードの質である。コードの質は技術的な問題として片づけられがちであり、ビジネスレベルの意思決定において重要であるとは認識されていない。図7-1を見てわかるように、最初の２つの課題を組み合わせると３つ目の課題が生まれるという強力な力学が働く。

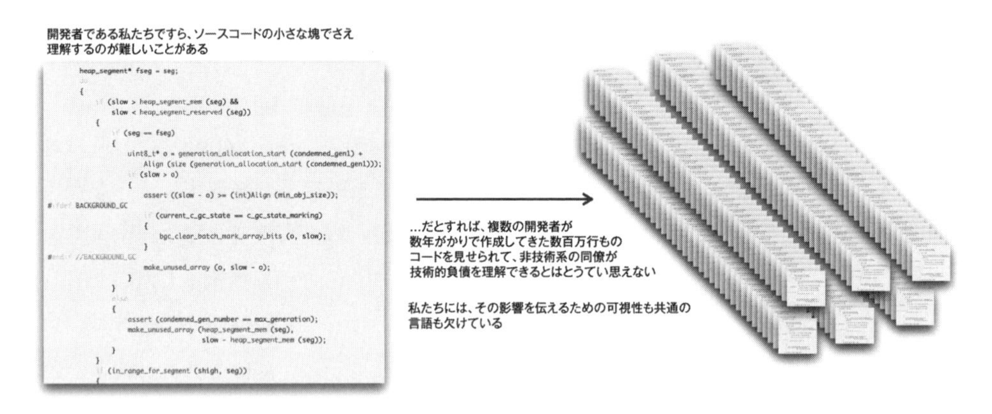

図7-1：技術的負債の課題

コードの質に関する最新の調査結果を見ながら、この課題に取り組んでみましょう。

7.2　作業の半分に２倍の時間がかかる理由

ここまで説明してきた調査結果は、技術的負債の全般的な影響をうまく定量化しています。しかし、架空の経営者が、自分がいる業界で開発者の時間の半分が無駄になっていることを知っていたとしても、そうした数字には実効性がありません。というのも、a) 彼らはその無駄が何であるかを知らず、b) 将来のリスクを想像できず、c) 無駄を計測したくてもその手段がないからです。したがって、痛みを感じるまでは、技術的負債は差し迫った問題ではありません。医者に野菜をもっと食べ、ワインを減らし、運動するようにと言われているのと同じです（双曲割引の豪華版）。

2022年、筆者はソフトウェア研究者のMarkus Borgとチームを組み、技術的負債がビジネスに与える影響をコードレベルまで評価することで、この状況を変えようとしました。まず、代表的な

1

サンプルを確保するために、小売、建設、インフラ、証券、データ分析など、幅広い業界におよぶ39のプロプライエタリコードベースからデータを集めました。また、そのデータが複数の実装テクノロジーにわたって一般化できるかどうかを確認することも重要なので、この調査では14種類のプログラミング言語（Python、C++、JavaScript、C#、Java、Goなど）で実装されたコードベースを対象にしました。すべての企業がこの調査への参加を承諾し、ソースコードリポジトリとJira製品データへのアクセスを許可してくれました（*Code Red: The Business Impact of Code Quality -- A Quantitative Study of 39 Proprietary Production Codebases*［TB22］）。

Code Red調査※3のデータセットでは、対象となるコードベース内のソフトウェアモジュールごとに、3つの主要な指標が収集されました。

1. **コードの質の目安**
   この調査では、コードの質の目安になるものとしてCode Healthという概念を採用した※4。Code Healthはソースコードからスキャンされた25以上の要因に基づく集計指標である。これらの要因はコードを理解しにくくすることで知られている。最も重要な問題（凝集性の低さ、入れ子のロジック、Bumpy Road、プリミティブ型への執着）については、第6章で説明した。
2. **ファイルあたりの開発時間**
   開発時間は、開発者がJira※5バックログアイテムに関連付けられたコードを実装するために必要な時間である。この調査では、Jiraのチケットが「In Progress（進行中）」状態に移行してから、そのチケットを参照している最後のコミットが完了するまでの時間として計算した。
3. **ファイルあたりの欠陥の数**
   開発期間と同様に、バージョン管理情報とJiraのデータを組み合わせると、既知（確認済み）のバグ修正という観点から、ファイルあたりの欠陥の数を計算できる。

ソースコードファイルはそれぞれ、図7-2の右端の上から順に、Green（理解しやすい健全なコード）、Yellow（複数のコードの臭いがしているコード）、Red（非常に複雑なコード）のいずれかに分類されます。このように、コードレベルのさまざまな問題を集約することが鍵となります。コードの質のような多面的な概念をたった1つの指標で計測するのは無理だからです（科学的根拠については、*Software Measurement: A Necessary Scientific Basis*［Fen94］を参照）。

7

※3　https://arxiv.org/abs/2203.04374
［監訳注］Code Redと言えば有名な自己増殖型コンピュータウイルス（ワーム）を想起させるが、ここでは本来の意味の「厳戒警報」として用いられている。また、後述する「Red（非常に複雑なコード）」というものと、コードに関する調査というところも掛けた意味合いになっているようである。

※4　https://codescene.io/docs/guides/technical/code-health.html

※5　https://www.atlassian.com/ja/software/jira

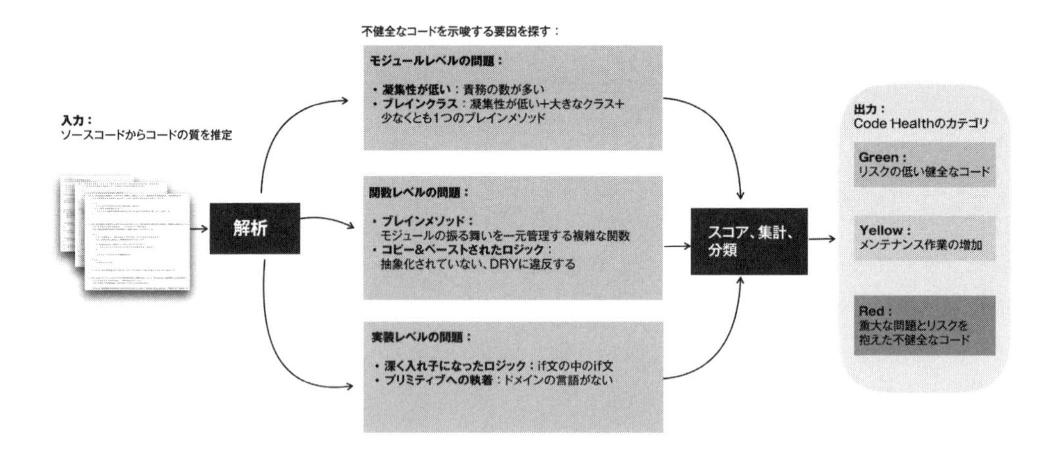

図 7-2：コードの質を評価する

すべての調査結果は統計学的に有意

Code Redの論文から引用した調査結果は、すべて統計学的に有意です。わかりやすく言うと、それらの結果は、単なる偶然やデータのランダム性ではない可能性が高いということです。この点は重要です——ソフトウェア開発の仕事についてアドバイスするときには、金銭面、仕事の内容、仕事の満足度が問われます。ソフトウェア業界は比較的新しい分野であり、より多くの事実を必要としており、私見はあまり必要ありません。

この調査がどのように計画されたのかがわかったところで、大きな未知の問題に取り組む準備ができました。コードの質が重要であることはソフトウェア業界の誰もが「知っている」ことですが、驚くべきことに、その主張が調査や数字で証明されたことはまだなかったのです。「知っている」のかぎかっこを外して、**知っている**に変えてみましょう。

7.2.1 結果1：機能を2倍の速さで実装できる

Code Red調査の最初の部分では、タスクの完了にかかる時間という観点からスループットを調べました。その結果はかなり劇的で、Jiraチケットを Green（Healthy）コードで実装すると、Red（Alert）コードよりも124%も高速であることがわかりました（図7-3）。この関係は、同じような範囲とサイズのタスクにも当てはまります。

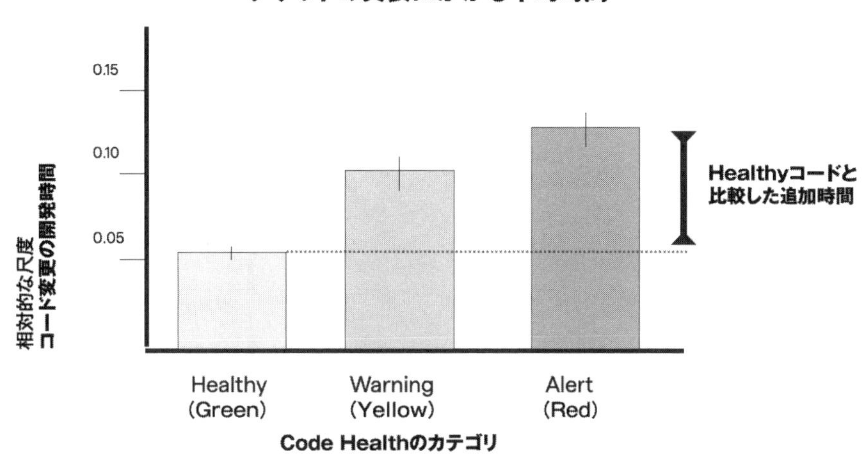

図7-3：タスクの平均スループット

ビジネスに当てはめた場合、この調査結果は市場投入までのスピードに関係しています。あなたの会社がRedコードで2か月半かけて実装できる新機能を、Greenコードを持つ潜在的競合他社は1か月足らずで実装できるのです。追いつくのは無理でしょう。

7.2.2　結果2：機能の実装に桁違いに時間がかかることがある

市場投入までのスピードに関する前項のデータは、おそらく意外な結果ではなかったはずです。何しろ、私たちはコードの質が重要であることを「知っている」わけですし、質の低いコードに伴う生産性のコストはグラフによって裏付けられています。しかし、平均値は誤解を招くことがあるので、調査の次の部分では、タスクの完了にかかる時間の分散を調べてみました。この調査では、平均開発時間を調べる代わりに、データセット内の数千のモジュールにわたって、機能の実装にかかる最大時間を調べました。

図7-4に示すように、Green（Healthy）コードでチケットの実装にかかる最大時間は、平均完了時間からそれほど外れていません。これをRed（Alert）コードと比較してみると、最大時間が桁違いに分散する可能性があることがわかります。

1
7

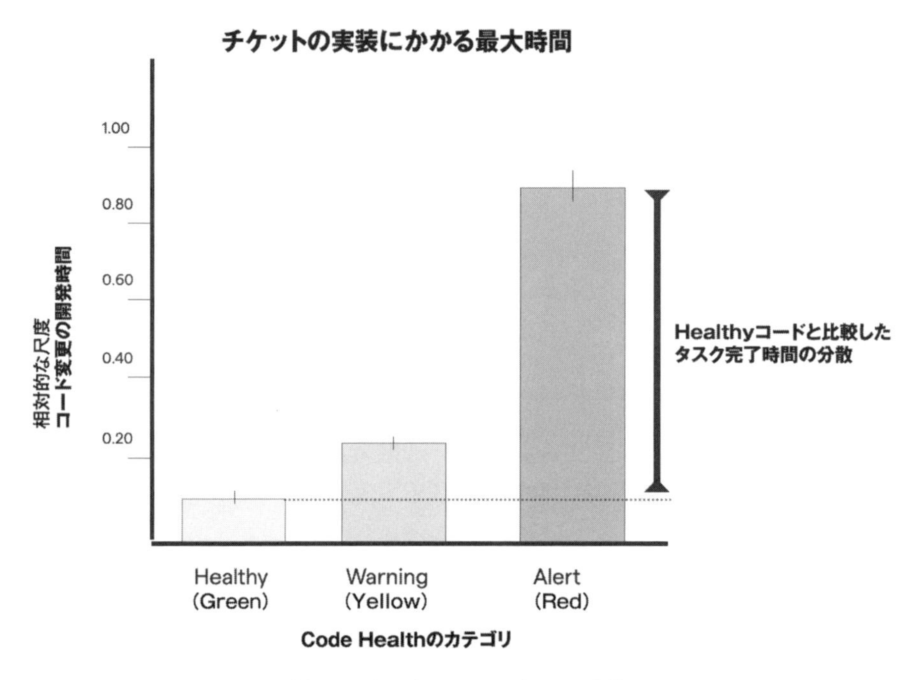

図 7-4：タスクのスループットの分散

この大きな分散は完了時間の不確かさにつながりますが、ほとんどの人は不確かさを好みません。営業担当者が製品管理者に確認した後、新規顧客に「当社と契約すれば、この機能を１か月でお届けします」と約束したとしましょう。そのコードがRedである場合は、その機能を実装するのに、見積もりの１か月ではなく、9～10か月もかかるリスクがあります。営業担当者と製品管理者は、どちらも面目丸つぶれです。

開発者から見ても不確かさは嫌なものです。不確かさはストレスや残業、納期の遅れを引き起こします。この点については、第14章の14.1.1で改めて取り上げることにします。

7.2.3 結果３：Redコードはバグの温床

先の２つのグラフでは、スループットと不確かさの観点から無駄を定量化しました。しかし、Greenではないコードでの作業は、欠陥の観点からもリスクの高い活動です。図7-5は、その結果が、かなり劇的であることを示しています。Red（Alert）コードにはGreen（Healthy）コードよりも平均で15倍近くの欠陥が含まれています。

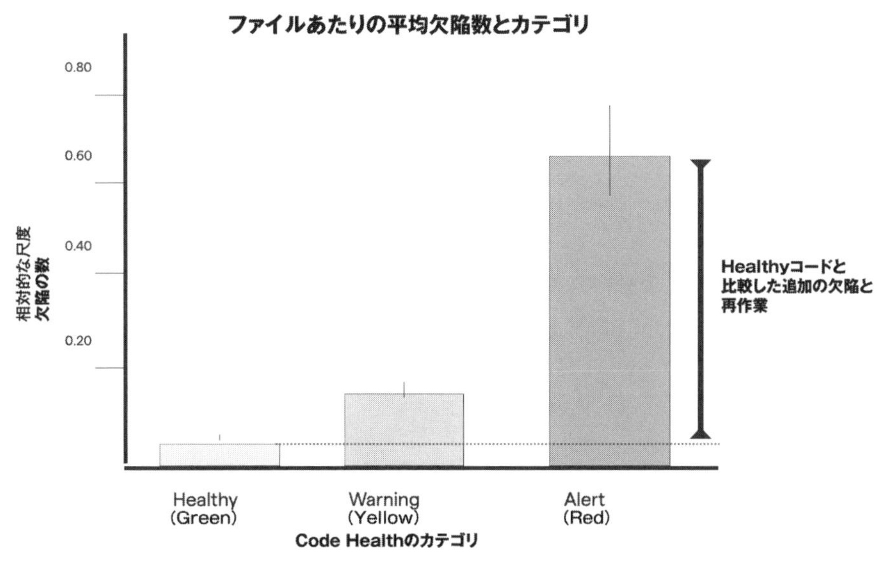

図 7-5：タスクの欠陥の数

問題が起きやすいコードが原因で、ビジネス的な側面である顧客満足度を気にしなければならなくなります。欠陥率が高いと、計画外の作業という形で開発チームが反撃を食らい、コンテキストの切り替えによる無駄がさらに発生することになります。この点については、7.4 節で改めて説明します。

7.3 リファクタリングのためのビジネスケースを作成する

機能の追加と、技術的負債の返済に時間を投資することの間には、トレードオフがあります。質の低いコードに内在するリスクを定量化すると、そうしたトレードオフについてバランスの取れた議論が可能になります。しかも、そうした話し合いをビジネス側のスタッフが理解できる言葉で行えます。こうすることで、私たち開発者は、そこにいる全員の幻の「支持」を取り付けるべく、リファクタリングのビジネスケースを作り上げることが可能になります。

このビジネスケースに向けた最初のステップとして、コードベースの健全性を評価します。健全性を評価するには、複数の方法があります。第 6 章で説明したコードの臭いの組み合わせをチェックすることで明示的に追跡するか、コード分析ツールを使ってこのタスクを自動化できます（Wikipedia のコード分析ツールのリスト※6 で選択肢をひととおり確認できます）。

※6 https://en.wikipedia.org/wiki/List_of_tools_for_static_code_analysis

専門用語は使わない

「このコードは循環的複雑度が152なので、リファクタリングが必要です」のような文章を書いた瞬間に、ビジネスマネージャー（そして、おそらくほとんどのプログラマー）の関心を失ってしまいます。代わりに平素な言葉を使うようにしてください。Red、Yellow、Greenの3つのカテゴリは、この単純化を反映したものです。もちろん、それぞれのカテゴリにもさまざまな問題がありますが、リスクと無駄について推論するときには、それらは些細なことにすぎません。実際には、陪審員に証拠を提示する法医学の専門家とまったく同じです。陪審員が求めているのは、完全な化学の授業ではなく、わかりやすい情報でしょう。そうした法心理学者と同じように、内容を希釈することなく、すべての人に理解できるようにする必要があります。

ホットスポットの場合と同様に、結果を可視化すると、非技術系のステークホルダーにもわかりやすい概要が得られます。第4章で使ったエンクロージャ図は、ここでも有効です。変更頻度データを、コードの質の目安に置き換えるだけです。図7-6は、C++コンポーネントライブラリであるFollyの例を示しています[※7]。

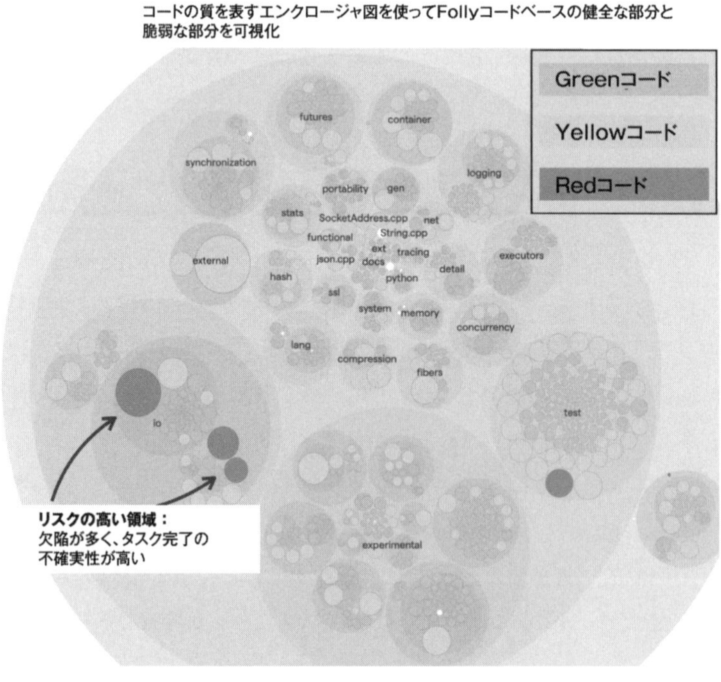

コードの質を表すエンクロージャ図を使ってFollyコードベースの健全な部分と脆弱な部分を可視化

Greenコード
Yellowコード
Redコード

futures
container
synchronization
logging
portability
gen
stats
SocketAddress.cpp
net
functional
String.cpp
ext
tracing
external
json.cpp
docs
executors
detail
hash
python
ssl
system
memory
concurrency
lang
compression
fibers
io
test
experimental

リスクの高い領域：
欠陥が多く、タスク完了の
不確実性が高い

図7-6：Follyのエンクロージャ図

※7 https://tinyurl.com/folly-code-health

このデータがあれば、コードのようなかなり技術的な事柄について、非技術系のステークホルダーの理解を得る準備が整います。主なユースケースをそれぞれ見ていきましょう。

7.3.1 リファクタリングをビジネスの期待値に合わせる

本章の前半では、コードの質が技術的な関心事として片づけられ、緊急のユーザー対応作業のために犠牲になる仕組みについて説明しました。このことは、15か所の大規模なソフトウェア組織を対象とした調査で痛々しいほど明らかになっています。これらの組織では、技術的負債を返済するメリットが明確ではなかったため、ほとんどのマネージャーは切実に望まれているはずのリファクタリングに必要な予算や優先順位を割り当てようとしませんでした（*Technical Debt Tracking: Current State of Practice: A Survey and Multiple Case Study in 15 Large Organizations*［MBB18］）。

無能さや無知、または悪意があってリファクタリングに継続投資をしないということではありません。ほとんどのビジネスリーダーは正しい行動をとることを望んでおり、私たちの技術的な専門知識を高く評価しています。単に、コードの質の向上による利益を具体的なビジネス価値に変換することで、彼らを支援すればよいだけです。7.2節で説明したCode Redの調査結果が、その根拠となります。バグが15分の1に減り、開発速度が2倍になれば、既存のキャパシティが解放され、イノベーションと製品成長が促進されます。これは、あらゆるビジネスにとって明確かつ定量化可能なアドバンテージであり、リファクタリングがビジネス上の期待に応えられるようになることを意味します。推奨される手順は、次のとおりです。

1. **注意を惹く**
   まず、Redコードの結果を要約する。技術用語ではなく、アウトカム指向の用語（市場投入までの時間、再作業、顧客満足度など）を使う。
2. **状況を認識させる**
   全般的な影響が理解できたら、開発、製品、マネジメントのすべての関係者に、コードベースの強みと弱みがどこにあるかについて、状況認識を共有させる。図7-6で行ったように、技術的負債を可視化することでデータを理解しやすくする。
3. **関連する部分に焦点を合わせる**
   すべてのコードが同じように重要というわけではないため、ホットスポットの基準に基づいて低利の技術的負債と高利の技術的負債を区別する。具体的には、ホットスポットの技術的負債が少量であっても、コード変更の頻度が高いためにコストがかかることを伝える。要するに、エンジニアリングにおけるペイデイローン※8である。

※8 ［訳注］次回の給料を担保にした、高利・小口のローンサービス。

4. **期待値を設定する**
   Red コードから Green コードに移行すれば、こうした利点がすべて得られることを説明する。特に、タスク完了時間の不確実性を減らすことは、すべての組織にとって大きな利益である。

もちろん、約束したからには守ることも重要です。アウトカムを可視化する方法については、7.4 節で説明します。その前に、Code Red の調査結果によって可能になるユースケースをもう 1 つ紹介しましょう。

7.3.2 リスクベースの計画を立てて双曲割引に対抗する

心理学で言う**プライミング**（priming）は、何らかの刺激にさらされ、それが無意識のうちに将来の反応や行動に影響を与えるという現象のことです。双曲割引[※9]への対抗は、大雑把に言えば、意思決定者の長期リスクに対する認識をプライミングすることです。プライミングを実現するには、振り返りや企画ミーティングなどの既存のプラクティスにコードの健全性に関する見解を組み込みます。Folly の例を見てみましょう。

Folly のコードベースで作業しているとしましょう。開発チームがプロダクトマネージャーと話し合って優先順位を決定します。図 7-7 に示すように、まずは、プロダクトマネージャーが 2 つの機能を議題として挙げます。

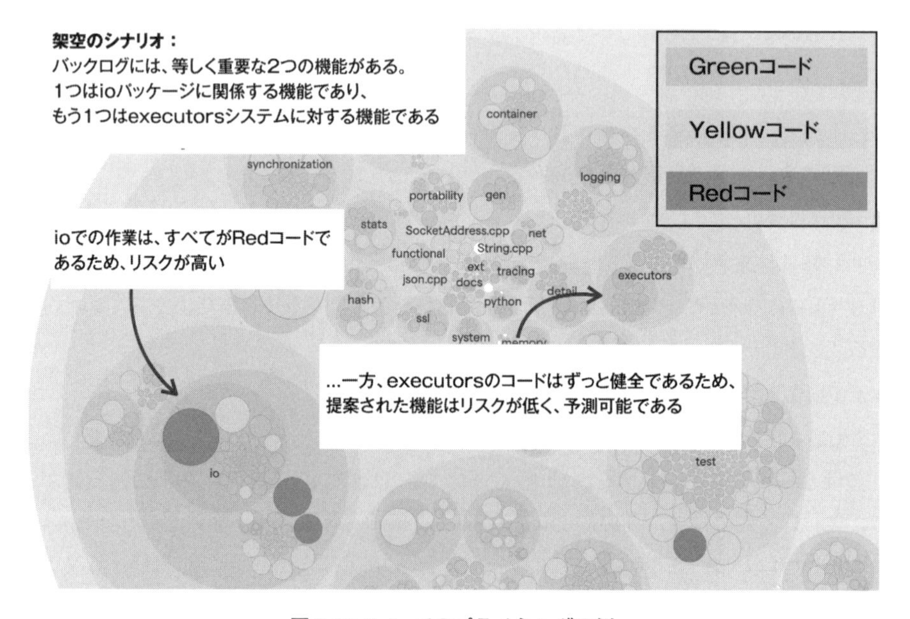

図 7-7：Folly でのプライミングの例

※9 ［訳注］遠い将来の大きな利益よりも、近い将来の小さな利益を優先してしまうということ。「現在バイアス」とも呼ばれる。

図7-7からわかるように、提案された機能の1つはリスクの高い領域に関係していますが、もう1つは関係していません。これはリスクを考慮した計画に不可欠な情報であり、次の3つのアウトカムにつながります。

1. **リスクを受け入れる**
   タスクの完了時間に不確実性があることはわかっているが、リスクを受け入れるという選択肢もある。通常の場合との違いは、チーム全体がリスクを認識し、それに応じて計画を立てることができるため、非現実的な納期というストレスを回避できることである。
2. **リスクの低い作業を優先する**
   もう1つの選択肢は、リスクの低い機能から作業を進めることである。複数の機能が顧客にとって同等の価値を持つすべてのシナリオで実行可能な選択肢である。
3. **リスクを減らす**
   最もよいのは、この情報を、Follyで問題となっている`io`パッケージをリファクタリングするための行動喚起として受け止めることである。ここで行動を起こせば、将来の作業が単純になり、安全に行えるようになる。

技術的負債を幹部に具体的に伝える

技術的負債を認識していないことは、経営上重要な立場にいる人にとっても問題です。会社の幹部は製品を新しい市場に投入したいと考えているかもしれませんが、社内で開発した支払いシステムはできが悪く、ほかの通貨や市場ルールに適応させるのに苦労することは目に見えています。あるいは、過去10年間ほとんどリファクタリングを行っていないレガシーコードベースに機能を追加せざるを得ない圧力があるかもしれません。このような状況で作業をどんどん進めていくと、組織がデスマーチプロジェクトに陥る可能性があります。

会社の幹部や役員に技術的な知識があまりない場合、このリスクを説明するのは難題です。本章で説明するテクニックとデータは、ステークホルダーに問題を伝えるのに役立ちます。その鍵は可視化にあります。

7.4　プロジェクトのサイレントキラー：計画外の作業と戦う

コードベースの健全性を可視化することは、実効力のある出発点であることはもちろん、技術的負債を返済するきっかけにもなります。しかし、デリバリー効率の改善を目指す組織は、もっと広い視野に立つ必要があります。技術的な改善に加えて、エンジニアリングとコラボレーションの戦略も見直すことで、新たなボトルネックを作らないようにする必要があります。

こうした変更はどれも時間のかかる投資であるため、それらの改善に実際に効果があることを確かめるべく、結果を可視化する必要があります。計画外の作業の傾向を定量化すれば、コードレベルの指標がより高度な視点で補完され、シンプルなソリューションが提案されます。

計画外の作業とは、バグの修正、サービスの中断、過剰な再作業の原因となる不完全なソフトウェア設計など、予測していなかった（計画にない）作業のことです。計画外の作業は、その性質上、ストレスや予測不能性を引き起こし、企業の姿勢を事前対応ではなく事後対応に変化させます。実際、*The Phoenix Project: A Novel about IT, DevOps, and Helping Your Business Win*［KBS18］において、Gene Kimは計画外の作業を「IT企業のサイレントキラー」と表現しています。同書は一読する価値があります。期待値と将来の改善を伝えるために、この概念をどのように活用するのかを見てみましょう。

人員を増やしても無駄は相殺できない

企業の技術的負債が積み上がると、事業にその兆候が現れるようになります。よくあるのは、Jiraチケットが裁かれる速度が絶望的に遅くなることです。本能的に、開発者、テスト担当者、あらゆる人員を増やしたくなります。とはいえ、計画外の作業が増えると予測可能性が失われてしまうので、スタッフの増員が解決策にならないことは明らかです。第13章の13.1.2項では、スタッフの増員がどのようにして状況を悪化させるのかを学びます。

7.4.1　計画外の作業を定量化してITブラックボックスを開ける

ほとんどの組織は、Jira、AzureDevOps、Trelloなどの製品ライフサイクル管理ツールを使って、計画外の作業を間接的に追跡しています。そのようにすると、計画された作業と計画外の作業の比率を経時的に計算できるようになります。計画外の作業を表す問題の種類について合意しておけばよいだけです。

図7-8は、危機的状況にある実際のプロジェクトの例を示しています。傾向を調べてみると、完了した作業の性質が次第に変化しており、この組織が現在、キャパシティの60%を事後対応（計画外の作業）に費やしていることがわかります。また、全体的なスループットも低下しており、年初よりも完了する作業の数が減っていることがわかります。

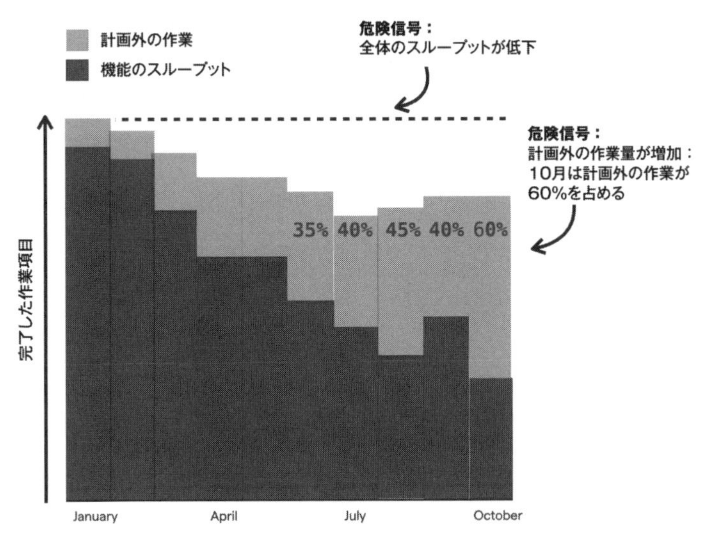

図 7-8：危機的状況にあるプロジェクトの傾向

プレゼンテーションで傾向に焦点を合わせると、無駄が明らかになります。昨日よりも今日の成果が悪くなることを望む組織はありません。無駄を定量化することで、計画外の作業の量をコンテキストに当てはめてみましょう。

7.4.2　技術的負債に縛り付けられた未活用のキャパシティを計算する

計画外の作業を完全になくすことはできませんが、それでも、数値をコンテキストに当てはめるための信頼できる目標が必要です。計画外の作業の適切なベースラインは 15% です。この数字は、バグを効率よく修正している組織が達成している割合です（*Accelerate: The Science of Lean Software and DevOps: Building and Scaling High Performing Technology Organizations*［FHK18］）。15% のベースラインは計画外の作業の許容量であるため、次の式にまとめることができます。

```
Waste (%) = UnplannedWork% - 0.15
UntappedCapacity ($) = Ndevelopers * AverageSalary * Waste
```

図 7-8 に示した危機的状況にあるプロジェクトの計画外の作業の傾向データを例に、この式を実行してみましょう。図 7-8 から、最後の月は計画外の作業に約 60% が費やされたことがわかります。ヨーロッパの平均的なソフトウェア開発者の給与を想定すると、次の数字を式に代入することで、未活用のキャパシティを推定できます。

```
// 平均給与を月額5,000ユーロと仮定
// 給与税と福利厚生を含めると、雇用主は約7,500ユーロを支払う
// 現在、プロジェクトには35人の開発者がいる
Waste (%) = 0.60 - 0.15 = 45%
UntappedCapacity: 35 * 7,500 * 0.45 = 118,125ユーロ/月
```

計画外の作業を最小限に抑えた場合の潜在キャパシティは、フルタイムの開発者を15人も増やすことに相当します。開発者を新たに雇用しろというのではありません――計画外の作業量を減らせば、開発者が実際の計画された作業に専念できるようになり、製品が前に進みます。しかも、この15人の開発者はすでに社内にいるため、追加の調整費用が発生しないという利点もあります。すばらしいのでは？ 特に、これが自分のデータだったとしたら、この約束をはねつけるのは難しいでしょう。

7.4.3　質を高めてスピードを上げる

人員を増やさずにより多くの成果を上げることが競争上の優位性であることは明らかです。しかし、この業界では、あまりにも多くの企業が、質の高いコードは高価であるという通念にとらわれているようです。技術的な改善の提案に対して「ノー」という返事を聞くたびに、そうした心理が見え隠れします――リファクタリング、テストの自動化、アーキテクチャの設計の見直しなど、いつもの顔ぶれのための「時間はない」のかもしれません。スピードと品質の間にはトレードオフがあり、一方を選択するともう一方に悪影響がおよぶに違いないというのです。

しかし、本章で示したデータからわかるように、そのようなトレードオフはなさそうです。それどころか、実際にはその逆で、スピードを上げるには品質が必要です。このことをうまく利用してください。

7.5　修正の時間と利払いを区別する

ソフトウェア業界では、これまでも技術的負債の定量化が試みられてきましたが、その多くはSoftware Maintainability Index［WS01］やSQALE［LC09］のような指標を（誤って）使っています。これらの手法は、ソースコード自体を評価する分には有益かもしれませんが、実際のビジネスへの影響との関連性やつながりが欠けています。技術的負債のコストは、コードの修正に必要な時間（是正作業）ではなく、技術的な問題に起因する、絶え間なく発生する追加の開発作業であることを思い出してください。

計画外の作業の傾向を計測すると、技術的負債のコストを定量化できます。そして、そうした傾向をコードの健全性の可視化と組み合わせ、個々のモジュールへの影響を分析すると、そのデータに実効性を持たせることができます。

最後に、指標とアウトカムについて話し合うときには、DORA（DevOps Research and Assessment）にも触れておく必要があります。DORAでは、変更のリードタイム、デプロイの頻度、平均復元時間、変更の失敗率という4つの重要な指標（Four Key Metrics：FKM）を打ち出しています※10。DORAチームの調査では、これらの指標が組織全体の状況を表す確かな先行指標であることが明らかになっています。

DORAの指標は、本章のテクニックともうまく適合します。図7-9に示すように、FKMはデリバリー側に焦点を合わせますが、本書の焦点はソフトウェア開発サイクルにおいてそれよりも早い段階——つまり、コードを記述するときに生じる無駄にあります。結局のところ、両方が必要です。作業が順調に進まなければ、速く進むことは困難です。

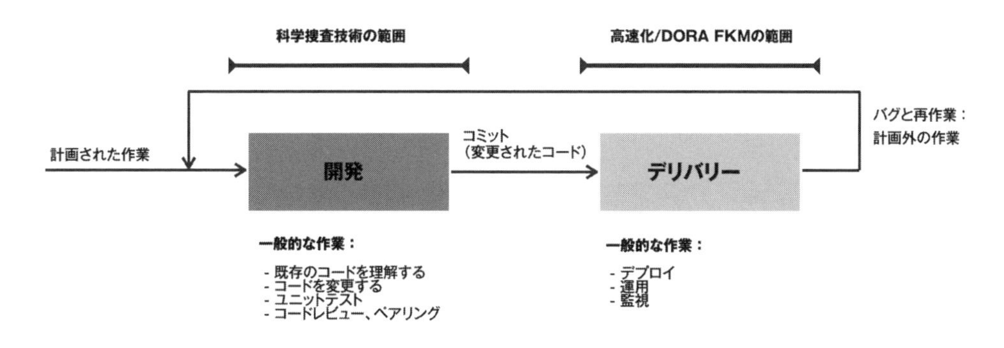

図7-9：ソフトウェア開発サイクル

最近では、効率的なソフトウェア開発は競争上の優位性であると認識されており、優位性を持つ組織は製品エクスペリエンスを成熟させながら市場投入までの時間を短縮できます。調査に基づいた新しい言語を身につければ、現在の無駄を評価し、（最も重要な）それをビジネス側に伝える方法がわかります。ここから先は、第1部の概念をソフトウェアアーキテクチャのレベルに拡大していきます。第2部では、科学捜査技術をシステムレベルにどのように適応させるのかを確認します。その前に、本章で学んだ内容を応用して、次の練習問題を解いてみてください。

7.6 練習問題

次に示す練習問題では、よく知らないコードベースを受け取って、技術的負債の影響を評価し、その結果を架空の非技術系の同僚に伝えます。

※10 https://www.devops-research.com/research.html

7.6.1 許容できるリスクを理解する

- リポジトリ：https://tinyurl.com/github-react-repo
- 言語：JavaScript
- ドメイン：React はUI ライブラリ
- 分析スナップショット：https://tinyurl.com/react-code-health

React コアチームの週に一度の計画ミーティングの時間です。あなたは椅子に座り、ゆったりと背もたれに寄りかかりながら、プロジェクトマネージャーが最新の優先項目を伝えるのを聞いています。現在、ロードマップには２つの架空の機能があり、どちらも同じくらい重要です。一方の機能では、`react-devtools-timeline` コンポーネントでの作業が必要です。もう一方の機能では、`react-reconciler` のより徹底的な変更が必要です。予測可能なデリバリーが重要である場合、どちらの機能を先に行いますか。選択した理由も説明してください。

7.6.2 より大規模なリファクタリングの動機を理解する

- リポジトリ：https://tinyurl.com/github-mattermost-repo
- 言語：Go
- ドメイン：Mattermost は安全なコラボレーションのためのプラットフォーム
- 分析スナップショット：https://tinyurl.com/mattermost-code-health

Mattermost チームに所属しているとしましょう。このアプリケーションには、ほかよりも苦労する部分があります。7.3.1 項の手順を使って、`model` パッケージのリファクタリングの動機を定義してください。ここでは単純に、リファクタリングの候補として特定の１つのファイルに着目します。

7.6.3 技術的負債の兆候を見つける

本章では、技術的負債が過剰な計画外の作業につながる仕組みを確認しました。しかし、技術的負債はソフトウェア開発のほかの側面にも影響をおよぼします。コードのような技術的なものにありがちなことですが、組織は根本原因ではなく、兆候に気づく傾向にあります。注意を払うべき兆候はどのようなものでしょうか。そのとおり、これは自由回答形式の問題です。この問題に対する見解の１つは、付録 A で確認できます。

第2部

支援的なソフトウェアアーキテクチャの構築

第 1 部では、システム内で問題のありそうなコードを特定する方法を紹介しました。第 2 部では、もう少し俯瞰的な視点に切り替えます。

第 2 部では、コードに加える変更という観点からソフトウェアアーキテクチャを評価する方法を学びます。これらのテクニックを使って、構造的な劣化の兆候を捉え、リファクタリングの方向性を明らかにし、設計において新しいモジュールの境界を提案できます。そして、すべては科学捜査から始まります。無実の強盗犯はソフトウェア設計について何を教えてくれるでしょうか。

第8章

コードは協力的な目撃者

第1部では、コード内でホットスポットを特定する方法を調べましたが、これは理想的な出発点です。次のステップでは、個々のモジュールの調査からソフトウェアアーキテクチャ全体の分析に移行することで、より俯瞰的な視点からシステムを捉えます。最終的には、コードベースの大まかな設計が構築中のシステムの進化をどれだけうまくサポートするのかを評価できるようになり、そのアーキテクチャが助けになるどころか、かえって妨げになるかどうかを識別できます。

アーキテクチャを分析するには、個々のファイルの先に目を向け、それらのファイルがどのようにしてシステムを形成するのかを理解する必要があります。まず、考えるきっかけとして、目撃者の事情聴取に関する法心理学のケーススタディを調べます。このケーススタディは、一般的な記憶バイアスと、客観的なデータで意思決定を裏付ける必要がある理由を具体的に示すものであり、犯罪捜査以外にも応用できます。続いて、この概念をソフトウェア設計に応用し、あるコンポーネントに対する変更が、コードのほかの部分で複雑な変更の連鎖を引き起こす様子を可視化します。では、虚偽記憶という興味をそそる分野に足を踏み入れることにしましょう。

8.1　虚偽記憶のパラドックス

人間の記憶は、正確というにはほど遠いものであり、しばしば私たちを惑わせます。**虚偽記憶**（false memory）というぞっとするような研究ほど、そのことが明白に表れている分野はありません。

虚偽記憶は、最初はパラドックスのように思えます。何かを記憶していて、その記憶に自信があるのに、どうしてそれが「虚偽」になり得るのでしょうか。がっかりさせてしまうかもしれませんが、「自信」は「正確さ」とは何の関係もありません。後ほど見ていくように、「現実」とも無関係です。

虚偽記憶が起きるのは、状況や出来事を、それとは違った見え方や起こり方で記憶している場合です。これはよくある現象であり、通常は無害です。あなたの記憶では学校に初めて登校した日は雨が降っていたとしても、実際には陽が射していたかもしれません。特に犯罪捜査のように、人生や自由がかかっている状況では、虚偽記憶は深刻な結果をもたらすことがあります。罪なき人々が刑務所に送られてしまうからです。

虚偽記憶を経験する理由はいくつかあります。まず、私たちの記憶は構造的であり、出来事の**後**に得た情報によって、元の状況の思い出し方が変わることがあります。私たちの記憶は新しい情報と古い情報を一緒くたにし、私たちはそれぞれの詳細や知見をいつ得たのかを忘れてしまいます。

私たちの記憶は被暗示性（suggestibility）にも敏感です。目撃者の事情聴取では、誘導尋問によって元の出来事の思い出し方が変わることがあります。さらに深刻なことに、誤った情報の可能性について明示的に警告されていても、虚偽記憶を信じてしまうことがあります。そして、正しくない記憶について肯定的な反応が得られれば、その後はその（虚偽）記憶に対する信頼が高まります。

意思決定ログを残す

ソフトウェアでは、いつでもコードを見返して仮定を検証できます。しかし、すべての事情がコードに記録されているわけではありません。何かをした理由や特定のソリューションを選択した理由の記憶も、先入観や誤った情報に感化されがちです。そこで、より重大な設計上の意思決定の論理的根拠を記録するために、意思決定ログを残しておくことをお勧めします。人間の心理というのは不思議なものです。

8.1.1　無実の強盗

記憶の構造的な性質は、私たちの記憶がしばしば不完全であることを示唆します。私たちは物事を思い出しながら詳細を自分で補っています。このプロセスのせいで、記憶はバイアスに敏感です。これはPagano司祭が身をもって知ったことです。

1979年、デラウェア州とペンシルベニア州のいくつかの町で連続強盗事件が発生しました。これらの強盗事件の際立った特徴は、犯人の礼儀正しい態度でした。事件は解決とあいなったのでしょうか。

真犯人であるRoland Clouserと彼の劇的な自白がなかったら、Pagano司祭はおそらく刑務所行きになっていたことでしょう。Clouserは公判中に法廷に現れて自分の罪を告白し、Pagano司祭は釈放されました。目撃者全員の証言が間違っていた理由を知るために、舞台裏を覗いてみましょう。

8.1.2 協力的な目撃者を事情聴取するときは先入観を減らす

Roland ClouserとPagano司祭はちっとも似ていません。では、なぜ目撃者が揃って誤った証言をしてしまったのでしょうか。

まず、犯人の有力な手がかりは礼儀正しい態度であり、多くの人が司祭に結び付けるような特徴です。さらに事態を悪化させたのは、容疑者は司祭かもしれないという憶測を警察が公表していたことでした。この間違いが、犯人に対する目撃者の記憶にバイアスをかけました。あげくの果てに、警察の面通しの際、聖職者の襟を着けていたのはPagano司祭だけでした（*A Reconciliation of the Evidence on Eyewitness Testimony: Comments on McCloskey and Zaragoza*［TT89］）。

事態をさらにややこしくしたのは、こうした状況ではよくあることですが、目撃者が警察の犯人逮捕に協力を惜しまなかったことでした。これは前向きな動機ですが、どのような目撃者も記憶バイアスの影響を受けやすくなるような特性でもあります。現代の捜査官は、協力的な目撃者に事情聴取するときに、このリスクに注意しなければなりません（目撃証言の概要については、*Forensic Psychology*［FW08］を参照）。幸いなことに、それ以来、虚偽記憶がいかにたやすく刻み込まれるかについて私たちは、多くのことを学びました。

8.1.3 虚偽記憶が植え付けられることに注意する

心理学者のElizabeth Loftusは、虚偽記憶の植え付けに関する研究の先駆者の1人です。1974年、Loftusは今ではよく知られている実験を使って、出来事の後に受け取った情報が目撃者にどれくらい簡単に影響を与えるのかを具体的に示しました。Loftusは実験の参加者に同じ交通事故の映像を観てもらい、車の速度を評価するように求めました。その際には、グループごとに言葉遣いを少し変えるという操作を行い、車が「激突した」「衝突した」「ドスンとぶつかった」「追突した」「接触した」ときにどれくらいの速度で走っていたかを、それぞれのグループに尋ねてみました（*Reconstruction of Automobile Destruction: An Example of the Interaction Between Language and Memory*［LP74］）。

興味深いことに、どのグループも観ていた映像は同じものでしたが、車が「激突した」ときの速度を尋ねられたグループは、ほかのすべてのグループよりもはるかに速いスピードだったと推測しました。特に、「接触」という言い回しが使われたグループは、最も遅い速度を推測しました。さらに興味深いのは、「激突」グループの参加者の多くが、その映像に割れたガラスの破片が映ったことまで記憶していたことです（実際には破片などありませんでした）。つまり、目撃者に投げかける質問の中で動詞を1つ変えるだけで、まったく異なる結果になったわけです。おそろしいと思いませんか。

多くの国の法執行機関は、Pagano司祭のようなケーススタディやLoftusのような研究者のおかげで貴重な教訓を学び、手法の改善に取り組んできました。最近の事情聴取の手続きでは、会話を記録すること、聴取に関する情報とほかの証拠を比較すること、そして誘導尋問を行わないことに重点が置かれています。これらの手続きはコードを調べるときにも活用できるはずです。

プログラミングでも、コードは協力的です――つまり、問題を解決するために、そこにあります。コードは隠しごとをしたり欺こうとしたりせず、私たちに言われたとおりのことをします。では、自分の記憶の罠にはまらないようにしながら、コードに協力的な証人になってもらうためにはどうすればよいでしょうか。

8.2　変更の仕組みを明らかにする

たった1つ動詞を変えるだけで目撃者にバイアスをかけるのに十分だったことを考えると、私たちも普段から誤った思い込みをしているかもしれません。1日の間にどれくらい多くの誤った思い込みをしているかを想像できるでしょうか。プログラミングの際には、まさにその脳の性質やバイアスへの傾向から逃れられません。もちろん、プログラミングでは、コードをさかのぼって再確認できます。問題は、それを繰り返し行わなければならないことです。ソフトウェアはまったくもって複雑であり、すべての情報を頭の中に入れておくことは不可能です。つまり、私たちの脳は単純化された視点で動いており、細部を省略した途端に重要なものを見逃すリスクがあるのです。

よいソフトウェアアーキテクチャが非常に重要である主な理由は、そうした人間の不完全さにあります。よいアーキテクチャは設計の一貫性を促進し、コードの仕組みに関する長期的なメンタルモデルの構築を容易にします。アーキテクチャがそれを達成できない場合、コードの変更はリスクの高いものになり、問題が起こりやすくなります。例を見てみましょう。

8.2.1　すべての依存関係が同等ではないことを認識する

ソフトウェア業界でしばらく働いたことがある人なら、おそらく次のようなシナリオを嫌というほど知っているはずです。あなたは新しい機能に取り組んでおり、最初は楽勝に思えます。

この架空の製品では、その作業はFuelInjectorというアルゴリズムに少し手を加えることから始まりますが、すぐにその詳細にEngineという抽象化が依存していることに気づきます。このため、Engineの実装も変更せざるを得なくなりますが、コードを配布する前にテストしてみたところ、ほぼ偶然に、ロギングツールが依然として古い値を表示することに気づきます。どうやらDiagnosticsモジュールも変更する必要があるようです。やれやれ、危うく見逃すところでした。

この架空のコードベースでホットスポット分析を実行していれば、EngineとDiagnosticsがホットスポットとして表示されていたかもしれません。しかし、図8-1に示すように、ホットスポット分析では、それらが互いに暗黙的な依存関係にあることまではわからなかったでしょう。一方を変更すれば、もう一方も変化します。これらは切っても切れない関係にあります。

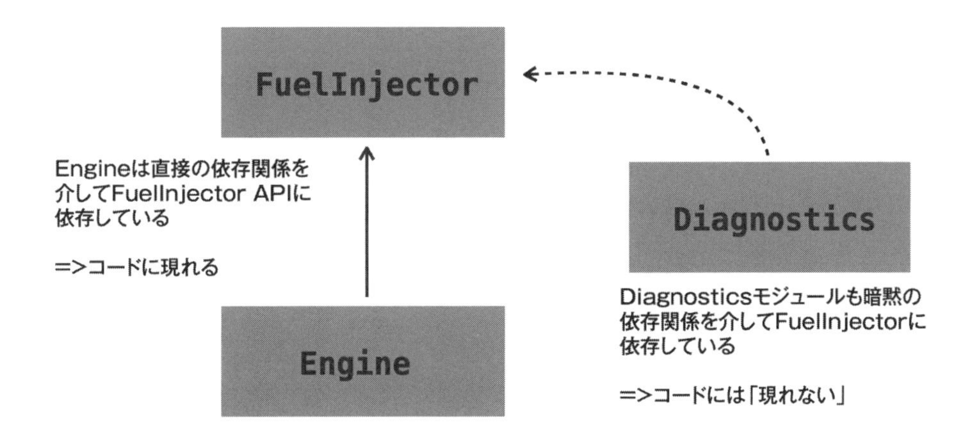

図8-1：EngineとDiagnosticsは暗黙的な依存関係にある

モジュール間に明示的な依存関係がまったくない場合、問題はさらに深刻化します。おそらく、それらのモジュールがネットワークまたはメッセージバスを介して通信しているか、そのコードがDRY（Don't Repeat Yourself）原則※1への典型的な違反を表しているのかもしれません。いずれにしても、コードの構造に問題を示すものは何もなく、依存関係グラフや静的分析ツールも助けになりません。

システムに多くの時間を費やしていれば、いずれ（おそらく時間に追われ、ストレスがたまり、ベストの状態ではないときに）これらの問題に気づくでしょう。問題の核心に迫ってみましょう。

※1 https://en.wikipedia.org/wiki/Don%27t_repeat_yourself

暗黙的な依存関係は認知的負荷を増大させる

依存関係の性質はワーキングメモリにどれくらい負荷がかかるかに影響を与えますが、それが暗黙的な依存関係なのか明示的な依存関係なのかで大きく異なります。明示的な依存関係はコードに現れますが、暗黙的な依存関係の場合は、コードベースを調べながら頭の中に情報を入れておくことが求められます。本書を通して見てきたように、私たちの頭の中は混雑した場所であり、ソフトウェアの作業は記憶バイアスによって難しくなります。

8.2.2 偶有的な複雑性には2つの形式がある

先の例では、偶有的な複雑性によってコードの変更が難しくなるという新たな側面が浮かび上がっています。個々のモジュールは、個別に論証する分には簡単かもしれませんが、新たに出現するシステムの振る舞いは決して単純ではありません。

図8-2に示すように、偶有的な複雑性には2つの形式があります。理解のための最適化を目的としたソフトウェア設計では、両方のタイプの複雑さに対処する必要があります。各部分とそれらの相互作用をシンプルに保つことで、コーディング時の変更の相対的な容易さが決まります。

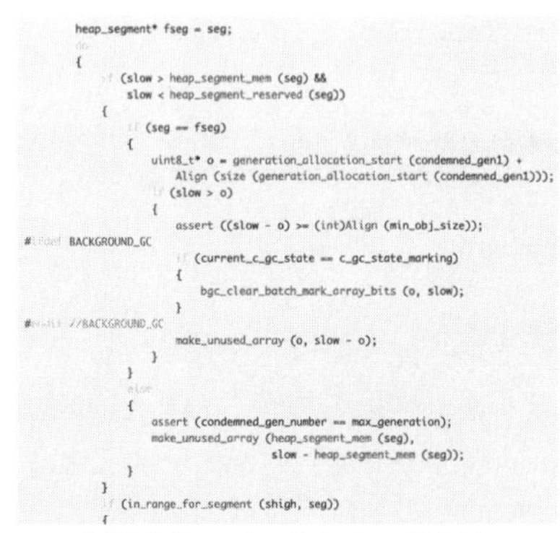

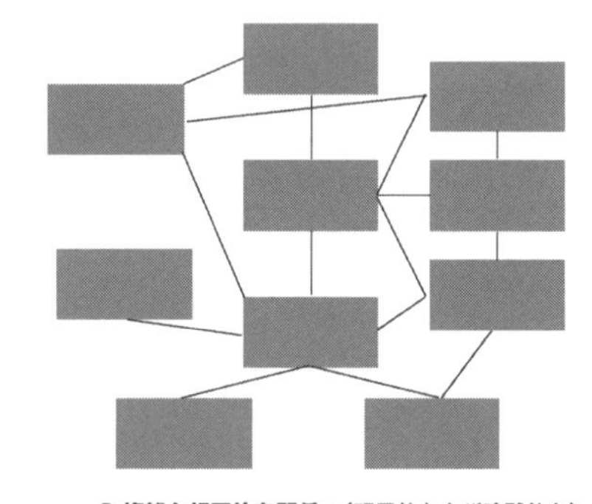

図8-2：偶有的な複雑性の2つの形式

ホットスポットが複雑なファイルの特定にどのように役立つかについては、すでに説明したとおりです。今度は、依存関係を分析することで2つ目の複雑さに着目してみましょう。ホットスポットが独り歩きをすることは滅多にありません。

コードをモジュール化しすぎるから問題が起きる？

Joe asks

分離されすぎたコードというものは確かに存在します。個々の関数は一見単純に見えるかもしれませんが、複雑さがなくなったわけではなく、相互作用に分散されているだけです。モジュール性に関する誤解は、その根本原因になりがちです。関数やファイルは、単なる名前の付いたコードブロックではなく、意味のある抽象化であってしかるべきです。そうした抽象化は、ソリューションドメイン中の 1 つのコンセプトを表現し、カプセル化するものになります。凝集性が求められています。

とはいえ、過剰なモジュール化が実際に問題になることは、まずありません。ほとんどのコードベースは、モジュール性が低すぎるという逆の問題を抱えています（なお、これは過去 10 年間に 300 以上のコードベースを分析した人物の意見です）。

8.3　コード変更の手口を調べる

第 2 章の 2.1.1 項では、関連する犯罪を結び付けることで予測ができるようになり、結果として、有効な対策の立案が可能になるということを学びました。コードでも同じことができます。

プログラミングでは、バージョン管理データを使って一連のコミットにわたって変更を追跡することで、パターンを特定できます。顕著なパターンの 1 つは、**Change Coupling** と呼ばれるものです。Change Coupling は、2 つ（以上）のモジュールが一緒に進化することを意味します。このように、Change Coupling は時間的な依存関係を暗示しており、コードだけでは特定できません。コードの静的なスナップショットには、進化という視点はありません（図 8-3）。

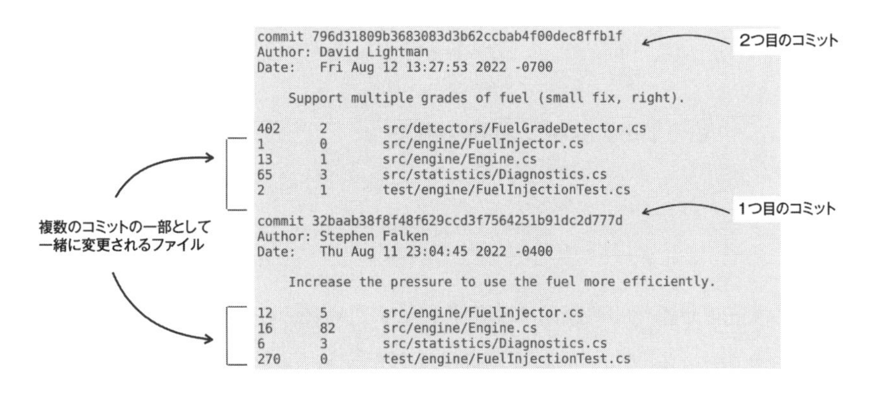

図 8-3：Change Coupling パターン

図8-3は、Change Couplingの最も基本的な形式を示しています。コミットの一部として繰り返し同時に変更されるファイルは、やがて結合されます。このことをより具体的に理解するために、その進化を可視化してみましょう。

8.3.1　システム内のChange Couplingを可視化する

ここまでは、さまざまなオープンソースシステムで過酷な取り調べを行ってきました。そろそろ筆者のコードも取り調べなければフェアじゃありません。Code Maatの内部を覗いて、設計ミスが見つかるかどうかを調べてみましょう。

Change Couplingを1つの図で示すのは、そう簡単ではありません。動画が一番効果的ですが、電子書籍技術の近年の進歩をもってしても、まだその境地には至っていません。そこで、図8-4の進化のフレームを追いながら説明することにします。

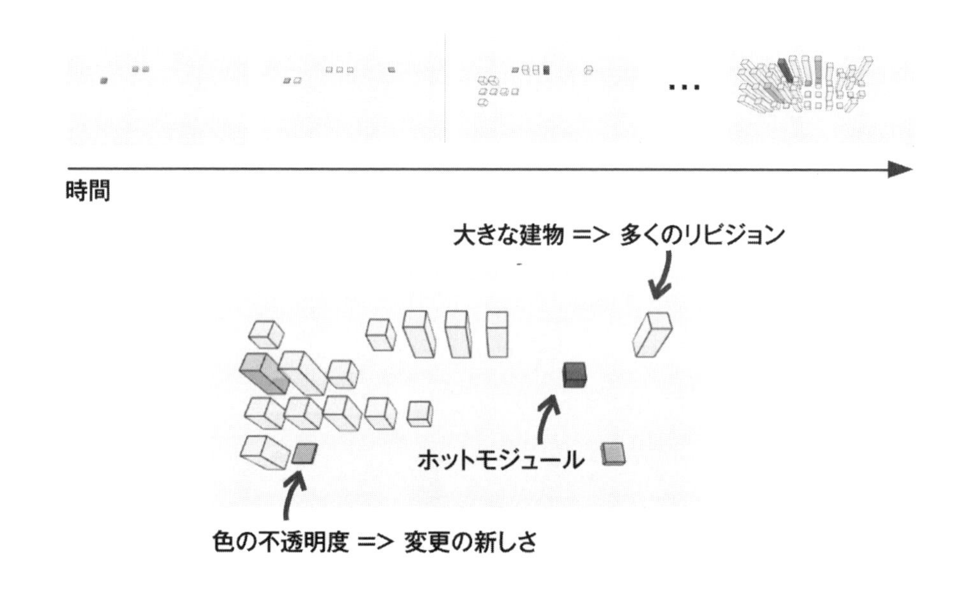

図8-4：Code Maatの進化

図8-4は、Code Maatが進化する様子を具体的に示すために、Gitデータを再生して作ったものです。ファイルが変更されるたびに、その建物のサイズが少し大きくなります。つまり、図中の高い建物はコミットの合計数を表しているわけです。このアルゴリズムでは、時間的なパターンを簡単に見分けられるようにするために、コードが変更されるたびにその建物の色の不透明度が上がります。ホットスポットがクールダウンすると、不透明度が徐々に下がっていきます。

このアニメーションを長時間見ていたら気が変になりそうですが、そうなる前にいくつかのパターンに気づくはずです。図8-5では、異なるタイプのChange Couplingを表す2つのパターンが示されています。

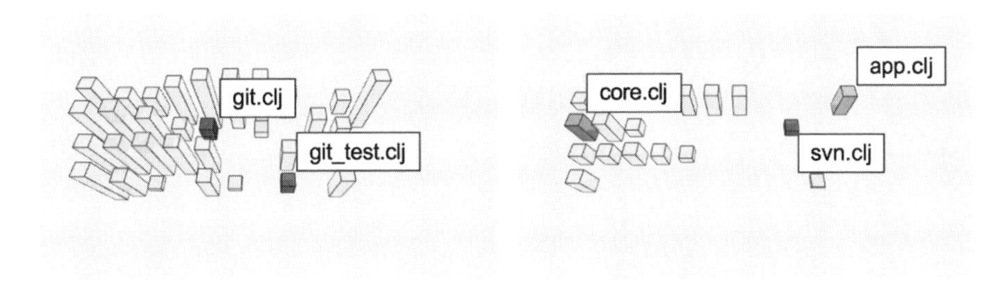

図8-5：2つのChange Couplingパターン

- **意図的な結合**
  git.cljとgit_test.cljはよく同時に変更される。git_test.cljがgit.cljのユニットテストであることを考えれば、特に意外なことではない。むしろ、このパターンが存在しなかったとしたら驚きである。ユニットテストは、常にテスト対象のコードと強い力で直接結び付いている。
- **偶発的な結合**
  それよりも驚くのは右側のスナップショットであり、core.cljとsvn.cljが同時に変更されている。この2つのファイルの間に明示的な依存関係がないことを考えると、これは興味深い情報である。しかし、どちらかのモジュールを変更するときに両方のモジュールを調べることを忘れないようにするには、この知識が必要である。

Change Coupling分析だけでは、この2種類の依存関係を区別することはできません。その情報を手に入れるには、ソースコードを丹念に調べなければなりません。Code Maatの偶発的な結合のケースでは、依存関係が存在するのは、core.cljがSVNパーサーのために入力データを適切な形式に整えるからです。これは、どこから見ても褒められた設計ではなく、モジュールの責務がうまく分割されていない印です。同時に変化するコードは、一緒にカプセル化すべきです。関連する責務をcore.cljからsvn.cljに移動すれば、この問題が解決され、将来の変更の影響を受ける範囲が制限されます。では、Reactのコードベースに戻って、偶発的な結合の問題をもう1つ見てみましょう。

8.3.2 ReactでChange Couplingを分析する

第3章の3.3節の「Reactのファイルが重複しているのはなぜか」で示したように、Reactチームはコードベースのフォークをメインブランチで管理しています。この決定の結果として、(コードの大部分が重複している)ペアのファイルでホットスポットが出現しています。Change Coupling分析にかければ、その影響を明らかにできます。

まず、開発履歴のGitログを取得します。第3章の3.1.2項のログを再利用するか、そのページに戻ってログを作成した上で、コマンドラインで後を追ってください。なお、オンラインのCodeScene分析を使うこともできます※2。

次に、GitログでCode Maatを実行します。今回は、coupling分析が必要であることを指定します。

```
$ maat -l git_log.txt -c git2 -a coupling
entity,                              coupled,                             degree, average-revs
ReactFiberHydrationContext.new.js, ReactFiberHydrationContext.old.js, 100,    18
ReactFiberReconciler.new.js,       ReactFiberReconciler.old.js,       100,    18
ReactFiber.new.js,                 ReactFiber.old.js,                 100,    14
......
```

出力を少し整理し、jsonなどのコード以外の内容を削除し、先頭のパスを取り除いてあります。そうすると、Change Coupling関係にあるファイルのペアが出力に現れます。残りの2つの列には、共有コミットの割合(degree)と、関連するファイルの加重リビジョン数(average-revs)が表示されています。これらの数字をもとに、リビジョン数が少なすぎるファイルや、単に結合が弱いファイルを取り除けば、最も重要な情報に焦点を絞れるはずです。

それでも、このデータから、new.jsファイルとold.jsファイルのペアが100%結合していることがわかります。また、それらのファイルが共同コミットされたリビジョンの数は14～18コミットの範囲であるため、単なる偶然ではないこともわかります。かなり強い結合です(図8-6)。

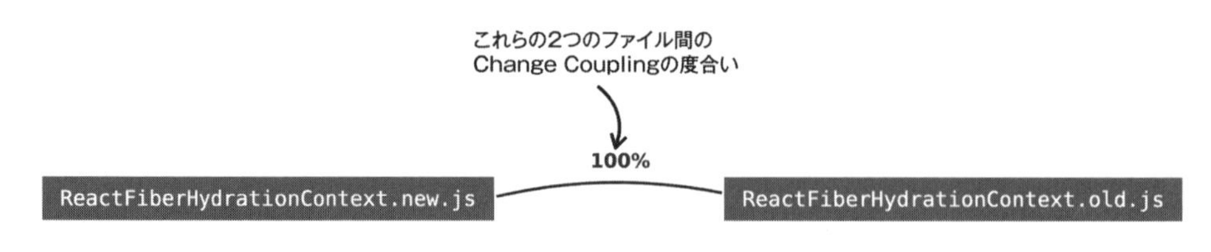

図8-6：new.jsファイルとold.jsファイルは100%結合している

※2　https://tinyurl.com/react-change-coupling

このことが開発者にとって何を意味するかというと、`new.js`モジュールの1つに変更を加えるたびに、すべてのコミットの100%で、ペアの`old.js`モジュールに対応する変更を忘れずに加えなければなりません。

Reactの例は、Change Couplingと従来の静的な依存関係の手法上の違いを強く意識させます。Change Couplingは論理的な依存関係にまで広がるため、Change Coupling分析により、本来なら経験でしかわからない暗黙的な依存関係まで明らかにできます。この暗黙的な依存関係は、最初の`FuelInjector`の例と、Code Maatの設計に隠れていた依存関係の例で確認した、暗黙的な結合パターンとまったく同じものです。

8.4 時間的な依存関係の背後にある理由を理解する

Change Coupling関係にあるモジュールが見つかると、その依存関係の背後にある理由から、リファクタリングすべき場所も判明することがよくあります。

- **コピー&ペースト**
  Change Couplingの最もありがちな例は、Reactの重複を調べたときに確認した問題のコピー&ペーストされたコードである。このコードの臭い自体は簡単に対処できる。共通の機能を抽出し、適切な名前のユニットにカプセル化すればよい。
- **不適切なモジュールの境界**
  Change Couplingはカプセル化と凝集性に関連している。これらの設計原則に従わないと、Shotgun Surgery(ショットガン手術)スタイルのコード変更が発生し、複数のモジュールを(予測可能ではあるが苦労を強いられるパターンで)変更しなければならなくなる。Code Maatのケーススタディでは、この例を実際に確認し、同時に変化するコードを同じモジュールに配置することを提案した。
- **プロデューサーとコンシューマー**
  Change Couplingは、特定の情報に関するプロデューサーとコンシューマーなど、異なる役割を反映していることがある。その場合、何をすべきかは明らかではなく、構造を変更するのは得策ではないかもしれない。このような状況では、私たちは問題領域の専門知識を頼りに、情報に基づいた意思決定を行う。

Change Coupling分析の主な強みは、このような知見にあります。変更とコードベースの相互作用がどのようなものであるかに関する客観的なデータが提供され、新しいモジュールの境界に関する手がかりが得られます。

犯罪捜査官がバイアスを減らすテクニックを使うのと同じように、Change Couplingはコードベースが進化するときに同じような目的を果たします。Change Couplingは、コードの過去について事情聴取し、先達の開発者の足跡をたどって暗黙知の恩恵を受けるための手段です。

Change Couplingの概念の記憶が新鮮なうちに、次章に進んで、レガシーモダナイゼーション、グリーンフィールド開発、モノリシックアプリケーションのモジュール化など、関連するユースケースを調べてみましょう。その前に、本章で学んだ内容を応用して次の練習問題を解いてみてください。

8.5 練習問題

次に示す練習問題では、本章で説明してきたChange Couplingのさまざまな側面を調べることができます。まだなじみのないコードの設計上の詳細をいかにすばやく理解できるかを明らかにするために、ここでは事情聴取スタイルのユースケースに焦点を合わせます。

8.5.1 言語に依存しない依存関係分析

- リポジトリ：https://github.com/code-as-a-crime-scene/aspnetcore
- 言語：C#、JavaScript、TypeScript、PowerShell
- ドメイン：ASP.NET CoreはWebアプリケーションを構築するためのフレームワーク
- 分析スナップショット：https://tinyurl.com/aspnet-change-coupling

ASP.NET Coreについては、第6章の6.4.2項で取り上げました。その際には、コードの依存関係についての仮定を制限することで、疎結合設計を目指しました。Change Couplingがツールの1つに加わったので、設計が実際にどれくらい疎結合なのかについてフィードバックを得ることができます。

Change Couplingの強力な特徴の1つは、言語に依存しない分析であることです。たとえば、フロントエンドコードとバックエンドコードの両方にまたがる変更など、プログラミング言語の境界を越えるような依存関係を特定できます。

まず、aspnetcoreリポジトリからGitログを作成します。

```
$ git log --all --numstat --date=short --pretty=format:'--%h--%ad--%aN' --no-renames \
> --after "2020-01-01" > ../git_log.txt
```

8.3.2項と同じコマンドを使って、git_log.txtに対してcoupling分析を実行します。次に、結果として得られたChange Coupling情報を調べて、言語の境界をまたぐ依存関係を調べます。プログラミング言語はファイルの拡張子から特定できます。

ヒント：出発点としてPowerShellスクリプトInstallAppRuntime.ps1またはC#ファイルWebAssemblyNavigationManager.csを調べてみるとよいでしょう。

8.5.2 Tesla アプリの DRY 違反を突き止める

- リポジトリ：https://github.com/code-as-a-crime-scene/teslamate
- 言語：Elixir
- ドメイン：Tesla 車用のセルフホスト型データロガー
- 分析スナップショット：https://tinyurl.com/tesla-change-coupling

TeslaMate は Elixir で記述されています。Elixir は Erlang の仮想マシン(VM)上で実行される強力な関数型プログラミング言語であり、スケーラブルでフォールトトレラントなシステムに最適です。

TeslaMate は約 20,000 行の Elixir からなる小さなアプリケーションであり、図 8-7 に示すように、そのコードの大部分はテストコードです。メンテナンスの観点から、それらのテストコードはアプリケーションコードの変化に応じて簡単に進化できるものでなければなりません。Change Coupling 分析は、メンテナンス可能なテストコードに不可欠な、この特性を検証するのに役立ちます。

分析スナップショットにアクセスして、論理的な依存関係を調べてください。テストに関してあやしい変更パターンは見つかるでしょうか。同時に変更されるファイルの中に、同じコミットの一部として変更されることを想定していないものはあるでしょうか(図 8-7)。

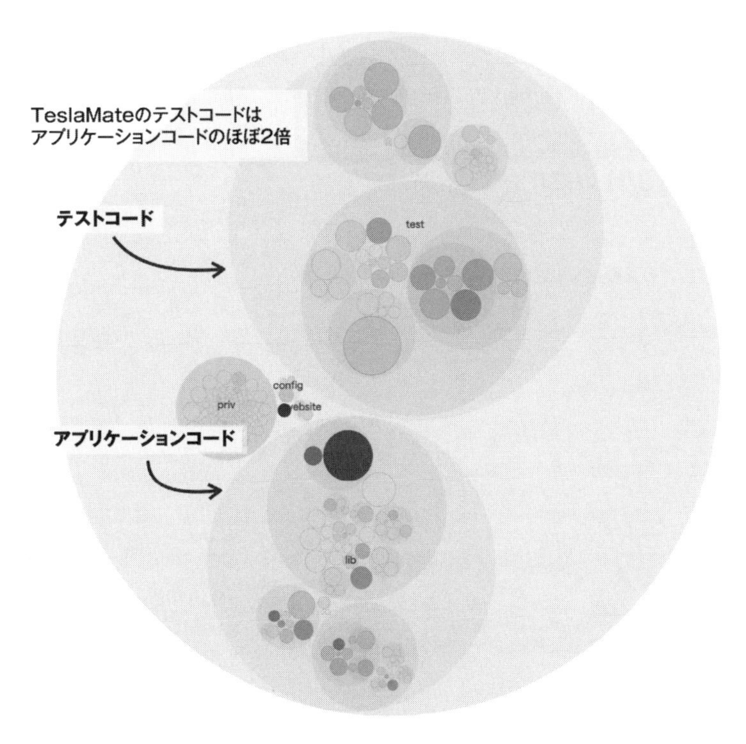

図 8-7：TeslaMate の Change Coupling 分析

ヒント：この練習問題は少し難しいので、困ったときは付録Aを見てください。次の練習問題にもヒントがあるので、先にそちらを解いてから、この練習問題に戻ってきてもよいでしょう。

8.5.3 表現のソースを1つにするための設計

- リポジトリ：https://github.com/code-as-a-crime-scene/teslamate
- 言語：Elixir
- ドメイン：Tesla車用のセルフホスト型データロガー
- 分析スナップショット：https://tinyurl.com/tesla-change-coupling

先の練習問題では、さまざまなコードベースでよく見られる問題が浮き彫りになりました。私たち開発者は、アプリケーションコードでDRY原則に従うことを意識しています。しかしテストコードとなると、「ただのテストコードだから」とか、「重複しているほうがテストが読みやすくなる」などを根拠に、扱いが変わる開発者が大勢います。

コードは決して「ただの」テストコードではありません。テストの質が悪ければ、テストが足かせとなってせっかくの苦労が報われなくなってしまいます。もちろん、ほんの少し冗長になっているほうがうまくいくテストもありますが、複数のファイルの間でドメイン知識を重複させる根拠を見つけるのは難しいでしょう。

図8-8は、TeslaMateの2つのChange Couplingファイル（`charger_test.exs`、`driving_test.exs`）の差分を示しています。Change Couplingを解消するには、一般的な観点から見て、どのようにリファクタリングすればよいでしょうか。

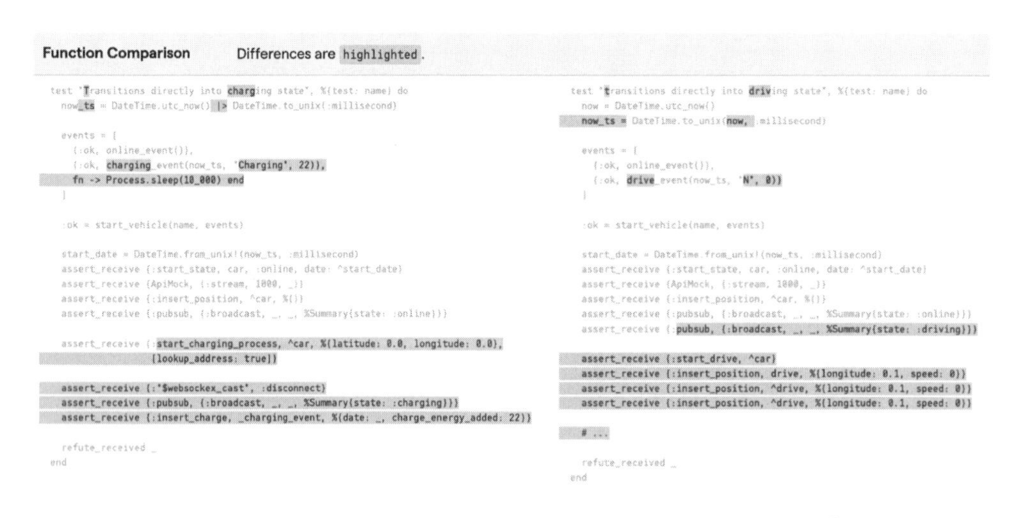

図8-8：TeslaMateの2つのChange Couplingファイルをリファクタリングする

第9章

アーキテクチャのレビュー：データに基づく設計の見直し

前章で説明したChange Couplingは、コードだけでは推測できない情報を明らかにする点で、ホットスポットに似ています。本章では、いくつかの分析を組み合わせることで、それらを互いに発展させます。そのようにすると、モノリスのモジュール化、ソフトウェア設計の単純化、レガシーコードのモダナイゼーションなど、アーキテクチャに関するユースケースが可能になります。本章で見ていくように、Change Couplingは、複雑なソフトウェアアーキテクチャに内在するパターンを明らかにするためのかけがえのないガイドです。

Change Coupling分析のガイドとして、Sum of Coupling分析というもう1つのテクニックを導入する必要があります。このテクニックは、アーキテクチャを見直すための出発点と、それらに関連するユースケースを特定するのに役立ちます。カバーしなければならない範囲が広いため、設計の見直しに失敗する例から見ていきましょう。

9.1　使者を撃ってはならない

かつて筆者が関わったプロジェクトでは、データベースアクセス層の深刻な問題について誰もが不満を漏らしていました。変更は一筋縄ではいかず、新しい機能には本来よりも時間がかかり、バグに至ってはスウェーデンのバーベキューに群がる蚊のようでした。

失敗から学ぶことは重要なので、私たちはデータベース層の最もやっかいな部分の設計を見直すことにしました。少人数の開発者チームが力を合わせ、2か月かけてデータベースアクセスコードの一部を書き直しました。この作業が終わると、興味深いことが起こりました。データベース層は客観的にはずっとよい状態になっていたのですが、開発者は依然としてその脆弱性と不安定さに文句を言っていました。変更は相変わらずやっかいで、ビルドパイプラインは警告の赤信号がつきっぱなしでした。何がいけなかったのでしょうか。私たちがへまをしたのでしょうか。

データベースは改善されましたが、本当の問題はそこではなかったのです。データベースはChange Couplingについて、それとなく警告する使者にすぎませんでした（そして、私たちはその使者を撃ってしまったのです）。

より徹底的な調査を行ったところ、予想だにしなかったことが判明しました――システムのほかの部分がデータストレージに依存していたのです。本当の問題は自動システムテストにあり、データフォーマットの小さな変更が一連のテストスクリプトの失敗を引き起こしていました。それらのスクリプトはデータベースアクセスコードを明示的に呼び出しておらず、直接SQLを実行することで私たちが設計した抽象化を実質的に短絡していたため、私たち開発者にはわからなかったのです。つまり、ビルドの失敗のほとんどは、エンドツーエンドの時間がかかるテストをした挙句、誤検知する（偽陽性になる）ことが原因でした。根本原因がわかったので、それらのテストはデータベースの内部に依存しないように書き換えられました。この変更により、チームとビルドパイプラインの両方にようやく平和が訪れました。

設計の見直しとは、リスクを最小限に抑え、現在行っている作業に最も大きな影響を与えているコード領域を優先することです。私たちのように間違えると、コードを本当に改善する機会を逃してしまいます。こうした間違いを回避し、同様の問題を早期に発見するために、Change Couplingをどのように活用すればよいかを見ていきましょう。

9.2 Sum of Couplingを使ってアーキテクチャの目的を判断する

第8章では、コードベースの事情聴取ツールとしてChange Couplingを調べました。事情聴取の最初のステップは、誰と話をすべきかを知ることです。

すでに見てきたように、Change Couplingは複数の原因によって発生します。そこで明らかになる依存関係の一部は、想定内で、なおかつ有効な依存関係です。つまり、結合度の最も高いものが最も有力な参考人であるとは限りません。何としてもアーキテクチャの疎結合性を担保したいのであれば、アーキテクチャ上、重要なモジュールに焦点を絞りたいところです。**Sum of Coupling**（SoC）分析の主な目的は、そうしたモジュールを特定することにあります。

SoC分析は行動的コード分析テクニックであり、各モジュールがコミットにおいてほかのモジュールに結合される回数を調べます。

例として、図9-1を見てください。コミット1では、Fortranファイルlogin.fがchess.fとdial_up.fの両方と一緒に変更されたことがわかります。今のところ、login.fのSoCは2です。しかし、それ以降のコミットでは別のモジュールと一緒に進化しており、最終的にSoCは5になります。

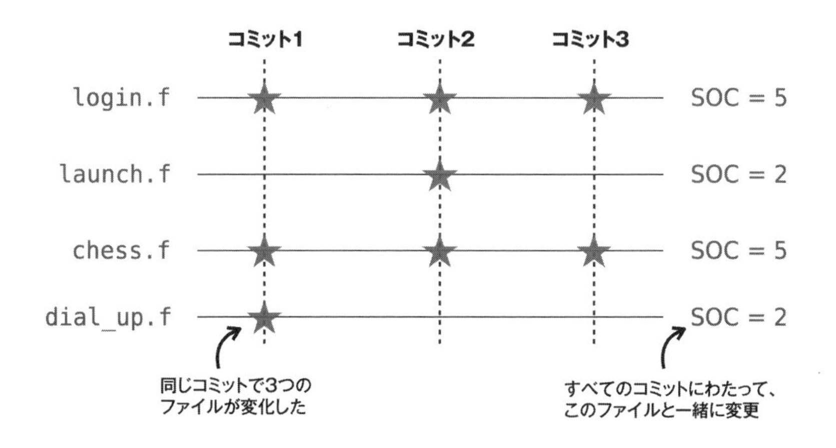

図9-1：SoCの例

SoCは、アーキテクチャの観点からシステムの**本当**の目的を教えてくれることがよくあります。運用的脅威に対応するためのシステムに取り組んでいたはずが、この行動的分析により、重要な構成要素はアクセスコントロール――つまり、loginモジュールの周辺にあることが判明するかもしれません（この架空の例は、映画『ウォー・ゲーム』※1のWOPRコンピュータ※2をモデルにしています）。このテクニックを実際のコードベースに応用してみましょう。

9.2.1 SoC分析を使ってアーキテクチャをレビューする

ほかのモジュールと同時に頻繁に変更されるモジュールは、システムの中心にあるはずなので、調査の出発点として申し分ありません。TeslaMate※3で試してみましょう。TeslaMateはTesla車のデータロガーとして機能するElixirアプリケーションです。

※1 https://en.wikipedia.org/wiki/WarGames

※2 ［監訳注］「War Operation Plan Response」の略で、戦争作戦計画対応コンピュータのこと。核戦争シミュレータ用の人工知能。WOPRには開発者によってバックドアが仕込まれていたので、loginモジュールという設定にしたと思われる。

※3 https://github.com/code-as-a-crime-scene/teslamate

第3章と同じ手順でリポジトリのクローンを作成し、ログファイルを生成したら、次のコマンドを入力してSoC分析を開始します。

```
$ maat -l teslamate_git_log.txt -c git2 -a soc
entity,                             soc
mix.exs,                            980
lib/teslamate/vehicles/vehicle.ex, 795
lib/teslamate/log.ex,               675
......
```

今回はSoC分析（-a soc）を指定しています（出力部分は加工してあります）。あなたがElixirプログラマーだとしたら、最初のmix.exsモジュールがMixビルドツールの定義ファイルであることに気づくはずです。つまり、このモジュールはアプリケーションコードの一部ではなく、結果から除外すべき誤検知（偽陽性）です。ビルド定義を除外すると、最も中心的なモジュールがElixirファイルautomobile.exとlog.exであることがわかります。これは期待できそうです。中心的なモジュールはどちらも中核的なドメイン概念を表しており（TeslaMateが自動車のデータロガーであることを思い出してください）、このことはすでに選ばれしモジュールであることの証しです。最も結合されているモジュールであるvehicle.exに焦点を合わせた上で、このデータを使ってさらに詳しく調べてみましょう。

スカッシュは控えめに

Gitの**スカッシュコミット**は、複数のコミットを1つにまとめるというものです。すぐに修正できる単純なミスを犯した場合、スカッシュコミットは正しい選択になり得ます。おそらくコミットの前に、究極のデバッグツールであるprint文を削除し忘れたのでしょう。あなたは頭を抱えて1行をすばやく削除します。スカッシュは、このような状況で助けになります。

スカッシュコミットは、単独の作業だけで使う分にはまったく問題ありません。問題になり始めるのは、大規模なコミットセットで使ったときです。ホットスポットは相対的な指標であるため、その影響を受けません。ただし、スカッシュコミットは時間的なデータを実質的に消してしまいます。そのデータには、Change Couplingに関する貴重な情報も含まれています。George Orwellから学びましょう――歴史の書き換えには代償が伴います※4。それだけは避けてください。

※4　［監訳注］ジョージ・オーウェルのあまりにも有名な「一九八四年」という作品では、ビッグブラザー党が支配する全体主義的な社会の中、真理省記録局に勤務する党員である主人公の仕事が、まさに歴史の書き換えなのだ。同作品から引用すると「日ごとに、そして分刻みといった具合で、過去は現在の情況に合致するように変えられる。」「歴史は、書かれた文字を消してその上に別の文を書ける羊皮紙さながら、最初の文をきれいにこそぎ落として重ね書きするという作業が必要なだけ何度でもできるのだった。一度この作業が済んでしまうと、文書変造が行われたことを立証することはどうにも不可能だろう。」（『一九八四年〔新訳版〕』高橋和久訳、早川書房、ISBN978-4-15-120053-3）。まさにスカッシュコミットのように、紙ベースの「歴史」を書き換えている。

9.2.2 SoC分析の結果をChange Coupling分析で調べる

さて、vehicle.exがコードベース内のほかのファイルと一緒に最もよく変更されるモジュールであることがわかりました。つまり、第8章の8.3節で行ったように、このモジュールを拡大表示して、どのモジュールと結合されているのかを突き止めることができます。

図9-2は、結合を依存関係のネットワークとして可視化したものです。この場合も、オンラインのインタラクティブバージョンを調べることがきます※5。さまざまな役割を明確にするために、テストコードとアプリケーションコードを切り離すオーバーレイも追加してあります。この情報がどのように役立つのかを見てみましょう。

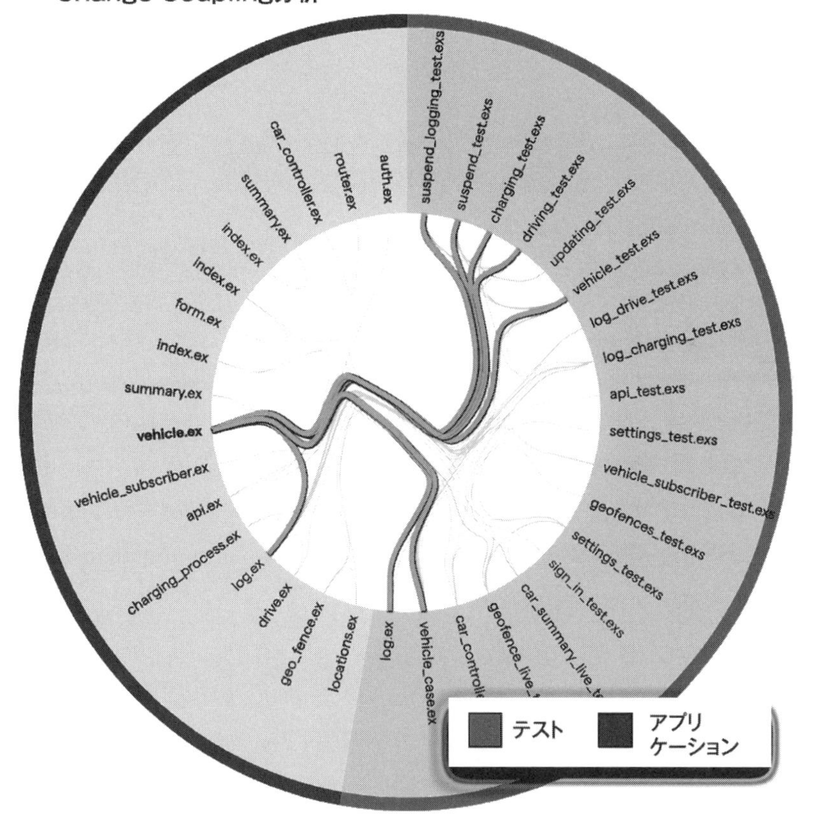

図9-2：依存関係のネットワーク

※5 https://tinyurl.com/teslamate-by-commits

9.2.3 学習曲線を平らにする

これまで扱ったことのないコードを大胆に変更できるようになるのは、冗談抜きで簡単なことではありません。Mike Gancarz が *Linux and the Unix Philosophy*［Gan03］で指摘しているように、「平均的な学習曲線は、最初に思った以上に長く、より急勾配を描く」ものです。匠の道は険しいというわけです。

では、Mike の見解を念頭に置いて、図 9-2 に示した TeslaMate の Change Coupling 分析をもう一度見てみましょう。この分析は、簡単ですばやく、しかもシステムがどのように進化するのかを文字どおりひと目で確認できます。

- **テスト構造**
  `vehicle.ex`の変更は、5つのテストスイートを見直さなければならないことを意味する。このことから、このプロジェクトのアプリケーションコードとテストコードの対応が1対1ではなく、テストの責務をより表現的な方法で分割していることがわかる。
- **ほかのサブシステムへの影響**
  驚いたことに、別のモジュールである`vehicle_case.ex`ファイルにも論理的に依存していることがわかる。Change Coupling 分析の情報がなければ、このことは簡単に見逃されていただろう。
- **モックによってミラー化されたプロトコル**
  `vehicle.ex`は`log.ex`ファイルと一緒に進化する。`log.ex`は1つではなく2つである！ 1つは本物で、もう1つはモックオブジェクトである。`log` API を変更するとテストモックも更新されることがわかったので、設計に関する情報がまた1つ増えた。

TeslaMate プロジェクトに参加している場面を想像してみてください。こうした情報をすべてコードから推測するとなると、時間がかかりそうです。これらの分析により、オンボーディングにかかる時間が短縮されるだけではなく、結合された`support`パッケージの更新など、重要なことを見逃さずに済みます。コードのメンタルモデルを事前に作成できる Change Coupling 分析は、あらゆるコードベースをよく理解するための近道となります。

はて？ TeslaMate コードは既出ですよね？

いかにも、第8章の8.5.2項では、テストスクリプト間の結合の理由の1つを探りました。その際には、本章で取り上げたSoC分析とChange Coupling分析の組み合わせを使いました。この組み合わせによって関連するコードが明らかになるため、そのコードを調べれば、よく知らないコードベースのDRY違反を数分足らずで特定できます。Change Coupling 分析は近くにいる専門家に相談することに似ていますが、自分のペースで行えます。

9.3 Change Couplingのさまざまなアルゴリズム

ここまで使ってきたアルゴリズムは、唯一のアルゴリズムではありません。Change Couplingは一部のエンティティが一緒に変化していくことを意味しますが、「一緒に変化すること」が何を意味するのかについての正式な定義はありません。1つのアプローチは、このアルゴリズムに時間の概念を追加することです。このアプローチを詳しく調べて、これまで使ってきた、よりシンプルなアプローチと比較してみましょう。

9.3.1 時間を考慮するアルゴリズムを使う

このアルゴリズムに時間の概念を追加したとしたら、結合の度合いがコミットの経過時間によって重み付けされることになります。要するに、昔の変更よりも最近の変更が優先されるわけです。その場合、関係は時間が経つほど弱くなっていきます。

直観的に見て、Change Couplingアルゴリズムに時間の概念を追加することは理にかなっています。何だかんだ言って、最近の作業のほうが、ずっと前の作業よりも重要に思えます。ところが、事実はそうでもないのです。なぜそうなのかを指摘する前に、もう一度強調しておきます――こうした事実があるからこそ、直観ではなく科学的手法に基づく知識を得ることが、かくも重要なのです。

調査では、本章で使っているよりシンプルなSoCアルゴリズムのほうが、より洗練された時間ベースのアルゴリズムよりも性能がよいことが一貫して示されています。時間ベースのアルゴリズムのほうが性能が低い理由として考えられるのは、その仮定が必ずしも有効ではないことです。時間ベースのアルゴリズムは、コードがリファクタリングによって徐々に改善されていくものと仮定しますが、筆者が日々の仕事で利用している内部データによれば、コードは改善されるよりも劣化することのほうが多いようです。想定していたリファクタリングが決して行われなければ、時間パラメータを追加しても指標が改善されるとは限りません。より単純な選択肢を検討できるのは、そのためです。次項では、この選択肢を調べてみましょう。

9.3.2 アルゴリズムをシンプルに保つ

これまで使ってきたアルゴリズムは、時間的な新しさに関係なく、共有コミットの割合に基づいています。この手法が選ばれたのは、同じくらいよさそうな複数の選択肢が与えられると、シンプルなものに軍配が上がる傾向があるためです。この手法は、実装が簡単なだけではなく、(さらに重要なことに)推論や検証も直観的です。

興味深いことに、犯罪捜査でもシンプルさが優先されることがあります。第2章の2.1.2項で説明したように、犯罪者が犯行におよぶ**場所**には、特定の行動ロジックがあります。研究者は、その原理を単純化したものに基づいて、犯罪者の自宅の場所を予測するための２つのシンプルなヒューリスティックを人々に教えてきました（図9-3）。

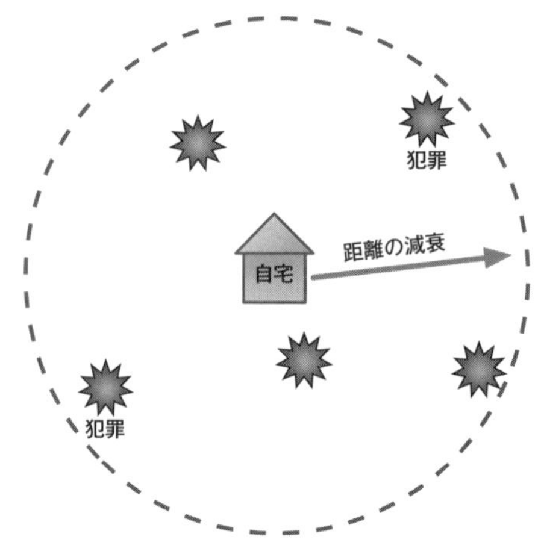

図 9-3：サークル仮説

- **距離の減衰**
  犯罪者は自宅から遠く離れた場所では犯行におよばない。犯行現場は犯罪者の自宅の近くになる可能性が高く、離れた場所になる可能性は低い。
- **サークル仮説**
  多くの連続犯は、最も遠い２つの犯行現場によって定義される円の内側に住んでいる。

興味をそそるすべての研究と同じように、その結果は驚くべきものでした。参加者はこれらの単純な原則を使って、高度なプロファイリングシステムと同じ精度で、連続殺人犯の自宅を予測することができたのです（*Applications of Geographical Offender Profilin*［CY08］）。本書のテクニックは、同様の単純さと、行動パターンのヒューリスティックに基づいて構築されています。

9.3.3　Change Couplingの限界

シンプルさが優先されるとしても、Rich Hickeyが有名なソフトウェアの講演で気づかせてくれたように、シンプルであることと簡単であることの間には違いがあります※6。Change Couplingアルゴリズムは、理解するのは簡単かもしれませんが、一分の隙もない汎用的なバージョンを実装するのは決して容易なことではありません。

まず、同じコミットで変更されるファイルを定義すれば、ほとんどのシステムでは予想外の関係

※6　https://www.youtube.com/watch?v=SxdOUGdseq4

を洗い出すのに十分です。しかし、もっと大規模な組織では、それでは範囲が狭すぎます。複数のチームがシステムのさまざまな部分を担当している場合、関心の対象となる期間は、個々のコミットではなく、おそらく日単位か週単位になるでしょう。この問題については、第10章の10.5.3項で取り上げることにします。その際には、期間とチケット情報の両方に基づいて、複数のコミットを論理的な変更セットにまとめます。

この手法のもう1つの欠点は、コミットに含まれている情報に制限されることです。コミットの**合間**に発生する重要な結合関係を見逃してしまうおそれがあります。この問題を解決するには、IDEにフックして、各コードを操作する順序を正確に記録する必要があります。現在では、そうしたツールの研究も進んでいます。

さらにもう1つの問題は、モジュールの移動と名前変更です。Gitは名前の変更を追跡しているように見えますが、それは浅はかとしか言いようのない思い違いです。Gitでは、ファイルの移動は、あるファイルを削除して別の場所に新しいファイルを追加するコミットと見なされます。そのような理由により、Code Maatは移動したファイルや名前が変更されたファイルを追跡しませんが、CodeSceneなど、ほかのツールは追跡します。実際には、名前の変更が検出されないことは、それほど制限的ではありません。問題のあるモジュールは同じ場所にとどまる傾向にあるからです。

9.4　アーキテクチャの劣化を検知する

Change Couplingアルゴリズムについて理解が深まったところで、このアルゴリズムを使ってソフトウェアアーキテクチャを評価する準備ができたようです。ソフトウェアアーキテクチャを評価すると、システムを理解したりメンテナンスしたりするのが容易になるため、システムを単純化するのに役立ちます。それに加えて、想定外の依存関係に対処することで、コードの外部品質もよくなります。ホットスポットと同様に、Change Couplingアルゴリズムでもソフトウェアの欠陥を予測できるため、欠陥が発生しやすいモジュールを特定するのに最適です。もう少し具体的に言うと、Change Couplingアルゴリズムがその真価を発揮するのは、組織によって最優先または優先事項に分類されるような重大なバグを探しているときです（*On the Relationship Between Change Coupling and Software Defects*［DLR09］）。

このChange Couplingの予測力には、複数の理由があります。たとえば、複数のモジュールが暗黙的に結合していると、開発者がその1つを更新し忘れるかもしれません。多くの場合、そうした見落としはコンパイラやリントツールでは捕捉できません。なぜなら、そうした結合はフロントエンド／バックエンドのようなシステムの境界上や異なるサービスの間で発生するからです。もう1つの理由は、進化のライフラインが密接に絡み合っている複数のモジュールがあると、予期せぬ機能的な相互作用が発生するリスクがあることです。それらは起こり得るバグとしては最悪のものです。

したがって、望ましくないChange Couplingはアーキテクチャの劣化を示しています。その影響を調べて、どのような手が打てるのかについて考えてみましょう。

9.4.1 継続的な変更のための設計

第５章では、Lehmanの複雑性増大法則について学びました。この法則は、システムを進化させるときには、「構造の劣化」を防ぐために継続的な取り組みが不可欠であるとしています。この点は重要です。なぜなら、成功するソフトウェア製品では例外なく機能がどんどん蓄積されていきますが、コードベースでの作業が徐々に難しくなっていくのは避けたいからです。いずれにしても、変化することだけは変わりません※7。

Lehmanは、ソフトウェアの進化に関する法則をもう１つ提唱しています。それは**継続的な変更の法則**であり、いかなるプログラムも、継続的に変更しない限り、次第に有用性を失っていくというものです（*On Understanding Laws, Evolution, and Conservation in the Large-Program Life Cycle*［Leh80］）。

これらの２つの法則は、興味深い緊張関係にあります。まず、システムを継続的に進化させる必要があります。それが既存のコードに新しい機能や変更を追加し続けるそもそもの理由であり、ユーザーのニーズ、競合他社、市場の需要に応えなければなりません。ただし、システムを拡張すればそれだけ、（積極的にその削減に取り組まない限り）複雑さも増すことになります。

劣化しているコードベースでは、システムについて論理的に考えることが徐々に難しくなっていきます。継続的な変更のプレッシャーによって機能が絡み合い、相互に依存するようになっていきます。ある時点で、思ってもみなかった方法で相互作用が始まります――ある機能に小さな変更を加えると、まったく関係のないほかの機能がうまくいかなくなるのです。このようなバグは、追跡するのが非常に難しいことで知られています。さらにたちが悪いことに、広い範囲をカバーする回帰テストスイートがない場合、後からの修正ははるかに高くつきます。場合によっては、被害が発生するまで問題に気づかないこともあります。

Change Couplingを早期の警告のカナリア※8として活用し、アーキテクチャの問題にすぐさま対処できるようにすることで、そうしたおそろしい事態がコードで発生しないようにしてください。

9.4.2 予想外の変更パターンを特定する

堅牢なソフトウェアアーキテクチャでは、変更が局所的に保たれるので、継続的な変更と複雑さの増大との間の緊張を和らげることができます。つまり、一緒に進化することが予想されるコード

※7 ［監訳注］原文は「The only constant is change.」で、古代ギリシャの哲学者ヘラクリトスの言葉とされている。

※8 ［監訳注］第５章の5.5.2項でも出てきたように、炭鉱で有毒ガス検知のためにカナリアを使っていた（鳴かなくなったら危険）という、ある意味で有名な挿話からの慣用表現。技術書でも数多く使われているが、カナリアの表記にばらつきがあることが監訳者としては気になっている。「カナリア」「カナリヤ」「カナリー」が、同じものを指しているとは思えない。

は一緒に配置すべきなのです。同様に、アーキテクチャの観点から見て離れているモジュールは、一緒に変更すべきではありません。そのようなモジュールが一緒に変更されるとしたら、アーキテクチャが劣化している明らかな兆しです。図 9-4 の例を見てください。

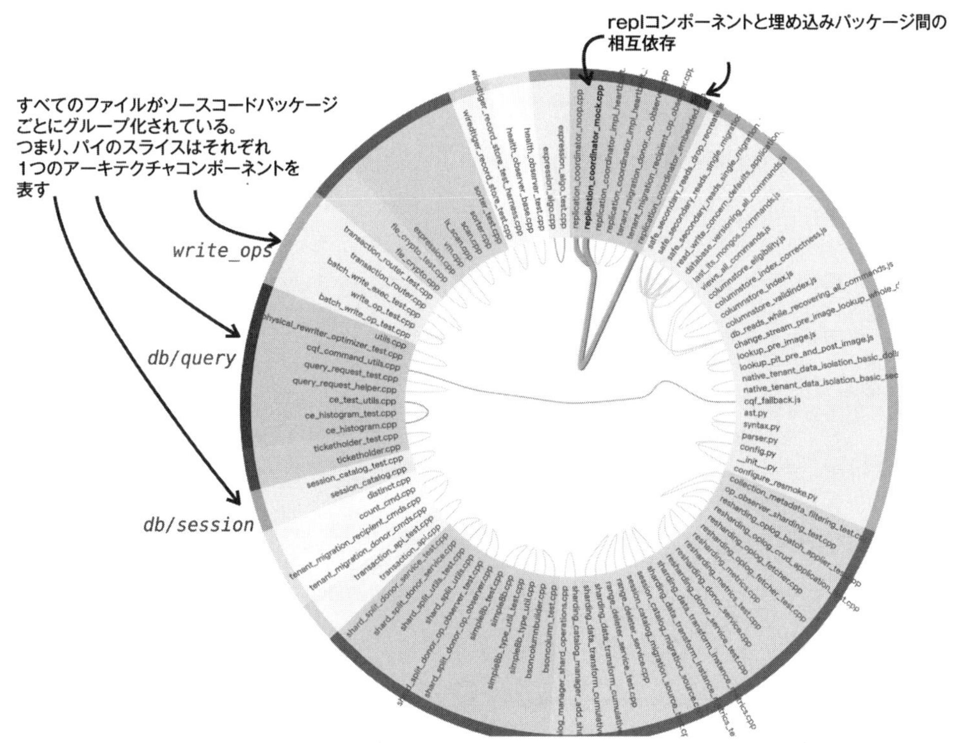

図 9-4：MongoDB の Change Coupling

図 9-4 は MongoDB の Change Coupling を示しています。MongoDB は、NoSQL に分類される人気の高いドキュメントデータベースです。Change Coupling として特定されたファイルをそのアーキテクチャコンポーネントごとにグループ化すると、想定外の論理的な依存関係が浮き彫りになります。たとえば、REPL（対話型プログラミングプロンプト）の `replication_coordinator` を変更しているプログラマーは、すべてのコミットの 100% で、`embedded` パッケージも変更しなければならないことがわかります。これ以上ないほど密な結合です。

コンポーネントの間でこのような依存関係が見つかれば見つかるほど、アーキテクチャの劣化は深刻化しています。MongoDB の場合は、ほとんどの Change Coupling が同じ物理パッケージ内のファイルに限定されているため、深刻な前兆は見られません（それは何よりです）。

Change Couplingを使ってアーキテクチャの適合度を調査する簡単な例を見たところで、より深刻な依存関係の課題に目を向けることにします。

ソースコードフォルダによるグループ化

Change Coupling関係にあるファイルをアーキテクチャコンポーネントごとにグループ化すると、最も関連性の高い情報が際立って見えます。あとは、アーキテクチャの境界をまたぐ変更パターンを探して、それらを重点的に調べればよいだけです。当然ながら、ここで次のような疑問が浮かびます。「アーキテクチャコンポーネントはどのように定義すればよいのか」ということです。

第10章では、特定のソフトウェアアーキテクチャを詳しく調べて、階層化、マイクロサービス、その他の分析戦略を開発します。ただし、ほとんどのケースでうまくいく単純なヒューリスティックは、Change Couplingの結果を、各ファイルが含まれているフォルダ別にグループ化することです。このシンプルなテクニックは、先のMongoDBのケーススタディで使ったものであり、効果的な出発点を手早く作成できます。

9.4.3 Change Couplingのホットスポットに着目する

Change Couplingが特に問題になるのは、ホットスポットが関与する場合です。ホットスポットの変更頻度が高いことは、依存関係が増えるたびに各変更のコストが何倍にも増えることを意味します。Minecraftのオープンソースサーバーである Glowstone[※9] の例を見てみましょう。

Glowstoneのコードベースを調べるために、SoCとChange Couplingに関する分析をホットスポット分析と組み合わせます。なお、オンライン分析に直接アクセスしてコードを調べることもできます[※10]。

図9-5に示すように、この分析により、`GlowPlayer.java`ホットスポットが、SoCが最も高く、難しい依存関係をいくつか抱えたクラスでもあることがわかります。このコードの目撃者の名前（`GlowPlayer`）は、重点的に調べるべきモジュールが見つかったことを示唆します。プレイヤーモジュールは、どのMinecraftサーバーでもアーキテクチャの中心的モジュールのようです。設計を理解しにくくするものは何であれ、コードベースでの今後の作業を妨げるでしょう。この問題にどのように対処すればよいかを見ていきましょう。

※9 https://github.com/code-as-a-crime-scene/Glowstone
※10 https://tinyurl.com/glowstone-hotspots-map

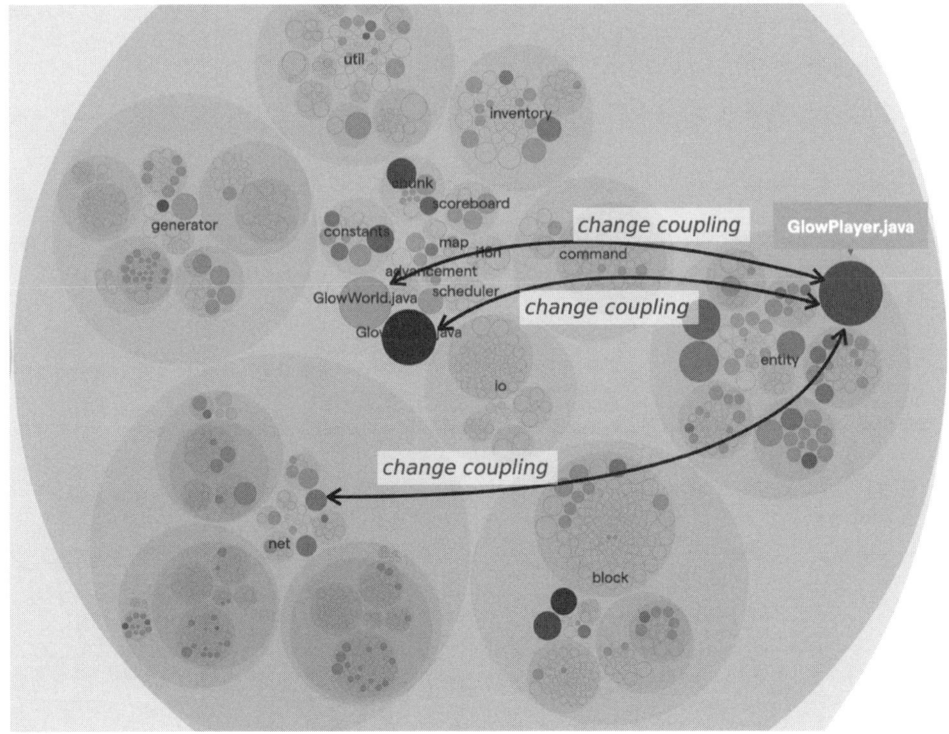

図 9-5：Glowstone のホットスポットと結合

9.4.4 依存関係を断ち切る

アーキテクチャコンポーネント間のChange Couplingは、多くの場合、責務の分割が間違っていることに起因します。第6章の6.1.5項で説明したように、凝集性が低いと設計を安定させることが難しくなります。また、凝集性が低いと、コードの機能セットが複数の設計要素に分散する傾向にあるため、Change Couplingが強くなる原因にもなります。結果として、特定のビジネスルールの調整が必要になるたびに、別のパッケージにあるほかの3つのモジュールを変更するはめになります。

この迷路から抜け出すには、反復的なマルチステップのプロセスで設計を変換する必要があります。

1. **理解**

   モジュールの境界をまたいでいる責務を特定することに焦点を合わせる。

2. **カプセル化**

   特定された責務を、凝集性の高い新しい抽象化として抽出する。図9-6に示すように、そのようにしてアーキテクチャを徐々にモジュール化しながら切り離すことができる。

3. **リファクタリング**

   将来同様の問題が発生するのを防ぐために、新たに抽出されたコードで設計を単純化する機会を探る。

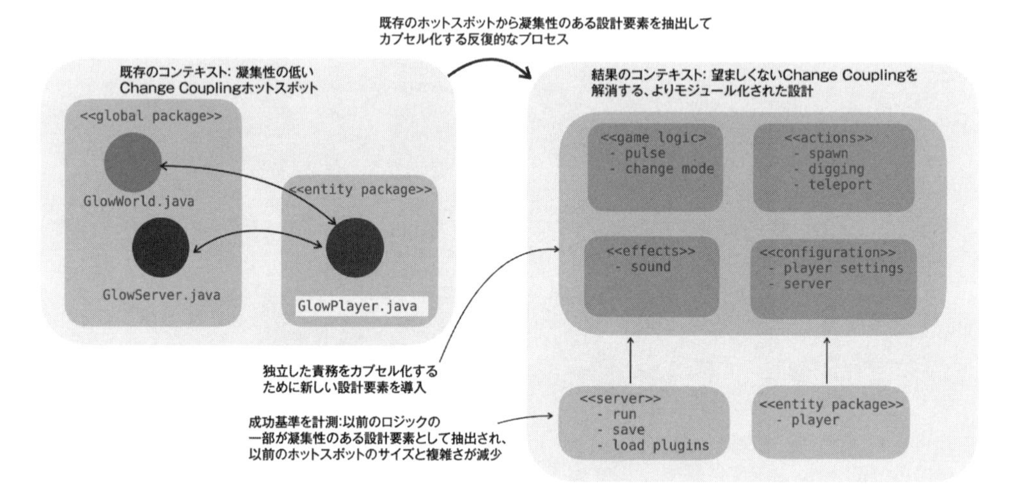

図9-6：理解、カプセル化、リファクタリング

アーキテクチャの依存関係を断ち切るのは、確かに大変な作業です。コードレベルのガイドラインとして、*Working Effectively with Legacy Code*［Fea04］では、依存関係を断ち切るテクニックがいくつか紹介されています。複雑なホットスポットのモジュール化に関しては、*Software Design X-Rays: Fix Technical Debt with Behavioral Code Analysis*［Tor18］の**Splinter Refactoringパターン**を調べてみるのもよいでしょう。このパターンは、ホットスポットを対処しやすい要素に分割するための構造的な手法であり、複数の開発者が作業を分担できるようになります。最後に、第5章の5.1節のテクニックを使って、複雑さが反復的に減少していく様子を可視化する習慣を身につけてください。そうした継続的なフィードバックは、やる気を起こさせると同時に安心感も与えます。

結局のところ、凝集性が低く、依存関係が強いホットスポットは、アーキテクチャの危険信号です。このようなコードは新しい問題を磁石のように引き寄せ、綿菓子で覆われた蟻塚よりも忙しい場所になります。リファクタリングしてください。

9.5 モノリスをモジュール化する

ここまでは、その都度、対面している問題に関するアーキテクチャレビューを実行してきました。その際のレビューを通じて、新しい仕事に就いたりよく知らないコードベースに取り組んだりするときに、それらのテクニックが頼もしいガイドになることを具体的に見てきました。しかし、この犯罪者プロファイリングのスキルがさらに役立つのは、より大きな目標の一部として体系的に適用したときです。そこで、レガシーコードのモダナイゼーションを調べながら、点と点を結んでみましょう。

9.5.1 レガシーモダナイゼーションプロジェクトを進行させる

レガシーモダナイゼーションは、リスクの高いプロジェクトです。一般的には、問題なく動作していて、会社に利益をもたらしているコードベースを、まだ想像上の産物でしかない新しいソリューションに置き換えることが目標になるからです。まるで切り立った山を登るかのような目標です。

将来のプラットフォーム、スケーラビリティの要件、レジリエンスの戦略に関する重要な意思決定が済んだら、残っている主な課題は、モダナイゼーションを実行すべき部分の優先順位をどのように決めるかです。何年、何十年と機能をため込んできたシステムには、数百万行ものコードが含まれており、そのすべてがモダナイゼーション待ったなしです。しかし、すべてを書き直すことはできません。それには何年もかかるため、その作業を終える頃にはもうその会社にはいないでしょう。それこそNetscapeと同じ轍を踏むことになります※11。

この難題は、ある意味、犯人の大雑把な目撃証言に当てはまる人々が何千人もいる状況で、犯罪捜査官が直面するものに似ています。犯罪者プロファイリングによって捜査空間を絞り込めば、実効力のある出発点が得られます。レガシーシステムでは、その選択を次のように行うことになるでしょう。

- **ホットスポットでリスクを前倒しする**
  何年、何十年かけて構築されてきたコードベースの機能を移行させるのには時間がかかる。システムのホットスポット領域を最初に移行してモダナイゼーションを実行すれば、開発者の生産性を向上させ、スケジュール超過のリスクを低下させる点で、最大のメリットが得られる可能性がある。ホットスポットの移行が完了すれば、残りの作業の影響は少なくなる傾向にある。
- **Change Couplingに基づいて依存関係を断ち切る**
  ほとんどのレガシーコードベースでは、長年にわたって緊密な依存関係が育まれている。特定のモジュールを取り出そうとした拍子に、データベースの半分とプレゼンテーションロジックの5つのダイアログがくっついてきそうである。Change Coupling分析では、そうした予想外の事態を事前に発

※11 https://www.joelonsoftware.com/2000/04/06/things-you-should-never-do-part-i/

見することができる。既存のコードベースでそうした依存関係を断ち切ることに焦点を合わせれば、スムーズな移行が可能になる（図9-7）。

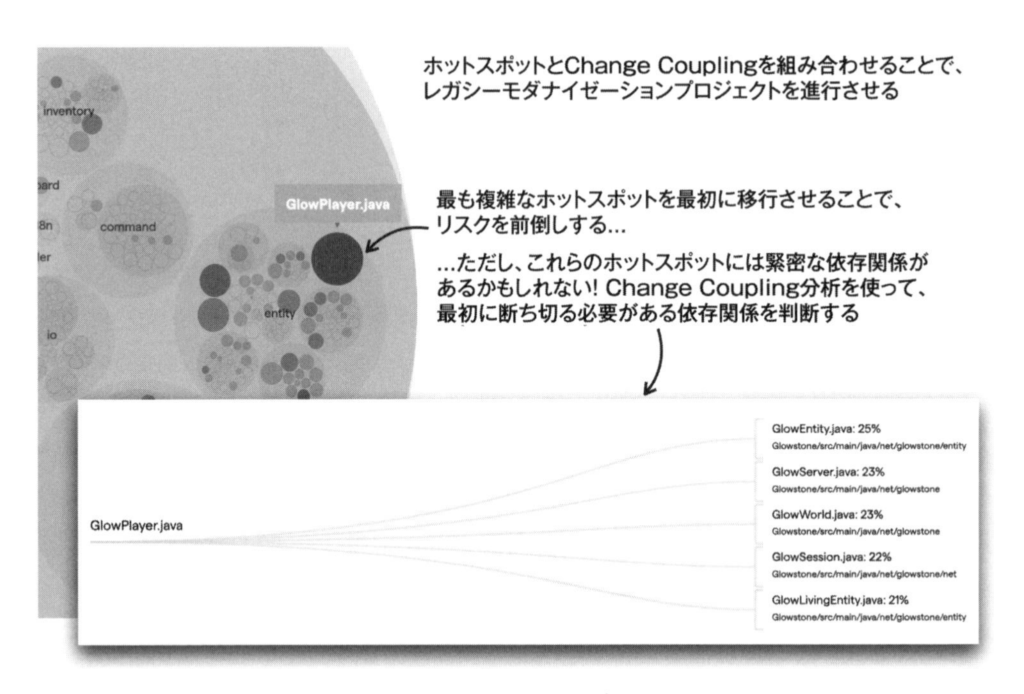

図9-7：レガシーコードベースのモダナイゼーション

特に、ホットスポットは、移行する必要のないコードを特定するのにも効果的であることがわかっています。よく知らないコードを書き換えるのはリスクの高い作業です。バグが紛れ込んだり、重要な顧客シナリオを見逃したりといったことがいとも簡単に起きてしまいます。前述のように、問題なく動作する安定したコードは過小評価されている設計特性です。そうしたコードは高く評価すべきです。明らかに何かよい点があります。

したがって、ホットスポット分析によってパッケージが何年も変更されていないことが判明した場合、既存のコードはそのままにし、理想的にはAnti-Corruption（腐敗防止）層※12を追加して、新しいシステムにはその層を介して既存のコードとやり取りさせることを検討してください。

※12 https://dev.to/asarnaout/the-anti-corruption-layer-pattern-pcd

すべてのコードを書き直すことになる状況はあるか

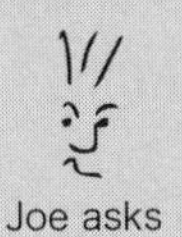

あります。筆者自身、システムを全面的に書き直すことを推奨した経験が何度かあります。そうした数少ないケースの主な動機は、決して技術的なものではなく、開発者の幸福と求人に関係していました。参考までに例を挙げると、ある企業に、10年前にサポートが終了したテクノロジーであるVB6の大規模なコードベースがありました。技術的には、古いオペレーティングシステム（OS）とランタイムを使い続ける必要があるため、レガシー言語のままにしておくことは、セキュリティ上の問題があるだけではなく、運用コストもかさむことを意味していました。しかし、一番の問題は、腕の立つプログラマー集団の維持や採用が難しくなる（ほぼ不可能になる）ことです。プログラミングの進化の袋小路にはまることに喜びを感じる人はほとんどいないでしょう。

9.5.2 モダナイゼーションの落とし穴に気をつける

ほとんどのレガシーコード移行プロジェクトは、高い志をもって始まります。あなたはこれまで、誰も本当には理解していなかったこのレガシーコードベースを仕方なく受け入れてきました。その主なホットスポットと勇敢に戦ってきましたが、ついにもっとよい環境に移行するチャンスが訪れます――最新のテクノロジーを駆使して構築された新しいシステムに置き換えることになったのです。

盛り上がっているときに何ですが、新しいシステムが新鮮で刺激的に感じられる期間はどれくらいでしょうか。「締め切り」という呪いの言葉を口にしただけで、新しいコードはレガシーコードに変わってしまうかもしれません。

レガシーシステムのモダナイゼーションプロジェクトの大半は失敗に終わる

2021年の調査報告によると、レガシーモダナイゼーションプロジェクトを開始した企業の77%はプロジェクトを完了させることができませんでした。主な原因は2つあります。1つは、関係者が計画不足を非難したことであり、もう1つは、技術者によって設定された優先順位と経営陣が重視していた優先順位が乖離していたことでした。

本章の戦略は、どのようなリスクが待ち受けているのかを知った上で計画を立てるのに不可欠な情報です。技術者と経営陣のコミュニケーションの溝を埋めるために、第7章のテクニックで分析を補ってください。そうすれば、モダナイゼーションの目標が共有され、成功の確率が高まるでしょう。

https://modernsystems.oneadvanced.com/globalassets/modern-systems-assets/resources/reports/advanced_mainframe_report_2021.pdf

数年前、筆者はレガシーシステムの書き換えに着手していた組織を訪問しました。アーキテクチャはきちんと整っており、コードがクリーンで依存関係が制御されていることを確認しながら開発が急ピッチで進められていました。すべてが順調でした。しかし、最初の半年が過ぎた後、事態が急変しました。最高幹部が現場を訪れることになり、予定されているシステムのライブデモが見たいと言ってきたのです。彼らはせっかくうまくいっていたものを手放し、特定のユーザー向けの機能を先に完成させることにしました。これは予想ですが、短期的な目標のためにコードの品質を犠牲にしたのでしょう。

このプロジェクトがその初期の突貫工事から完全に回復することは、ついにありませんでした。アーキテクチャは妥協の産物であり、構造的な劣化や望ましくない依存関係の兆候がいくつか見られました。重大なホットスポットを理解するのは、すでに難しくなっていました。重くのしかかる人為的な納期が近づくにつれ、ロケット花火のごとく激しい勢いでホットスポットが複雑化する傾向にあったからです。簡単にメンテナンスできる新しいシステムという約束は消え去りました。

9.5.3　新しいコードを継続的に監視する

アーキテクチャの劣化や技術的負債の兆候に気づいたときには、そうした傾向を逆転させるには手遅れです。事後分析は意味のある改善を進める上で不可欠ですが、そもそもそうした対策は後手に回りすぎています。したがって、定期的な分析を早期に、継続的に行うことを習慣にしない手はありません。

コードは急速に劣化することがあるため、毎週チームとひざを交えて分析を進めてください。このアプローチには次のような利点があります。

- 構造的な劣化がすぐに見つかる
- 作業を進めながら各機能の構造的な影響を確認できる
- アーキテクチャの進化がチーム全員に見えるようになる

コードに関するメンタルモデルを共有すると、設計に関する同僚との議論にはずみがつくことがわかるでしょう。興味深いのは、このプロセスを早い段階に開始できることです。数週間分のバージョン管理データさえあれば、主要なパターンを検出するのに十分です。

筆者が視察したモダナイゼーションプロジェクトでこのアプローチが採用されていれば、機能をデモできる状態に大急ぎで仕上げることのトレードオフが、すべてのステークホルダーにすぐに明らかになっていたことでしょう。結果は違っていたかもしれません。

9.5.4 ソフトウェアアーキテクチャを単純化する

本章では、多くの内容を取り上げました。SoC分析を皮切りに、アーキテクチャ上重要なモジュールを特定する方法を学びました。続いて、このデータに基づく観点からコードベースにアプローチすることで、設計に関する洞察がどのように得られるのかを確認しました。多くの場合、重要なモジュールは、必ずしも正式な仕様や大まかな設計から期待されるものであるとは限りません。そこで、Change Couplingとホットスポットを組み合わせることで、アーキテクチャに関する複雑でリスクの高い作業を先導する方法を学びました。

ここまでは、分析を個々のファイルに限定してきました。ただし、ホットスポットとChange Couplingはどちらも、サービス、レイヤ、コンポーネントといったアーキテクチャの構成要素レベルにも適応させることができます(これが朗報だとよいのですが)。次章では、こうした強力なシステムレベルの分析を取り上げます。その際には、ある基本的なソフトウェアアーキテクチャの性質に基づいて、それらの分析にアプローチします。その性質は、すべてのよいシステムに共通するものです。と言っても、それはパフォーマンス、依存関係、その他技術的な関心事のことではありません。大きなインパクトを持つ深い心理的価値である「美しさ」のことです。どんな内容なのか楽しみですね。

その前に、本章で学んだ内容を応用して、次の練習問題を解いてみてください。

9.6 練習問題

本章では、SoC分析を紹介し、点と点をホットスポットに結び付けました。次に示す練習問題では、これらの手法をより大規模なコードベースで実践します。

9.6.1 ホットスポットとSoC分析を組み合わせてリファクタリングの優先順位を決める

- リポジトリ：https://github.com/code-as-a-crime-scene/mongo
- 言語：C++、JavaScript
- ドメイン：MongoDBはドキュメントデータベース
- 分析スナップショット：https://tinyurl.com/mongodb-hotspots-map

9.5節でモノリスをモジュール化する方法について説明したときには、ホットスポットとChange Coupling分析が相補的な情報を提供し合う関係にあることを示しました。この組み合わせにより、複数のホットスポットの間でリファクタリングの優先順位を決めるといったことが可能になります。

まず、例を見てみましょう。

図9-8は、MongoDBでの過去1年間の開発作業を示しています。潜在的なホットスポットがいくつもあり、それらをすべてリファクタリングするのは不可能に思えます。そこで、9.2.1項で行ったように、MongoDBでSoC分析を行い、ホットスポットと高いSoCが重なる部分を調べます。それらのホットスポットのうち、ほかの複数のファイルと結合されているもののほうが重大です。

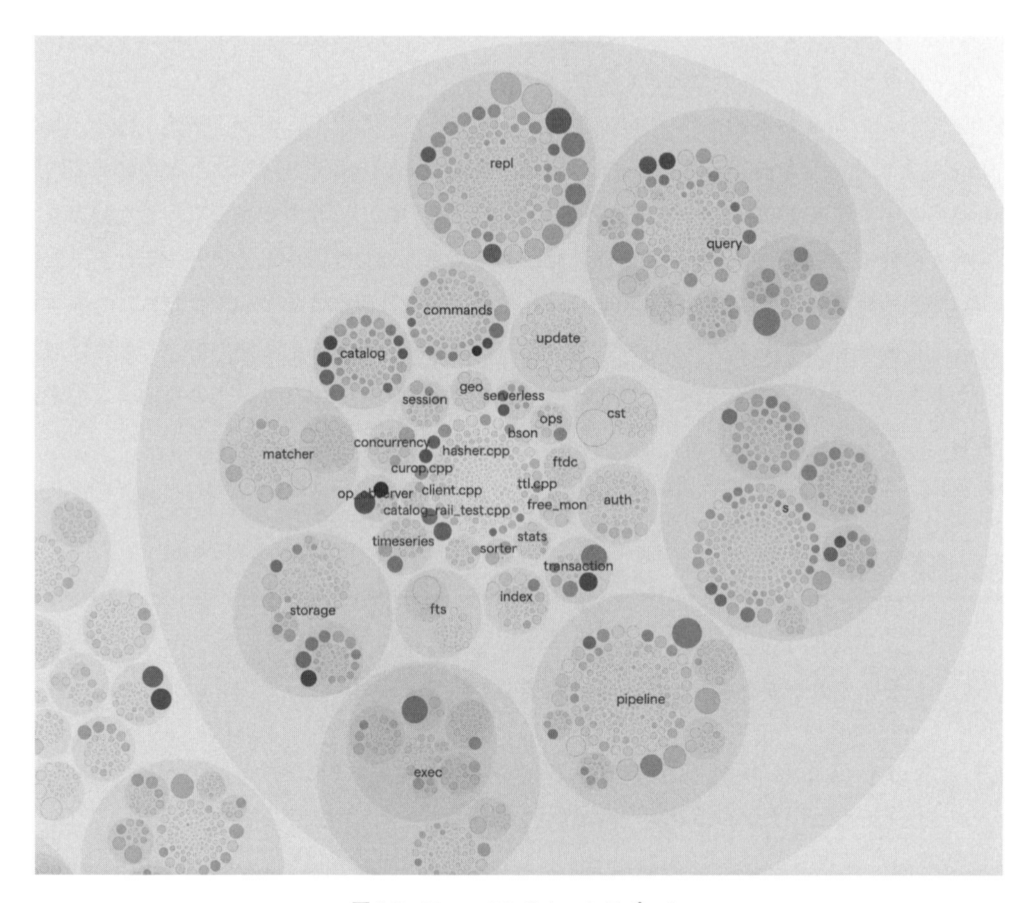

図9-8：MongoDBのホットスポット

次のステップに従って作業を始めるとよいでしょう。

1. インタラクティブなオンライン可視化[※13]を使ってホットスポットを特定する。
2. SoC分析に必要なGitログを生成する際には、Gitコマンドに`--after="2021-09-01"`引数を追加して、ログを過去1年間に限定する。

※13 https://tinyurl.com/mongodb-hotspots-map

3. MongoDBには、サードパーティコードが大量に含まれているため、分析にノイズとなって現れる。Gitコマンドに"`:(exclude)src/third_party`"パターンを追加することで、そうしたノイズを取り除く。

では、それらのホットスポットのうち、SoC分析の数字が最も大きいものを少なくとも2つ特定できるでしょうか。

9.6.2 循環依存：Change Couplingを使って設計を改善する

- リポジトリ：https://github.com/code-as-a-crime-scene/Glowstone
- 言語：Java
- ドメイン：GlowstoneはオープンソースのMinecraftサーバー
- 分析スナップショット：https://tinyurl.com/glowstone-hotspot-review

突き詰めれば、オブジェクト指向の設計原理において何よりも重要なのは、結合と凝集です。ソフトウェア設計の文献でほとんど議論されないことの1つは、結合がすべて同じというわけではないことです。安定した依存関係は、原理上どれほど「間違っている」としても、不安定な依存関係ほど問題にはなりません。コードに取り組むときに積極的に追跡するのは不安定な依存関係のほうです。Change Coupling分析は、本当の問題を突き止めるのに役立ちます。

図9-9は、過去1年間のコミットパターンに基づく`ChunkManager.java`クラスのChange Couplingを示しています。Change Coupling分析を過去1年間に限定すると、これらの論理的な依存関係がどれも影響力を持っていることがわかるため、それらの依存関係から調査を開始できます。

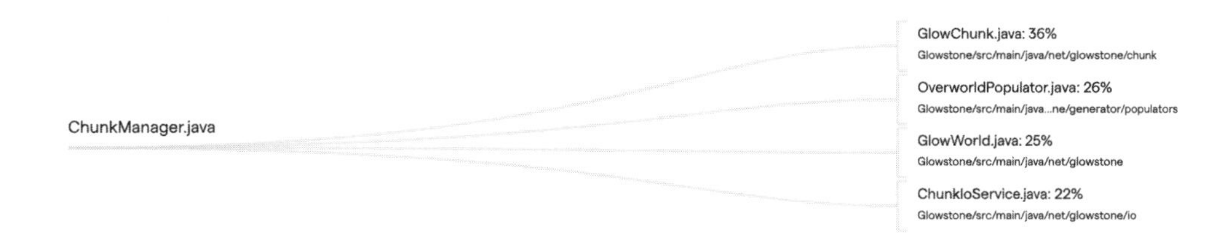

図9-9：ChunkManager.javaクラスの依存関係

`GlowWorld.java`と`ChunkManager.java`のコードを調べてみましょう。これらの2つのクラスはどのような関係にあるでしょうか。つまり、もう一方のオブジェクトを呼び出しているのはどちらのオブジェクトでしょうか。そして、それはよいことなのでしょうか。

第10章
従うべきは美しさ

さて、Change Couplingを使ってアーキテクチャの境界をパトロールする方法がわかりました。また、コードの進化に目を光らせ、状況が悪化し始めたときに、その情報を早期警報システムとして活用する方法もわかりました。

これで、分析テクニックをファイルからコンポーネントやサービスといった上位の境界に拡張する準備が整いました。ここでは、一般的なアーキテクチャパターンから始めて、それらのパターンの有効性を、コードにどう取り組むかという観点から分析する方法を調べます。

まず、小規模なシステムを分析します。その仕組みに慣れたら、.NET、JavaScript、CSSなど、複数のテクノロジーに基づいて構築された大規模なWebアプリケーションの調査に進みます。最後に、**マイクロサービス**アーキテクチャを分析する方法についても説明します。根本的に異なるパターンで構築された複数のシステムに関するケーススタディに取り組み、分析手法のベースとなっている一般的な原則を学びます。そうすることで、どのようなアーキテクチャスタイルが使われているかに関係なく、現在および将来のシステムに取り組むためのツールを手に入れます。

本章の着眼点は、ほかのプログラミング本とは異なります。ここでは、技術的な原理や原則に着目するのではなく、推論ツールとして「美しさ」を使います。美しいコードとは何か、なぜそれが重要なのか、あなたの脳がそれをどのように好むのかを、研究報告に基づいて探っていきます。まず、美しさを——数学的に——定義することから始めましょう。

10.1　なぜ魅力的であることは重要か

日々の業務やプログラムに加える変更について考えてみましょう。率直に言って、プログラムの実際の動作が概念的なモデルと一致しないために勘違いしてしまう頻度はどれくらいでしょうか。呼び出したクエリメソッドに予想だにしなかった副作用があったのかもしれませんし、未知のタイミングバグが原因で（特に満月の夜や、もちろん、よりによって大事な締め切りの直前に）機能がたまに動かなくなるのかもしれません。

プログラムの挙動を推測するまでもなく、プログラミングは十分に大変です。私たちはコードベースで経験を積みながら、その仕組みのメンタルモデルを作り上げます。コードが期待どおりに動作しない場合は、決まって悪いことが起きます。そうなったが最後、数時間におよぶ必死のデバッグ作業が開始され、脆弱な応急措置が導入され、「nullポインタ例外だ」とわかる頃には、プログラミングの喜びなど、どこかに消えています。コードが美しければ、そうした不愉快な不意打ちを回避できます。では、美しいコードとは、どのようなものなのでしょうか。

10.1.1　美しさを否定概念として捉える

美しさは、すべてのよいコードの基本品質です。しかし、美しさとは、いったい何でしょうか。それを知るために、物理的な世界の美に目を向けてみましょう。

1980年代の終わりに、Judith Langloisという科学者が興味深い実験を行いました（*Attractive Faces Are Only Average*［LR90］）。Judithはコンピュータを使って人の顔写真をモーフィングし、合成写真を作りました。そして、すべての顔写真の魅力度をあるグループに評価してもらったところ、物議をかもす興味深い結果が得られました。身体的魅力で点数を付けたところ、合成写真が勝利したのです。しかも圧勝でした。

この論争の発端は、外見上の魅力的な顔を作り出すプロセスにあります。顔写真をモーフィングすると、個人差がなくなります。図10-1に示すように、写真を合成すればするほど、結果は平均化されていきます。つまり、美しさとは平均にほかなりません。

美しさを平均性として捉えるという発想は、直観に反しているように思えます。プログラミングの分野で、平均的なエンタープライズコードベースが驚異的に美しいということで称賛されるとしたら、筆者はびっくりするでしょう。とはいえ、美しさは、普通である、平凡である、典型的であるという意味で平均的なのではありません。むしろ、合成写真に写し出された数学的な意味での平均性にこそ、美しさは存在するのです。

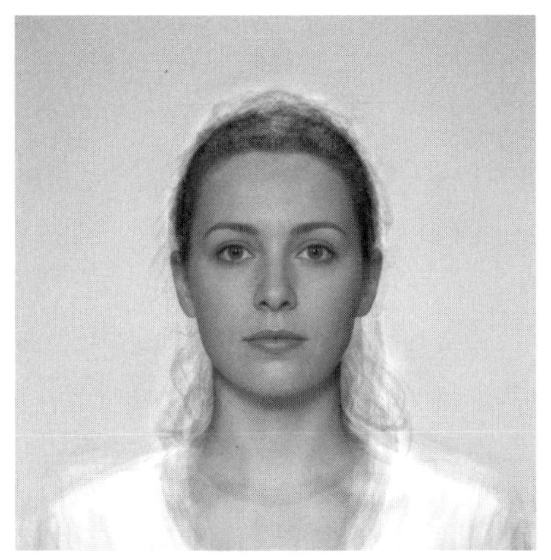
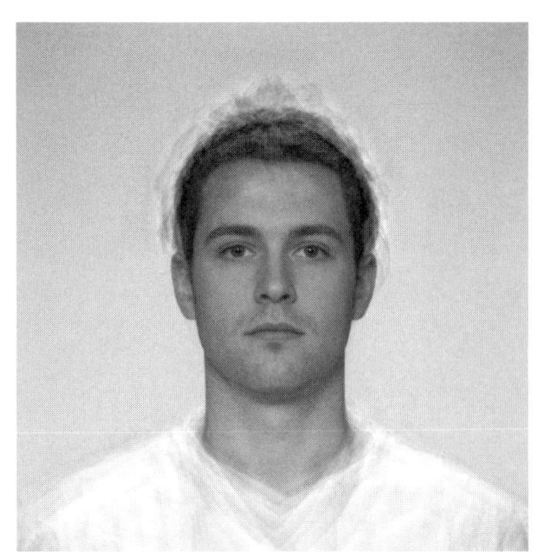

出典:Face research Lab, University of Glasgow

図 10-1：顔写真をモーフィングした結果

合成写真に軍配が上がったのは、写真がモーフィングされるたびに個々の欠点もならされていったからです。これは驚くべきことです。それによって「美しさ」が、何がが存在することではなく、何がが存在しないことによって定義されるという否定概念になるからです。美しさとは、醜さが存在しないことなのです。

人類は、その進化の過程で、悪い遺伝子を遠ざけるために、美しさに対する嗜好を作り上げました。よい遺伝子を持つパートナーを見つけることが私たちの進化の主な目的だったことを考えれば、これは当然のことです。それに、石器時代には、DNA 検査を受けるのは不可能なことでした（現代はその技術がありますが、まじめな話、パートナー候補に DNA サンプルを求めたりすれば、デートはうまくいかないでしょう）。

その代わりに、私たちはよい遺伝子の代わりとして美しさを暗に用いるようになりました。自然淘汰は、極端なものに不利に働くというわけです。それ以上ないほど平均的な合成写真にとって、まさに有利な展開です。

では、そうした優れた遺伝子を持つプログラムとは、どのようなものになるのでしょうか。

10.2　コードに美しさを

美しさとは、醜さがないことであるというのは、ソフトウェアの世界にも当てはまります。美しいコードには、表現のレベルが一貫していて、理解しやすいという特徴があります。数学的な平均から外れると顔が魅力的ではなくなるのと同じように、コーディング構造も、アプリケーションの主要なスタイルから外れていたり、コードを理解する上で偶発的な障害になったりすると、魅力的ではなくなります。特殊なケースや、第6章で取り上げたコードの臭いは、そうした問題の例です。

こうした構造は、プログラムのメンタルモデルの形成を邪魔するため、プログラムに悪い遺伝子があることを示唆しています。まさに脳の仕組みと同じです。複雑さや矛盾、相反する表現に出くわすと、脳はほかの詳細を犠牲にして、そうした刺激の1つを選択してしまいます。脳を刺激から切り離すことはできますが、思考コストがかかります。

つまり、あなたのコードを読んでいる誰かのスムーズな流れが途切れれば、その瞬間に認知コストが発生することになります。このコストのせいで、プログラムを理解することが難しくなり、変更するときのリスクが高くなります。多くのバグの原因は、コードを読んでいるときに流れが途切れることにあります。

美しさは判決を左右する

美しさは私たちの生活のすべてに途方もない影響をおよぼしますが、多くの場合、私たちは美しさのバイアスを自覚していません。その見本とも言えるのが法心理学の分野であり、外見だけで陪審員に影響を与える可能性があることを示す研究が相次いでいます。もう少し具体的に言うと、魅力的な被告は罪が軽いと受け取られ、魅力のない犯罪者よりも寛大な判決が下される傾向にあります。このことは、実験時の模擬陪審員と実際の裁判官の両方に当てはまるようです（*The Psychology of Physical Attraction* [SF08]）。

こうした調査結果は、確かに悩ましく、不公平です。しかし、犯罪者の魅力があだになることもあります。容姿端麗な犯罪者は、強盗ではより軽い判決を受けるかもしれません。しかし、犯罪者がその美貌を武器に被害者を騙した場合、裁判所はより厳しい判決を下す可能性があります。いずれにしても、その違いを生むのは客観的な事実ではなく外見です。美しいコードの重要性に懐疑的だった人も、魅力の底知れなさと、私たちの仕事にどのような影響をおよぼすのかが、これでわかったでしょう。

10.2.1 アーキテクチャに驚かされないようにする

美しさの原理はソフトウェアアーキテクチャにも当てはまります。アーキテクチャに関する決定は、当然ながら、局所的なコーディング構造よりも重要です。このため、高レベルの設計で美しさを損なうのは、なおさら始末に負えません。

プロセス間通信の方法が複数あるコードベース、エラー処理ポリシーに違いがあるコードベース、明らかなメリットもないのにデータアクセスに複数の矛盾するメカニズムを使っているコードベースを思い浮かべてください。このようなシステムを習得したり操作したりするのは、そう簡単ではありません。というのも、コードベースの一部で作業していたときに積み上げた知識を、ほかの部分に転用できるとは限らないからです。

つまり、美しさの鍵を握るのは、一貫性を保つことと、驚きを回避することです。なるほど、しかし何を驚きと見なすかは状況（コンテキスト）によります。現実世界では、動物園で象を見ても驚かないでしょうが、（少なくとも筆者が住んでいるスウェーデンでは）自宅の庭に象がいたら目をこするでしょう。コンテキストが重要なのは、ソフトウェアでも同じです。

10.2.2 パターンに照らして評価する

美しさを推論ツールとして使うときには、基準となる原理や原則が必要です。そこで役立つのがパターンです。すべてのアーキテクチャには——アーキテクチャらしきものが見当たらない**大きな泥団子**にすら——何らかのパターンがあります。手塩にかけて育てられたコードベースで作業しているという恵まれた状況にある場合、そうしたパターンは設計に現れ、それらのパターンがガイドラインになるはずです。そうしたパターンが見つからない場合、アーキテクチャと足並みを揃えるどころか、アーキテクチャに逆らって作業することになるため、絶えず格闘することになります。

アーキテクチャのパターンは、分析結果を評価するための枠組みとしても機能します。特定のパターン（疎結合コンポーネントなど）で実現したい効果を後押しするものはすべて、美しさに貢献します。そうした原理や原則に違反するものはどれも、醜さの側につきます。この議論に技術的な深みを与えるために、これらのアイデアを実際のコードベースに適用してみましょう。

10.3 Pipes and Filters アーキテクチャを分析する

Pipes and Filters アーキテクチャパターンは、入力を一連のステップとして処理したい場合に役立ちます。それらのステップは、それぞれ特定の変換をカプセル化します。Pipes and Filters は、Web フレームワークでよく使われるパターンです。この場合、入力イベントとなるのは Web ブラウザのリクエストであり、結果が返される前に、認証、検証、その他のステップが開始されます。

Pipes and Filters の基本的な考え方は、「アプリケーションのタスクをいくつかの自己完結型のデータ処理ステップに分割する」というものです（*Pattern-Oriented Software Architecture Volume 4: A Pattern Language for Distributed Computing*［BHS07］）。この説明からすると、Pipes and Filters パターンの実装では、処理ステップが結合されていたりすれば、メンテナンスプログラマーを驚かせることになりそうです。これは、Change Coupling 分析で検知できる醜さの明らかな兆候です。その仕組みを調べてみましょう。

10.3.1　実装を調べる

好都合なことに、Code Maatのモデルは Pipes and Filtersアーキテクチャです（図10-2）。入力ストリームはバージョン管理ログであり、一連の分析ステップによって特定の指標（目的の結果）に変換されます。

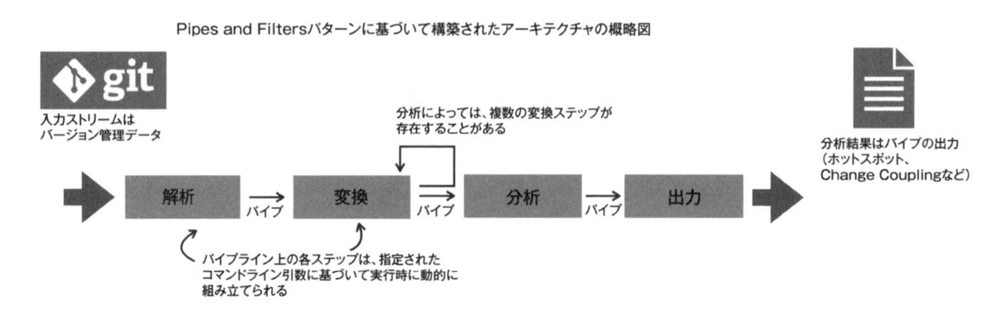

図10-2：Code Maat は Pipes and Filters パターンに基づいている

Code Maatコードベースのファイルレベルの簡単な分析は、第8章の8.3.1項ですでに行っています。ここでは、その分析をアーキテクチャ全体に拡張します。まず、アーキテクチャの境界を定義してみましょう。

10.3.2　アーキテクチャ上の重要なコンポーネントを定義する

より高レベルのアーキテクチャを分析するときには、個々のファイルから、1つのアーキテクチャコンポーネントを表すファイルグループへと焦点を移す必要があります。実際にどうするかというと、図10-3に示すように、あるコンポーネントを構成しているすべてのファイルにわたってGitアクティビティを集計します。

分析のレベルが決まったら、それらの境界を分析ツールに教える必要があります。Code Maatの場合は、一連の変換を指定するという方法で行います。テキストエディタを開いて、次のテキストを入力します。

```
src/code_maat/parsers  => Parse
src/code_maat/analysis => Analyze
src/code_maat/output   => Output
src/code_maat/app      => Transform
```

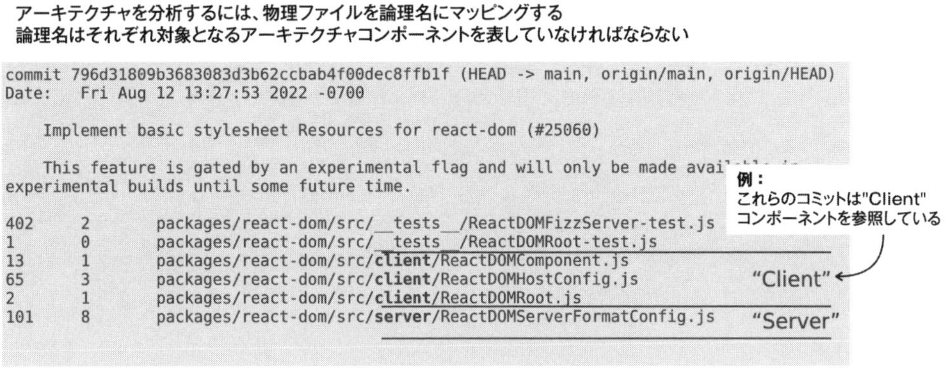

アーキテクチャを分析するには、物理ファイルを論理名にマッピングする
論理名はそれぞれ対象となるアーキテクチャコンポーネントを表していなければならない

```
commit 796d31809b3683083d3b62ccbab4f00dec8ffb1f (HEAD -> main, origin/main, origin/HEAD)
Date:   Fri Aug 12 13:27:53 2022 -0700

    Implement basic stylesheet Resources for react-dom (#25060)

    This feature is gated by an experimental flag and will only be made avai
experimental builds until some future time.

402     2       packages/react-dom/src/__tests__/ReactDOMFizzServer-test.js
1       0       packages/react-dom/src/__tests__/ReactDOMRoot-test.js
13      1       packages/react-dom/src/client/ReactDOMComponent.js
65      3       packages/react-dom/src/client/ReactDOMHostConfig.js
2       1       packages/react-dom/src/client/ReactDOMRoot.js
101     8       packages/react-dom/src/server/ReactDOMServerFormatConfig.js
```

例：
これらのコミットは"Client"
コンポーネントを参照している

"Client"

"Server"

図 10-3：Git アクティビティを集計する

変換内の論理名が、それぞれソフトウェアアーキテクチャ内の 1 つの Filter に対応していることがわかります。入力したテキストを code_maat_architecture_spec.txt として保存し、次の分析を実行します。

```
$ maat -l code_maat_git_log.txt -c git2 -a coupling \
> -g code_maat_architecture_spec.txt --min-coupling 20
entity,  coupled,   degree, average-revs
Analyze, Transform, 28,     83
Parse,   Transform, 22,     75
```

以前の分析との違いは、変換ファイルを指定することと、弱い結合も含まれるように --min-coupling フラグを追加することです。そのようにして、潜在的なアーキテクチャ違反をすべて検出します。この出力から明らかなように、Transform コンポーネントから Analyze ステップと Parse ステップへの時間的な依存関係が存在します。それほど強い依存関係ではなかったとしても（同時変更は全コミットの 22 ～ 28%）、十分に問題かもしれません。その理由を調べてみましょう。

10.3.3　問題のあるコードを特定する

アーキテクチャ違反を特定したら、次のステップは、ファイルレベルで Change Coupling 分析を行い、問題がありそうなコンポーネント（この場合は Transform、Analyze、Parse）を詳しく調べることです。この分析により、第 8 章の 8.3.1 項で発見したものと同じパターンが見つかります――Transform コンポーネントの一部が、SVN パーサーのために入力データを変換しています。ソースコードを見る限り、直接の依存関係はまったくありませんが、この分析によって論理的な依存関係が明らかになります。Transform パッケージのコードの中に、Parse パッケージのコードに依存しているものがあるようです。

同じグループに分類される振る舞いは1つにまとめる

コードにロジック的な依存関係がある場合は、コードを1つにまとめる機会を探ってください。考え方としては、責務が多すぎるモジュールを、より小さく、凝集性のあるユニットに分割するのと同じです。すべてのコードを同じファイルに入れろという意味ではありません。一緒に変更されるコードは、同じアーキテクチャコンポーネントの一部であるべきです。そのようにして、広い範囲におよぶ大規模な変更を、テスト、レビュー、推論が容易になる局所的な変更に変えてください。

このような小さなコードベースでは、ソースに直接アクセスして、問題があるコードを特定できます（図10-4）。

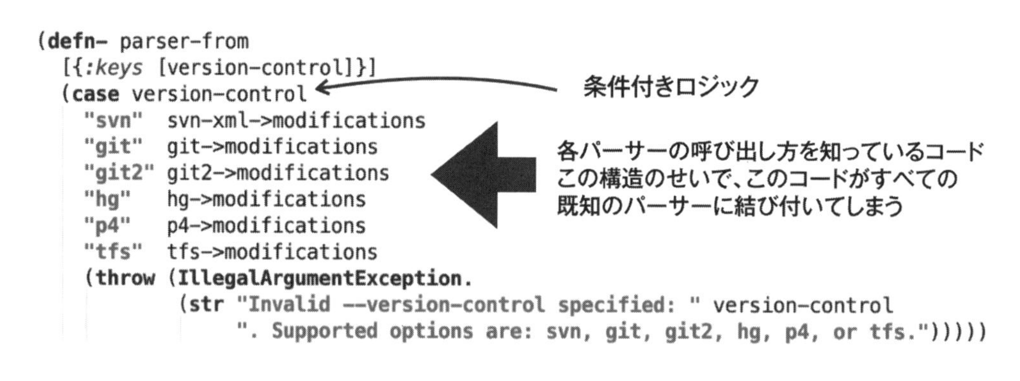

図10-4：ソースで直接問題のあるコードを特定する

そうすると、すぐに図10-4のコードが見つかります。この部分のClojureコードは、どのバージョン管理システムを使うのかを決定します。そして、そのシステムのパーサーの呼び出し方を知っている関数（たとえば、svn-xml->modifications）を返します。

上記のファクトリ関数とParseパッケージのコードの結合も、これで説明がつきます。パーサーコンポーネントが変更されたら、それらのファクトリ関数も変更しなければなりません。小規模なコードベースではそれほど深刻な問題ではありませんが、本来なら独立している部分の結合が促されるため、全体的な設計については疑問の余地があります。これは、プログラムの進化にとって障害となる類いの設計です。このChange Couplingを解消すれば、予想外の展開に驚かされることがなくなり、ソフトウェアを進化させるのが容易になります。これは大きな成果です。

ここでは1種類のアーキテクチャの分析方法を確認しました。次は、もっと複雑なシステムを分析してみましょう。

10.4　階層化アーキテクチャを分析する

階層化アーキテクチャの基本的な考え方は、水平責務をそれぞれ独自のコンポーネント（レイヤ、層）で表すというものです。組み込みシステムの場合は、ハードウェアの抽象化、デバイスドライバ、プロトコルなどの層があり、一番上の層がアプリケーションレベルのコードになります。Web アプリケーションの場合は、一般に、UI、リクエストルーティング、ビジネスルール、データ永続化が層としてカプセル化されます。図 10-5 に示すように、7 ～ 8 層の深さのアーキテクチャに出くわすことも珍しくありません。

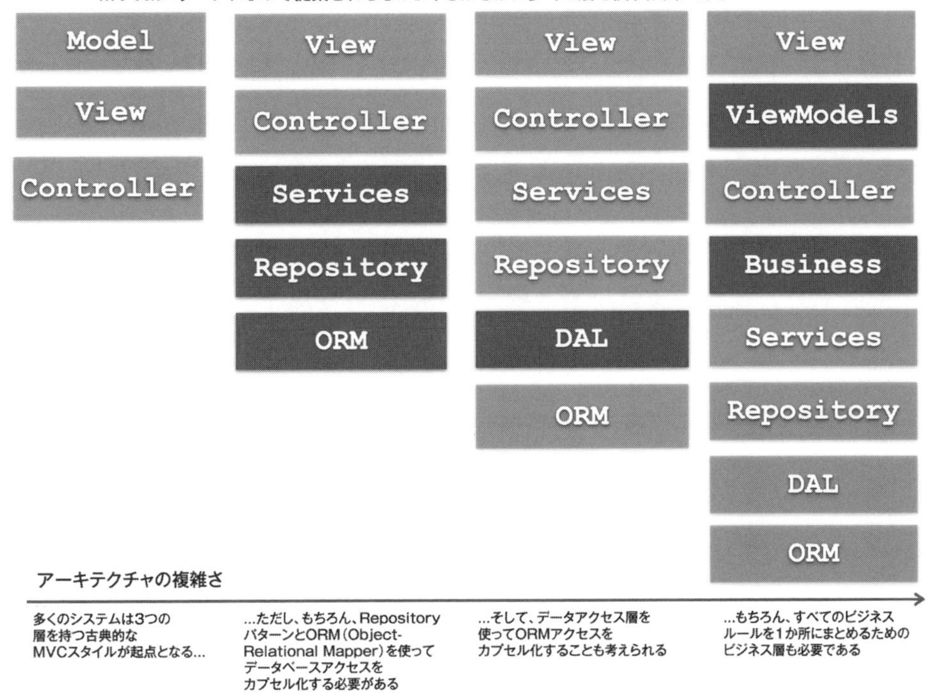

図 10-5：階層化アーキテクチャの例

いろいろな意味で、階層化アーキテクチャはソフトウェアアーキテクチャの IBM です。階層化アーキテクチャを構築したために解雇された人はいません。階層化しておけば、安泰だというわけです。

階層化アーキテクチャの大前提は、ある実装を別の実装に交換しても、別の層に含まれる残りのコードが影響を受けないことです。すぐに思い浮かぶのは、データベースの変更です。たとえば、Oracle 実装から MySQL 実装に移行するとしましょう。MySQL にアクセスするための新しいコードを実装することになりますが、データベース層の元のAPIが維持されている限り、プラグ&プレイ方式の置き換えになります。美しいですね。

ただし、階層化アーキテクチャは、間違った進化の力に合わせて最適化されることがあります。筆者は25年にわたってコードを書いてきましたが、その間にデータベース実装を交換しなければならなかったのは、たったの2回です。したがって、階層化アーキテクチャが正しい選択となるのは、平均すると10年に1回です。それ以外の時間はどうかというと、あまりよい選択ではありません。

階層の水平スライスのコストは高くつきます。後ほど説明するように、階層化アーキテクチャは、それを実装するための日々の作業にかかる労力という犠牲を払って、滅多に起きないケースのために最適化されます。Change Couplingを使って、どういうことかを説明しましょう。

10.4.1　重要な層を特定する

次のケーススタディでは、nopCommerce[※1]を使います。nopCommerceはeコマースサイトの構築に使われるオープンソース製品であり、400,000行もの才気あふれるC#コードとJavaScriptコードに加えて、多数のSQLスクリプトとCSSファイルで構成されています。分析手法が複数の言語にどのように対処するのかを調べる絶好の機会です。

最初のステップでは、システムのアーキテクチャの原理原則を特定します。nopCommerceは、**MVC**（Model-View-Controller）パターンに基づいて構築されたWebアプリケーションです。

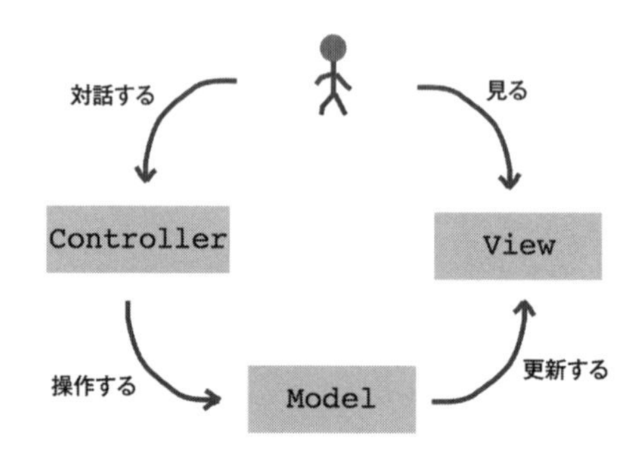

図10-6：nopCommerceはMVCパターンに基づいている

MVCは、UIアプリケーションを実装するためのパターンです。図10-5で示したように、実装はアプリケーションによって異なります。一般的なパターンの1つは、ビジネスロジックをカプセル化するサービス層を導入し、`Controller`をその層に委譲させることです。nopCommerceは、この方法を採っています。

※1　https://github.com/code-as-a-crime-scene/nopCommerce

10.4.2 各層をアーキテクチャの境界として定義する

Pipes and Filters 分析で行ったように、アーキテクチャの各部分を論理名にマッピングします。nopCommerce の変換の例は次のとおりです。

```
src/Presentation/Nop.Web/Models                  => Models
src/Presentation/Nop.Web/Views                   => Views
src/Presentation/Nop.Web/Controllers             => Controllers
......
src/Libraries/Nop.Services                       => Services
src/Libraries/Nop.Core                           => Core
......
src/Presentation/Nop.Web/Areas/Admin/Models      => Admin Models
src/Presentation/Nop.Web/Areas/Admin/Views       => Admin Views
src/Presentation/Nop.Web/Areas/Admin/Controllers => Admin Controllers
......
```

この変換は、nopCommerce のドキュメントで使われているものです※2。筆者はソースコードを調べて、`src/Presentation/Nop.Web` フォルダの下に表示される MVC 層も洗い出しました（自分のシステムを分析するとしたら、その大まかな設計は、すでにわかっていますよね？）。

分析に取りかかる前に、nopCommerce が 2 つのアプリケーションで構成されていることに注意してください。1 つは管理用のアプリケーションであり、もう 1 つは実際のストア用のアプリケーションです。これらは同じシステムの論理的なパーツであり、一緒に管理しなければならないため、変換では両方を指定します。具体的には、それらの間の潜在的な依存関係を知りたいので、さっそく調べてみましょう。

10.4.3 高くつく変更パターンを特定する

階層化システムの論理的な依存関係を調査するための機械的な手順は、10.3.2 項でアーキテクチャの Change Coupling 分析を行ったときと同じです。同じ手順を nopCommerce リポジトリで実行すると、強い Change Coupling がいくつか明らかになります。

```
$ maat -l nopcommerce_git_log.txt -c git2 -a coupling -g nopcommerce_architecture_spec.txt
entity,            coupled,      degree, average-revs
Admin Controllers, Admin Models, 64,     813
Admin Controllers, Admin Views,  60,     1141
......
Admin Controllers, Controllers,  45,     885
......
```

※2 https://docs.nopcommerce.com/en/index.html

図10-7は、nopCommerceのChange Couplingを可視化して、解釈しやすくしたものです。この分析のインタラクティブなグラフもオンラインでアクセスできます※3。

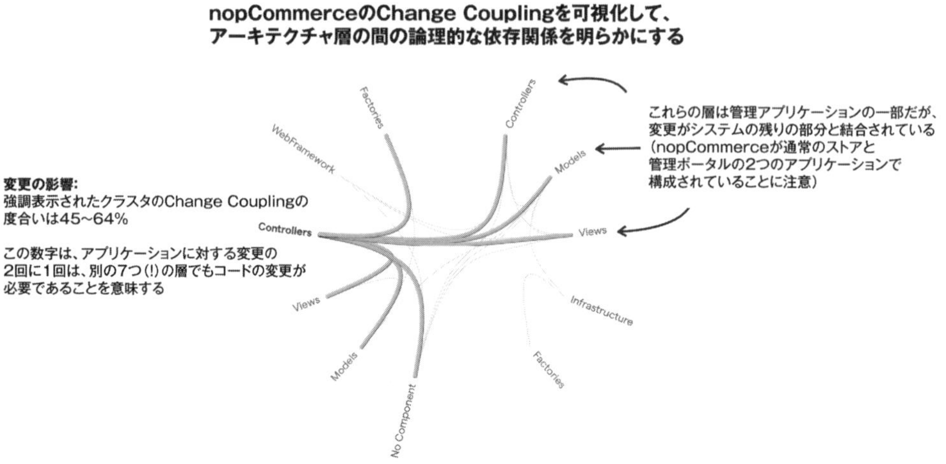

図10-7：nopCommerceのChange Coupling

では、強調表示されたクラスタを詳しく調べてみましょう。Change Couplingのrawデータとインタラクティブな可視化により、そのクラスタ内のアーキテクチャコンポーネントが密結合していることがわかります。Change Couplingの度合いは45～64%です。言い換えると、nopCommerceコードベースを変更するときには、その約半分で、複数の層を横断しながら変更する覚悟が必要であるということです。これは、本当に関心が分離されている状態なのでしょうか。詳しく調べてみましょう。

10.4.4　なぜ階層化が「関心の混乱」を表すのか

このコミュニティにおいてビジネスアプリケーションに組み込まれる傾向にある層はすべて、あるシンプルな考え方に基づいています。それは**関心の分離**(separation of concerns)であり、気が変わったら、ある層を実装が異なる別の層に置き換えることができるというものです。この柔軟性には、アプリケーションの変更が必要以上に複雑になるという代償が伴うことがあります。ここで少し視野を広げて、アプリケーションがどのように成長するかについて考えてみましょう。

ほぼすべてのアプリケーションにおいて最も頻繁に行われる作業は、機能の実装または拡張とバグ修正です。これは、開発者が日常的に行っていることです。開発者が行っていないのは、データ

※3　https://tinyurl.com/nopcommerce-arch-coupling

ベース、ORM（Object-Relational Mapping：オブジェクト関係マッピング）、サービス層の置き換えです。そうした種類のアーキテクチャの変更が必要になることは滅多にありませんが、それらは階層化アプリケーションの原動力となっています。私たちは日常的なタスクでの変更が難しくなることと引き換えに、滅多に発生しないイベントのためにアーキテクチャを最適化しているのです。nopCommerceでのChange Couplingを思い出してください。ある機能を追加するために7つの層でコードを変更しなければならないとしたら、たとえ非難されようと、筆者ならこのアーキテクチャは変更に対応していないと訴えるでしょう。まるでアーキテクチャと協力しているのではなく、アーキテクチャに逆らっているかのようです。

2

アーキテクチャだけでは善し悪しの判断はつかない

第7章の7.2節では、コードの健全性を評価する方法 —— つまり、よいコードと悪いコードを区別する方法を確認しました。ソフトウェアアーキテクチャに関しては、一般的に当てはまる「よい」アーキテクチャというものはありません。アーキテクチャが「よい」と見なされるのは、私たちが（組織として）重視しているシステムの特性をそのアーキテクチャがサポートする場合です。そうした特性はビジネスや組織の発展に伴って変化しますが、常に基本特性であり続けるのは変更可能性です。つまり、新しい機能を実装したり改善したりする能力です。Change Coupling分析を利用すれば、アーキテクチャが変更をどの程度サポートするのかを評価し、可視化できます。

10

10.4.5　階層から移行する

実際には、階層化アーキテクチャが、その約束を果たすことは滅多にありません。それどころか、次ページの図10-8に示すように、コードを変更すると、その影響が複数の層に波及することもよくあります。そうした変更パターンは、それらの層がそのコストに見合うものではないことを示唆しています。それらの層のせいで、コードの変更がかえって**難しくなる**ことすらあります。

最近では、多くのチームがモノリシックアーキテクチャをマイクロサービスに分割することを選択しています。そうした決定に共通する動機は、変更を局所化できる疎結合アーキテクチャを作成し、階層化アーキテクチャにつきまとう波及効果を回避することです。

マイクロサービスについては後ほど説明しますが、ここで明らかにしておきたい点があります。分散システムの運用というオーバーヘッドの受け入れを決意させるような追加の要件がない限り、おそらくモジュール型のモノリスを使うほうがよいだろうということです。

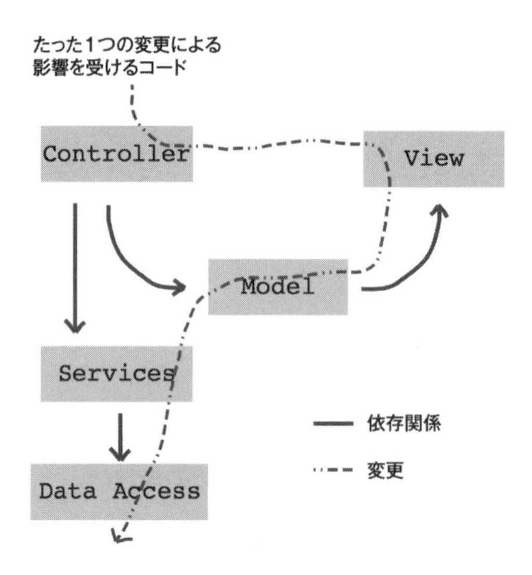

図 10-8：階層化アーキテクチャにおける変更

Package by Component は、筆者がこれまで見てきた中では、階層化に代わるパターンとして特にうまくいくものの1つです。このパターンについては、拙著 *Software Design X-Rays: Fix Technical Debt with Behavioral Code Analysis* [Tor18] で詳しく説明しています。要約すると、アーキテクチャを複数のコンポーネントに分割するのですが、それらのコンポーネントはアプリケーションロジックとデータアクセスロジックをカプセル化したものになります（図 10-9）。

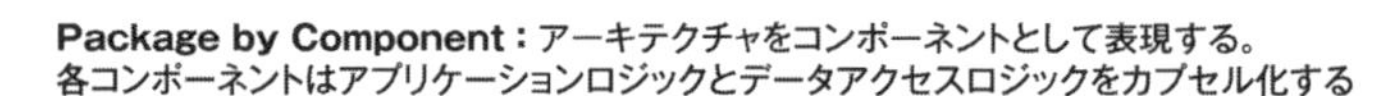

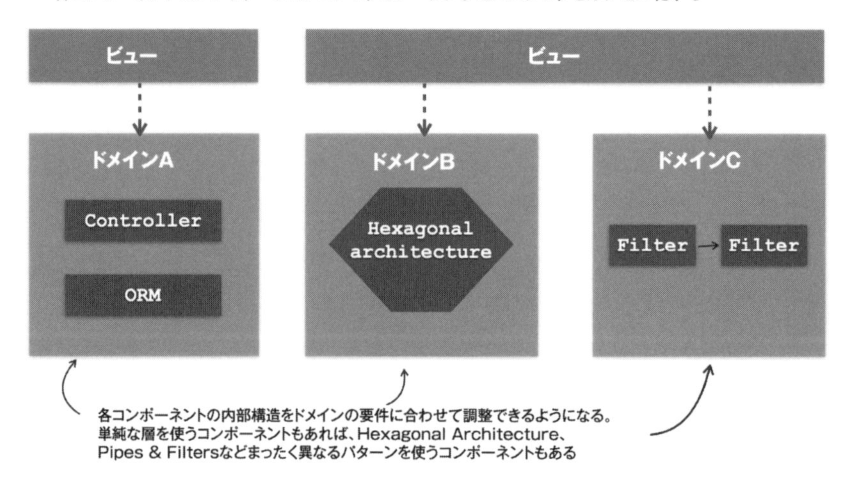

図 10-9：Package by Component パターン

Package by Componentパターンに従えば、力のバランスを取り直すことができます。階層化アーキテクチャでは、機能の範囲や複雑さがどれほど違っていても、その実装方法に違いはありません——どれだけ単純な変更であろうと、複雑な道をたどることになります。「One Size Fits All（それ1つでどんな場合にも通用する）」のまさに逆です。コンポーネントごとにパッケージ化することの美しさは、それぞれのドメインの要件に応じて各コンポーネントの局所的な設計を変更できることにあります。

さらに、コンポーネント化に向けたアーキテクチャの見直しは、サービスベースのアーキテクチャに向かう最初の一歩になります。最終的には（問題がそれを要求すれば）、マイクロサービスに向かう最初の一歩でもあります。密結合のアプリケーションを分解するのは難しいため、ほとんどのシステムでは、技術的リスクを低減する手段として、こうした中間ステップを利用するとよいでしょう（トレードオフの詳細については、*Software Architecture: The Hard Parts: Modern Trade-Off Analyses for Distributed Architectures*［FRSD21］を参照）。

アーキテクチャの見直しを決意した場合は、第9章の9.5節で説明したテクニックが移行の際のガイドとなります。図10-10に示すように、主要なホットスポットのうち最も影響が大きいものから作業を開始し、Change Coupling分析を使って依存関係を特定し、それらを断ち切ってください。

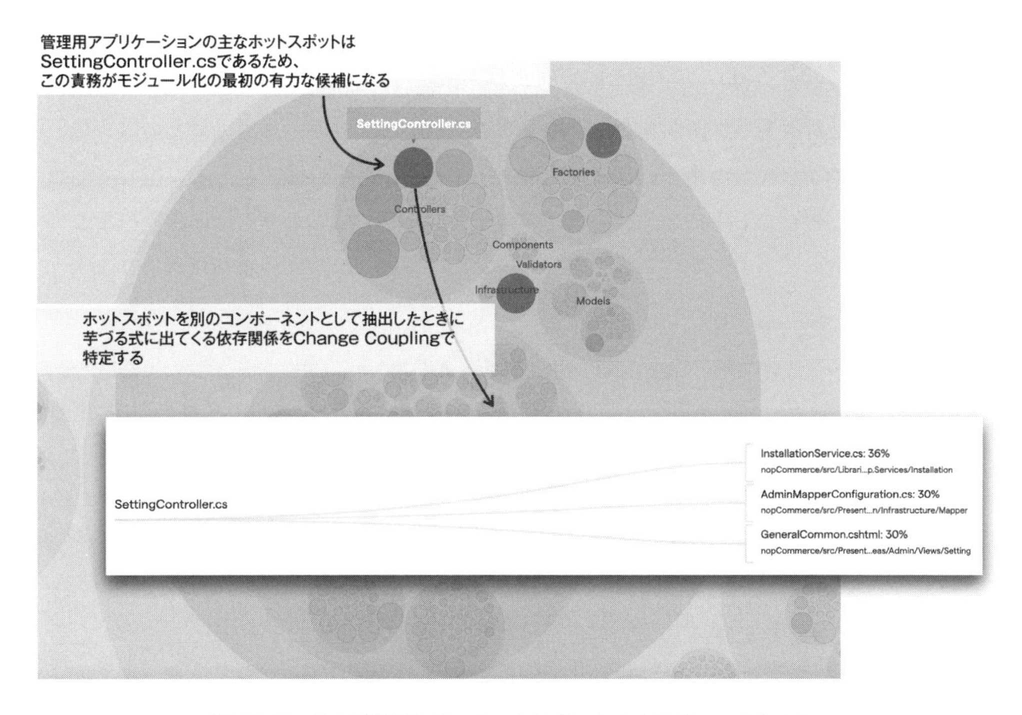

図10-10：最も影響が大きいホットスポットからモジュール化する

コンポーネントの抽出と依存関係の解消のどちらを先に行うのか

既存の構造を分解することから始めてください。そのようにすると、依存関係の解消がより単純になります。関連するコードを切り離したら、新しいコンポーネントを抽出して、適切な構造に作り変えてください。

ただし、**Tactical Forking** パターンによって、もう1つの選択肢が提供されます。このパターンでは、コードベースを複製して新しい独立したコンポーネントを作成した後、必要のないコードをすべて削除していきます。つまり、問題をひっくり返すのです。Tactical Forking は、コンポーネント候補に強く一貫性のない依存関係がある場合や、依存関係を断ち切っている途中で行き詰まってしまった場合の選択肢として役立つかもしれません。

https://faustodelatog.wordpress.com/2020/10/16/tactical-forking/

10.4.6 パターンを魅力的なコードベースの土台にする

本章では、いくつかのパターンを批判してきました。特に非難の対象となったのは、さまざまな階層化パターンでした。だからといって、アーキテクチャパターンやデザインパターンがうまくいかないという意味ではありません。むしろ、その逆です。

ソフトウェアパターンはコンテキスト依存であり、普遍的によい設計を魔法のように提供するわけではありません。設計ループから人間を排除することはできません。本章の最初のほうで、「最も魅力的な顔のパターンは、最も多くの人と結び付くものだ」と説明したことを思い出してください。パターンは、あなたのソフトウェア設計をほかの開発者に理解してもらうための手段になるのです。したがって、ソフトウェアアーキテクチャのパターンには、主に次のような利点があります。

- **パターンはガイドである**
  アーキテクチャの原理原則はシステムとともに進化する可能性が高い。問題解決が反復的なプロセスであることを思い出そう。最初の一連の原理原則として妥当なものについて合意するのは生やさしいことではない。そこで役立つのが、パターンとしてカプセル化された知識である。
- **パターンは知識を共有する**
  パターンは既存のソリューションと経験から生まれる。これまでにないまったく新しい設計は滅多にないので、多くの場合、新しい問題にも適用できるパターンが見つかるだろう。
- **パターンには社会的価値がある**
  建築家・都市計画家であるChristopher Alexander がパターンを形式化したとき、その目的となったのは、共通の語彙に基づく協調的な建築を可能にすることだった。したがって、パターンは技術的なソリューションというよりもコミュニケーションツールである。

- **パターンは推論ツールである**
  第6章の6.1節では、チャンキングについて説明した。パターンはチャンキングを洗練させたものである。パターンの名前は、私たちの長期記憶に格納された知識へのハンドルとなる。パターンは私たちのワーキングメモリを最適化し、問題と解空間のメンタルモデルを進化させるときのガイドとなる。

10.5 マイクロサービスシステムを分析する

2015年以降、**マイクロサービス**アーキテクチャの人気は急速に高まっており、現在では主流のアーキテクチャになっています。つまり、近い将来、レガシーシステムの多くはマイクロサービスアーキテクチャになると考えられます。一歩先回りして、そうしたシステムに出くわしたときに何を分析すればよいかを調べてみましょう。

マイクロサービスのベースとなっている考え方は、古くからあるものです――各パーツを小さく保ち、ほかのパーツと直接関係しないようにし、シンプルなメカニズム（たとえば、メッセージバスやHTTP APIなど）を使ってすべてをつなぎ合わせます。実際には、コードに波かっこが登場して以来、UNIXのベースになっているものと同じ原理です。

マイクロサービスアーキテクチャでは、それぞれの責務（ビジネスケーパビリティ）をサービスとしてカプセル化することを試みます。この原理が暗に伝えているのは、ほかのサービスに影響を与えずに個々のサービスを変更・置換できることが、マイクロサービスアーキテクチャの魅力であることです。実際、Sam Newmanは、その代表作である*Building Microservices, 2nd Edition*［New21］において、マイクロサービスの重要な原則として**独立デプロイ可能性**（independent deployability）を掲げています。

独立してデプロイできるサービスという概念は、マイクロサービスを疎結合に保つ必要があることを示唆しています。アーキテクチャのそうした根本的な原理や原則は監視対象にすべきです。そして、Change Couplingは、このタスクにとってかけがえのないツールです。

だとすれば、境界をまたいで波及し、複数のサービスに影響を与える変更は、最も注視すべき警告のサインです（図10-11）。マイクロサービスを分析するときには、各サービスをアーキテクチャの境界と見なすべきです。変換時に指定するのは、まさにそうした境界です。複数のサービスにまたがる変更パターンが見つかった瞬間に、システムに醜さが忍び込んでいることがわかります。マイクロサービスシステムの望ましい基本特性を出発点として、このテーマにアプローチしてみましょう。

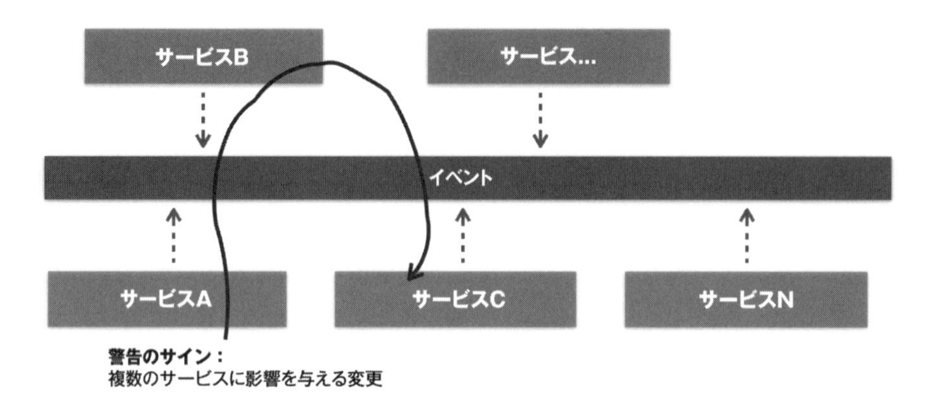

図10-11：複数のサービスにまたがる変更パターン

10.5.1 マイクロサービスシステムでの変更について考える

マイクロサービスシステムの基本特性は、ライフタイムが切り離された、小さな独立したサービス群です。このようなシステムを構築することには、次のような利点があります。

- **独立した開発**
  マイクロサービスは本質的に、それ自体がアプリケーションのようなものである。このため、1つのチームに1つ以上のサービスを担当させることで組織をスケールアップできる。そのようにして、こうしたサービスの開発と管理を、モノリスでは不可能なレベルの独立性を保った上で行えるようになる。複数のチームのコードを同時にデプロイしなければならないモノリスでは、そのようなことは単に不可能である。
- **きめ細かなスケーラビリティ**
  すべてのシステムには、ほかの部分よりも応答時間が重視されるホットパスがある。そうした重要なコードを独自のマイクロサービスに分離すれば、需要に応じて、重要なリソースの追加のインスタンスを動的に開始できるようになる。対照的に、モノリスは全か無かであり、システムにおいてそれほど頻繁に実行されない部分もスケールアップされることになる。使わないものにお金をかけてはならない。
- **テスト可能性**
  たとえば、非同期メッセージングを使ってサービスを疎結合に保つことができれば、各チームがシステムの最小バージョンを起動することで、外部入力とエラー状態を簡単にシミュレートできるようになる。

これらの理由は現在のマイクロサービスの主な推進力であることが多く、そのメリットに疑いの余地はありません。マイクロサービスでは、組織がエンジニアリングチームをスケールアップしながら、デリバリーの高速化を図ることが可能です。ただし——これは重要なことですが——マイクロサービスアーキテクチャの開発と運用には、常に、それに相当するモノリスよりもずっと時間がかかります。したがって、マイクロサービスの1つ目のルールは、マイクロサービスを使わないことです。少なくとも、どうしても必要になるまで使わないでください。マイクロサービスを使わなければならない場合の2つ目のルールは、マイクロサービスを独立した状態に保つことです。密結合はどのようなマイクロサービスシステムにおいても大罪であり、その先には間違いなく醜い驚きが待ち受けています。

図10-12は、密結合サービスの例を示しています。このデータは現実のオンラインゲームシステムのものですが、実際の製品名を伏せるためにサービス名は変更してあります。図10-12からは、このシステムに変更を加えたい場合は、その変更がどのようなものであろうと、複数のサービスを変更しなければならないことがわかります。すべてのものがほかのすべてのものに依存している状態なので、独立したデプロイなど、現実的に不可能です。

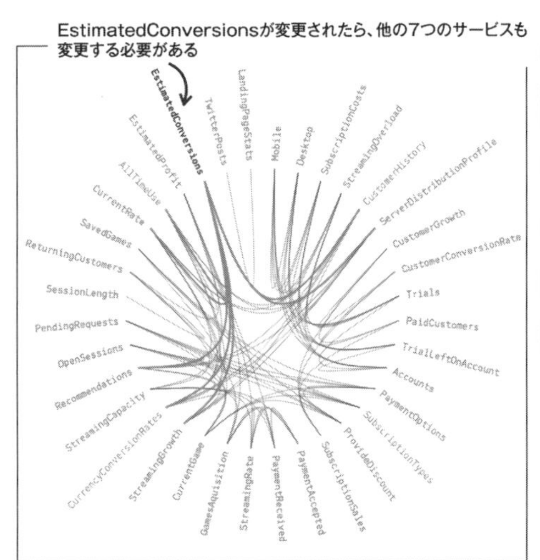

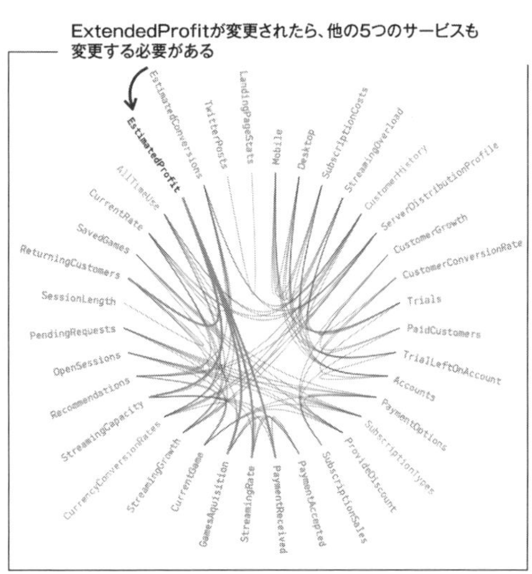

図10-12：密結合サービスの例

密結合のマイクロサービスシステムを構築すると、2つの世界の欠点を組み合わることになります。つまり、モノリスの欠点をすべて引き継いだ上で、分散システムの運用というオーバーヘッドまで抱え込むことになります。そんなことは止めましょう。

密結合に最も共通する理由は、サービスの境界が不適切であることです。マイクロサービスは、前述のモノリシックなPackage by Componentパターンと同様に、ビジネスケイパビリティに基づいている必要があります。この原則の理論的根拠は、変更（新機能またはバグ修正）がドメインレベルで行われることにあります。ドメインの概念とアーキテクチャのコンポーネントが1対1で対応していれば、変更を局所化できます。同期を保つためのオーバーヘッドを最小限に抑えた上で、迅速で安全なデリバリーを実現できます。

では、サービスの境界のどこが間違っているのか

Joe asks

図10-12でサービスの名前を見てみると、細かすぎることがわかります。そうした名前は、オブジェクトやクラスには適していますが、基本的なアーキテクチャコンポーネントを表しているとしたら危険信号です。このシステムでは、分散したオブジェクトが網目状に結び付いているようです。この状態では、チームが特定のビジネスケイパビリティを調整したければ、サービスのクラスタ全体を変更するしかなく、あまりにも高くつきます。

10.5.2　新しいサービスのメンタルモデルを構築する

サービスの境界、チーム、ビジネスケイパビリティのバランスを取ることができれば、ほとんどの変更や拡張はサービスに局所化できるため、単純明快で予測可能なタスクになります。それは何より。ただし、個々のサービスについて考えるのは簡単であっても、システムの新しい振る舞いについて考えるのは、決して単純なことではありません。デバッグの際には、特に苦労することになりがちです。

何かがうまくいかなくなった場合は、その障害に至るまでの一連のイベントを理解しなければなりません。複数のサービスが関与している場合(その中には存在していることすら知らなかったサービスがあるかもしれません)、それらのタスクはエンジニアリングプラクティスというよりも犯罪捜査の様相を呈してきます。最近の強力なロギングツールや診断ツールは確かに助けになりますが、システムのメンタルモデルを構築するという根本的な課題は未解決のままです。

このような理由により、Change Couplingは分散システムのエンジニアにとってかけがえのないツールの1つになります。コードを調べても見つからない情報が、分析によって明らかになるからです。例として、図10-13を見てください。この種の情報は、複雑なシステムの各部分がどのように組み合わされているのかを理解したい場合に役立ちます。

コードベースをよく知っている場合でも、Change Coupling分析によって新たな知見が得られます。場合によっては、問題のある依存関係に関する警告のサインが見つかることもあります。システムのメンタルモデルは徐々に豊かなものになっていきます。ただし、マイクロサービスを分析するときの複雑さの要因の1つは、マイクロサービスが別々のGitリポジトリに配置される傾向にあることです。これはよく見かけるモデルであるため、さっそく調べてみましょう。

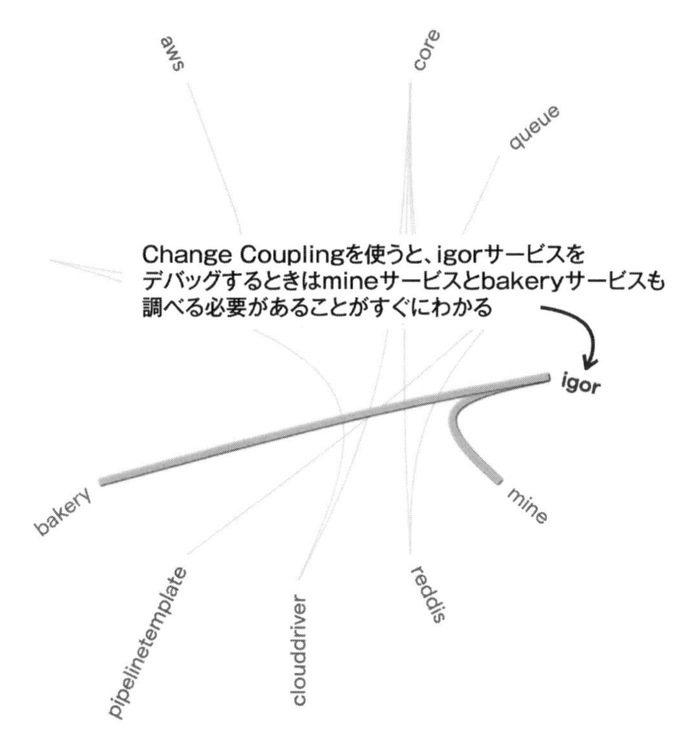

図 10-13：Change Coupling を使ってメンタルモデルを構築する

10.5.3 複数の Git リポジトリにまたがる Change Coupling を追跡する

マイクロサービスが別々の Git リポジトリに含まれている場合、ここまで使ってきたテクニックではうまくいきません。別々のリポジトリで実行されたコミットの間には、何の関係もないからです。この問題を解決するには、さらにもう 1 つのデータソースである製品管理ツールを使う必要があります。

組織では、ほぼ例外なく、Jira、Azure DevOps、Trello などの製品・プロジェクト管理ツールが使われています。これらのツールからの情報を Git データと組み合わせれば、個々のコミットではなく、論理的な変更セットにまで分析のレベルを引き上げることができます。

図 10-14 は、**スマートコミット**を実践する様子を示しています。スマートコミットでは、複数のサービスにまたがって変更情報を保持できます。あとは、同じチケットを参照しているすべてのコミットを論理的な変更セットとしてマージすればよいだけです。Change Coupling アルゴリズム自体は同じままです。実装はより複雑になりますが、結果として得られる情報には、それだけの労力をかける価値が十分にあります。

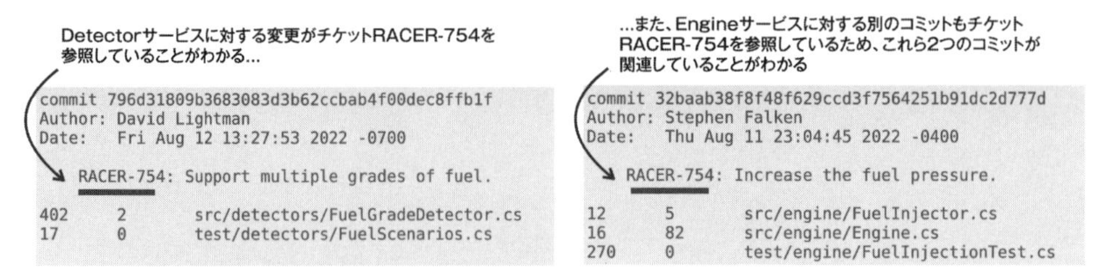

図10-14：スマートコミット

マイクロサービスについては、第3部でもう一度簡単に取り上げます。第14章の14.3節では、アーキテクチャを動かす組織的勢力について見ていきます。ですが、サービスはひとまず措いて、あまり好ましくないアーキテクチャスタイルを調べてみましょう。

10.6　コードから原理原則をリバースエンジニアリングする

ここまでは、アーキテクチャスタイルの例を幅広く見てきました。好都合なことに、あらゆる種類のアーキテクチャの分析、境界の定義、変更パターンの特定、そしてシステムの原理や原則に違反する醜い兆候の洗い出しを同じステップで行ってきました。単純に聞こえますが、推論のベースとなる既存の原理や原則がない場合はどうなるのでしょうか。構造やスタイルらしきものがまったく見当たらない悪夢のようなレガシーコードを引き継いだ場合はどうなるのでしょうか。その場合は、焦点が変わります。どのように変わるのかを見ていきましょう。

10.6.1　大きな泥団子を解明する

すべてのコードベースには、どれだけぐちゃぐちゃのスパゲッティコードであろうと、何らかの原理原則があります。プログラマーには、それぞれ独自のスタイルがあります。それらのスタイルは徐々に変化するかもしれませんが、一貫性を探し出し、そこから発展させていくことができます。

レガシーコードを解読するのに苦労していることに気づいたときに、少し立ち止まって、バージョン管理システムのレコードを調べてみてください。多くの場合は、パターンが見つかります。その情報を、コードを変更するときに学んだことで補ってください。データベースアクセスのほとんどが、`utility`という不適切な名前のモジュールで定義されているかもしれません。GUIのサブ画面が、それぞれ別々のクラスでサポートされているかもしれません。すばらしい、最初の原理原則が見つかりましたね。

リバースエンジニアリングを使ってさらに多くの原理や原則を特定する場合は、それに合わせて本章の分析を調整してください。原理や原則に違反する変更を探してください。それらの原理や原則は理想的なものではないかもしれませんし、システムはあなたが思っていたようなものではないかもしれません。しかし、少なくとも、この要領でシステムの一貫性を評価できるはずです。そのようにして、分析を使って状況を改善すれば、コードがどのように変化していくのかを予想しやすくなります。

10.6.2 親近感と美しさを混同しない

哲学者フリードリヒ・ニーチェがコーディングのことをどの程度知っていたかは定かではありませんが、「深淵をのぞくとき、深淵もまたこちらをのぞいている」という名言からするに、コードが私たちにどのような影響を与えるのかについてはよく知っていたようです。現代の心理学には、**単純接触効果**(mere-exposure effect)という関連する現象があります。単純接触効果とは、私たち人間は何かを見る頻度が高ければ高いほど、その何かに強い親近感を抱くようになりがちだというものです。その何かとは、抽象的な記号かもしれませんし、人間の顔かもしれませんし、特定のコーディングスタイルかもしれません。

ほかの多くの認知的バイアスと同様に、単純接触効果は進化の観点から見て理にかなっています。単純接触効果は、身近な人々――つまり、食卓に食べ物を並べ、夜を安全に過ごせる場所を提供してくれる人々への強い愛着を形成しました。

進化論的生存価値にもかかわらず、こうした現象のせいで、私たちが熟知しているはずのシステムの欠陥や非効率性は見つかりにくくなります。単純接触効果のようなバイアスは、Change Couplingのような客観的な尺度が必要となる、もう1つの理由です※4。システムの欠陥を見つけるためにどうしても必要な別の視点を得るには、そうした別の手立てが必要です。

単純接触効果とプログラミング言語

私たちがどのようにして特定のプログラミング言語に愛着を覚えるようになるのかを考えるのは、興味深いことではないでしょうか。開発者になりたての人が、上位20個の言語を学習し、そのどれかを能動的に選択するなんてことは、まずありません。むしろ、その選択は最初の仕事(「我が社はJava」)によって決まることがほとんどでしょう。ただし、その最初の言語は、私たちのアイデンティティの一部になる傾向にあります。かくして、私たちは、Cプログラマー、C#開発者、またはClojureハッカーになります。それだけというわけではありませんが、単なる接触が私たちの愛着を形成する上で重要な役割を果たしている可能性があります。

※4 [監訳注] 逆に、単純接触効果というバイアスを利用し、美しいコードに多く、あるいは繰り返し何度も接することで、醜いコードに対する違和感を覚えやすくするという方法は有効かもしれない。

10.6.3 早い段階から継続的に分析する

さて、個々の設計要素からアーキテクチャに至るまで、何もかも分析できる新しいスキルが手に入りました。そのアーキテクチャではサポートできない方向にプログラムが進化し始めたら、これらのテクニックを使ってそのことを検知できます。

こうした高レベルの分析の鍵は、アーキテクチャの原理原則に基づいて単純なルールを組み立てることにあります。ルールを組み立てたら、分析を頻繁に実行することで、その結果を早期警報システムとして利用できるようになります。

コードの人的な側面に進む前に、ソフトウェア設計のもう1つの要素である自動テストを調べる必要があります。次章では、このテーマに取り組みます。その前に、本章で学んだ内容を応用して、次の練習問題を解いてみてください。

10.7 練習問題

アーキテクチャのChange Coupling分析の機械的な手順は単純ですが、その結果を解釈するには、練習と経験が少し必要です。次に示す練習問題は、さまざまなアーキテクチャの問題について実践経験を積む機会となります。

10.7.1 マイクロサービスの結合を調べる：DRYかWETか

- リポジトリ：https://github.com/code-as-a-crime-scene/magda
- 言語：Scala、JavaScript、TypeScript
- ドメイン：Magdaは組織向けのデータカタログシステム
- 分析スナップショット：https://tinyurl.com/magda-arch-coupling

マイクロサービスが結合状態になる理由はさまざまです。すべての依存関係が10.5.1項で調べたような直接的なものであるとは限りません。そこでの依存関係の原因は、サービスの境界が細かすぎることにありました。結合に共通するもう1つの原因は、共有コードです。DRY（Don't Repeat Yourself）原則に従って共通の責務をカプセル化すればよいのでしょうか。それとも、コードを複製してWET（Write Everything Twice）原則に従うべきでしょうか。何とも難しい問題です。

図10-15は、Magdaシステムのサービスレベルの Change Couplingを示しています。ここまでの内容に照らして、警告のサインはあるでしょうか。ここでDRYまたはWETを支持する理由を説明できた人には、ボーナスポイントが与えられます。

図 10-15：Magda システムのサービスレベルの Change Coupling

10.7.2 モノリスを分解する

- リポジトリ：https://github.com/code-as-a-crime-scene/nopCommerce
- 言語：C#
- ドメイン：nopCommerce はｅコマースソリューション
- 分析スナップショット：https://tinyurl.com/nopcommerce-hotspots-map

10.4.5 項では、ホットスポットと Change Coupling を使って、アーキテクチャを分解するときのガイドとなる情報をどのように特定できるかを確認しました。同じ戦略を使って（関心の分離ならぬ）関心の依存を明らかにすることで、`OrderController.cs` と関連する機能を別のコンポーネントに抽出してください（図 10-16）。

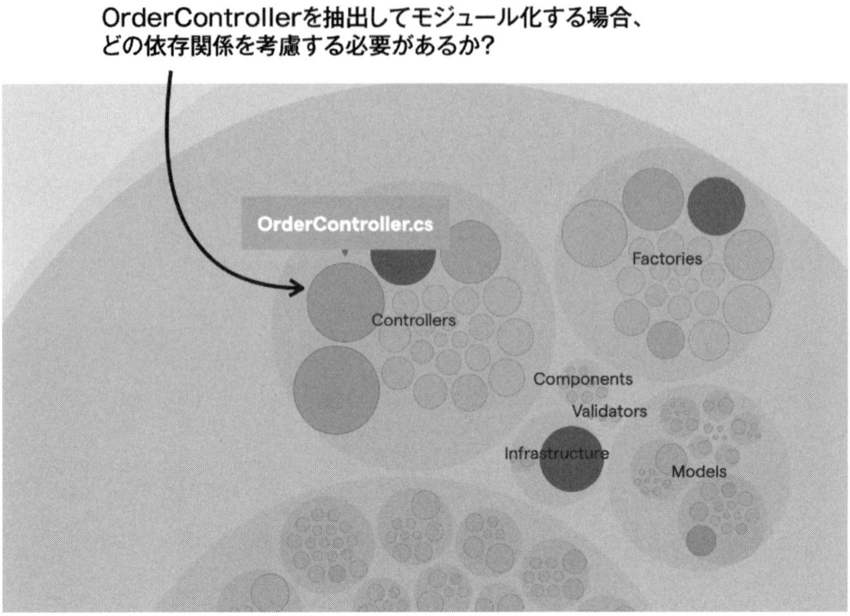

OrderControllerを抽出してモジュール化する場合、
どの依存関係を考慮する必要があるか?

図10-16：OrderController.csと関連する機能をコンポーネントとして抽出する

10.7.3　醜いコードを美しくする

この練習問題では、特定のリポジトリを調べるのではなく、設計に共通する問題について考えます。

本章では、ソフトウェアアーキテクチャレベルでの美しさの原理について説明しました。しかし、醜さがないことが美しさであるという概念は、リファクタリングの選択肢を洗い出すのにも役立ちます。次のコードを見てください。

```
void persistStatusChange(
  final Status newStatus,
  final Boolean notifyClients) {

  persist(newStatus);

  if (notifyClients) {
    sendNotification(allClients, newStatus);
  }
}
```

`Boolean`型のパラメータを使ってメソッドの実行フローを制御している点に注目してください。専門用語では**制御結合**(control coupling)と呼ばれ、コードに潜む一般的な醜さを表します。

制御結合の主な問題点は、カプセル化が無効になることです。クライアントに通知するためのロジックの存在が、クライアントにばれてしまいます。制御結合は、当然ながら、凝集性の低下にもつながります。制御結合されたメソッドには、true/false実行パスで表される少なくとも2つの責務があるからです。

しかし、notifyClientsをどうしても実行する必要がある場合はどうなるのでしょうか。よい質問です。先のコードをあなたならどのようにリファクタリングしますか。選択肢がいくつかあるので、付録Aを自由に調べてください。

第11章

隠れたボトルネックを明らかにする：デリバリーと自動化

アーキテクチャレビューについて説明したところで、進化するシステムを、その中核的なパターンを基準として調べる方法がわかりました。この知識をもとに、今度は同じテクニックを使ってサポートコードを検査します。サポートコードとは、品質を損なうことなく新しいタスクを実装して配布できるようにするコードのことです——そう、テストの自動化です。

自動テストは比較的新しい分野であり、コミュニティとしては、テストをメンテナンス可能な状態に保つために必要なパターンを完全に捕捉できていない状態かもしれません。そうした課題に加えて、多くの組織では、テストは依然として後付けであり、まるで隠れたアーキテクチャ層であるかのようです。そういった状況では、システムについて論理的に考えるのが難しくなり、メンテナンスは必要以上に難しくなります。

本章では、こうした隠れたアーキテクチャ層に光を当て、自動テストに問題が起きていることを検知するための早期警告システムのセットアップ方法を調べます。その過程で、問題解決はもちろん、問題開発がプログラミング、テスト、計画とどのような関係にあるのかについても学びます。システムには、どのような秘密が隠されているでしょうか。さっそく調べてみましょう。

11.1 アーキテクチャの内容を理解する

暗い街角で誰かが近づいてきて、ソフトウェアアーキテクチャに興味があるかと尋ねてきたとしたら、おそらくその人物は図表を取り出してくるでしょう。それはUMLのような図で、データベースを表す円柱と線で結ばれた多くのボックスが描かれています。それは構造であり、理想的なシステムの静的なスナップショットです。

しかし、アーキテクチャは構造という範疇を超えたものであり、特定のモジュールのコレクションではなく、一連の原理原則として扱うべきものです。大規模なシステムの推論とナビゲーションに役立つ原理原則としてアーキテクチャを捉えてみましょう。そうした原則への違反は、システムが理解しにくくなるため、高くつきます。同時に、システムに醜さが忍び込みます。

第9章の9.1節の苦労話を思い出してください。その例では、自動システムテストがデータストレージに依存していました。失敗に終わったほかの多くの設計と同様に、この設計も高い志を持って始まったものでした。

最初のイテレーションは順調でした。しかし、新しい機能の実装にコストがかかり始めたことに気づいたのは、それからすぐのことでした。単純な変更だったはずのものが、突如として、**複数**の高レベルのシステムテストの更新を必要とするようになったのです。そうしたテストスイートは変更を困難にするため、逆効果です。これらの問題はChange Coupling分析で見つかりました。ただし、将来に同様の問題が発生するのを防ぐために、テストのまわりにセーフティネットが構築されるように担保しました。なぜそのようにする必要があるのでしょうか。

11.1.1 自動テストをアーキテクチャ層として捉える

自動テストが主流になりつつあることは、有望な傾向です。日常的なタスクを自動化すれば、人間は（デリバリーする機能を調査・評価する）実際のテストに集中できるようになります。テストを自動化すると、システムに対する変更も予測しやすくなります。テストはソフトウェアを変更するときのセーフティネットになります。また、スクリプトを通じて知識が共有され、さらなる開発の原動力になります。テスト自動化は（あらゆるレベルにおいて）**継続的デリバリー**の前提条件であり、それによって質の高いソフトウェアを日々リリースできるようになります。

こうした利点は誰もが知っていますが、テスト自動化のリスクとコストが話し合われることは滅多にありません。特にシステムレベルの自動テストは、正しく行うのが難しいことでよく知られています。そして失敗すれば、これらのテストは時間の無駄になり、実際の進捗もすべて止まってしまいます。

テストスクリプトもアーキテクチャですが、それにもかかわらず無視されがちです。アーキテクチャの境界と同様に、よいテストシステムは詳細をカプセル化するはずであり、テスト対象のコードの内部に依存しないはずです。テスト自体に影響を与えることなく、リファクタリングしたいところです。ここで間違えると、テストスイートによって提供されるはずだったセーフティネットに、徐々に大きくなっていく穴が開いてしまいます。

技術的なメンテナンスの課題もさることながら、このようなテストはコミュニケーションと同期のオーバーヘッドを大幅に増加させます(図 11-1)。開発者は互いの変更を台無しにするリスクを負うことになります。

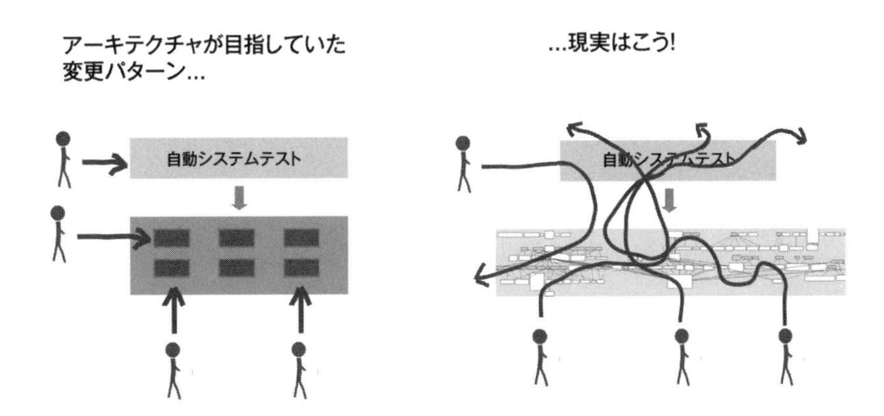

図 11-1：テスト自動化のデスマーチ

このようなことが起きる理由は2つあります。1つ目の理由として、テスト作業はアーキテクチャの境界に沿って組織化される傾向があり、複数の開発者が別々の機能に並行して取り組めるようになるものの、その一方でテスト層のChange Couplingの量が過剰な場合はテストが同期のボトルネックになってしまうということが挙げられます。もう1つは、テストの変更にコストがかかると、タスクの完了が長引いてしまうことです。タスクがオープンになっている時間が長引くほど、ほかの人が同じコードに触れる可能性が高くなり、そのコードに対する変更が競合するかもしれません。

私たちが選択するアーキテクチャは、私たちが行う変更の種類をサポートしているものでなければなりません。そして、自動テストはほかのサブシステムと何ら変わりません。そうした特性をどのようにして調べるのかを見ていきましょう。

11.2 テストコードのターゲットをプロファイルする

ホットスポットはぽつんと存在するメンテナンスのボトルネックを発見するのに役立ちますが、調査の範囲をホットスポットに限定するのは間違いです。ホットスポットの不健全なコードが、システムの別の部分――場合によっては遠く離れた部分にも波及するのはよくあることです。

こうした課題には、地理的犯罪者プロファイリングの発達に通じるものがあります。初期のプロファイリングでは、距離の減衰の概念――つまり、犯罪者は自宅から遠く離れた場所では犯行におよばないという考えが採用されていました。しかし、その後の研究では、**機会構造**（opportunity structure）※1も考慮すれば、プロファイリングの精度を改善できることが示唆されています。犯罪学では、機会構造は潜在的なターゲットの魅力を表します。たとえば泥棒にとっては、リスクを最小限に抑えられる薄暗い辺鄙な場所のほうが魅力的かもしれません（プロファイリングの精度の改善については、*The usefulness of measuring spatial opportunity structures for tracking down offenders*［Ber07］を参照）。

目的に基づいてコードを変更するソフトウェア開発は、それとは明らかに異なります。とはいえ、似ている点もあります。出発点はホットスポットかもしれませんが、クリーンなテストアーキテクチャを維持できなければ、コード犯罪の新たな複数のターゲットが残されてしまいます。移動する犯罪者と同様に、これらの問題は空間的に分散していて、複数のチームが関与している可能性があるため、それらを検出するのはもっと難しいかもしれません。では、アプリケーションコードに変更があった場合、ほかに何を更新すればよいのでしょうか。また、そうした改訂のコストはどれくらいなのでしょうか。

幸いなことに、ソフトウェアアーキテクチャを分析するときと同じテクニックを使って、こうした質問に答えることができます。唯一の違いは、分析のレベルです。ここでは、本番コードとテストコードという2つの主な境界のみに着目します。よく知られているJavaフレームワークの例を見てみましょう。

11.2.1 アーキテクチャの境界を指定する

Spring Bootは、Java開発者がマイクロサービスなどのスタンドアロンアプリケーションを作成するのに役立つバックエンドフレームワークです※2。このプロジェクトは、テストの自動化に複数のレベルで投資しています。たとえば、低レベルの設計を検証するユニットテスト、コードが正常

※1　［監訳注］経済資本・人的資本・社会関係資本・制度資本といった個人が獲得しているまたはアクセスできる資源には差があるため、機会にアクセスできる程度に差が出てくるという概念のこと。ここでは、犯罪を犯す機会が生じる程度にも個人差があり、地理的条件のみが同じであっても、たとえばスラム街と高級住宅街では犯罪につながる可能性は異なるといったことを説明する言葉として援用している。

※2　https://github.com/code-as-a-crime-scene/spring-boot

に動作することを確認する統合テストとシステムテスト、デグレードを捕捉するためのスモークテスト※3スイートなどが含まれています（図11-2）。

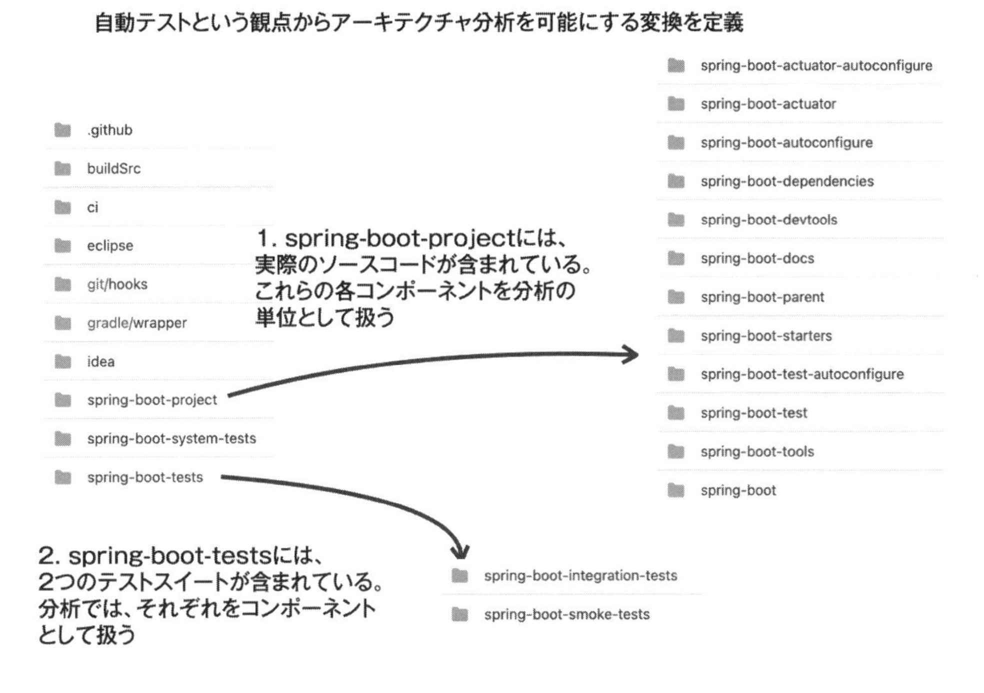

図11-2：Spring Bootでのテスト自動化

11.2.2　分析結果を解釈する

コードベースを分析するには、まず、分析の対象となるアーキテクチャ境界を定義します。図11-2に示したように、これらの境界をソースコードの構造に従って定義し、システムレベルのテストも含まれるようにします。続いて、前章と同じようにChange Coupling分析を実行します。さっそく結果を見てみましょう※4。

図11-3は、Spring BootのコンポーネントにまたがるChange Couplingを示しています。この情報から、テスト自動化という観点からのメンテナンス作業について、どのようなことがわかるでしょうか。

※3　[監訳注] 全テストケースの中でも必須なものを中心に本格的なテストの前に行う、予備的なテストのこと。主要機能を網羅するが、細かな点は無視する。

※4　https://tinyurl.com/springboot-arch-coupling

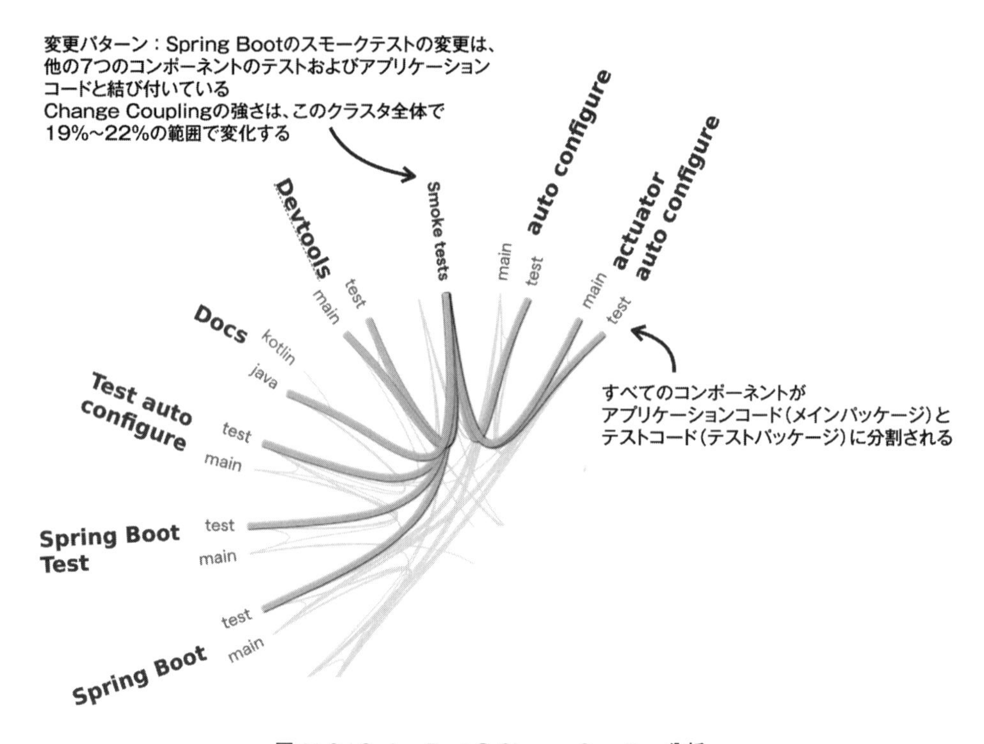

図 11-3：Spring Boot の Change Coupling 分析

確かに、7つのコンポーネントがスモークテストと一緒に進化するように見えるため、影響力の大きい依存関係がありそうです。そのこと自体は、実際にはよい兆候かもしれません——テストが最新の状態に保たれていて、コードが進化するときに新しいスモークテストが記述されているということも考えられます。ただし、そうではないとしたら、これらの結果はスモークテストが実装の内部と結び付いていることを示唆しています。

このプロジェクトに参加していたとしても、全容を把握するのは難しいかもしれません。潜在的な問題を診断するのに役立ち、将来のテスト自動化のセーフティネットとなるテクニックを見てみましょう。

コミットレベルでの Change Coupling だけでは不十分かもしれない

多くの組織では、システムレベルのテストを行うのは別のチームです。つまり、コミットレベルの Change Coupling だけでは、依存関係があったとしても見つかりません。同様に、残りのコードが記述されるまで統合テストとシステムレベルのテストを先送りする開発者がいるかもしれません。どちらの状況でも、第 10 章の 10.5.3 項で説明したように、より高レベルの情報に基づいて個々のコミットを論理的な変更セットに変換することが解決の糸口となります。

11.3 自動テストのセーフティネットを作成する

第9章の9.5.3項で、構造の劣化を監視したことを覚えているでしょうか。自動テストでも、同じようなセーフティネットをセットアップすることにします。

このセーフティネットは、アプリケーションコードとテストコードの間の変更率に基づいています。第1部で行ったホットスポット分析と同様に、変更頻度を分析することで、この指標を割り出します。

11.3.1 すべてのイテレーションでテストを監視する

変更頻度の指標をトレンド分析に変えるには、サンプリングの間隔を定義する必要があります。筆者が推奨するのは、イテレーションごとにサンプルポイントを取得することです。継続的デリバリーを行っている場合は、少なくとも週に1回の割合で取得します。納期が間近に迫っているなど、開発が追い込み期間に入っている場合は（納期が近いと人々の一番悪いところが出ます）、ビルドパイプラインの一部として分析を毎日実行します。

サンプルポイントを取得するには、変換を指定し、そのレベルでホットスポット分析を実行します。リポジトリの1つで実際に試してみてください。Code Maatを使う場合は、アーキテクチャの変換を指定するファイルを使って、revisions分析を実行するだけです。

```
$ maat -l git_log.txt -c git2 -a revisions -g src_test_boundaries.txt
entity, n-revs
Code,   153
Test,   91
```

この例では、この開発期間中に153件のコミットでアプリケーションコードが変更され、91件のコミットでテストコードが変更されたことがわかります。サンプルポイントを一定の間隔で収集すれば、すぐに傾向がつかめるはずです。共通するパターンをいくつか調べて、何がわかるかを見てみましょう。

11.3.2 変更パターンからテストについて考える

図11-4は、あなたが遭遇すると思われる典型的なパターンを示しています。それぞれのケースは、アプリケーションコードと比較してテストコードがどれくらい速く進化するのかを示しています。なお、ここではシステムレベルのテストの話をしていることに注意してください。

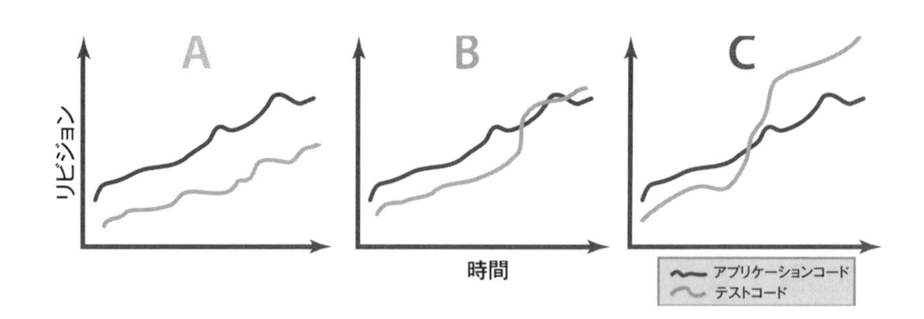

図11-4：アプリケーションコードとテストコードの進化の比較

ケースAの変更率は、理想的です。テストコードは有効な状態に保たれ、アプリケーションコードと同期しています。作業量のほとんどはアプリケーションコードに費やされています。

ケースBは、警告のサインです。テストコードを変更する理由が、突如として増えています。このパターンが見つかった場合は、調査が必要です。もちろん、テスト関連の作業が急増したのには、もっともな理由があったのかもしれません。おそらくテストコードで集中的なリファクタリング作業を行っていたのでしょう。その場合は想定内のパターンなので、問題はありません。しかし、明らかな理由が見つからない場合は、開発作業がテストスクリプトのメンテナンスに飲み込まれてしまうおそれがあります。この問題については、後ほど詳しく見ていきます。

ケースCは、おそろしい状況です。アプリケーションコードよりもはるかに多くの労力がテストコードに費やされています。このシナリオに気づくのは、モジュールに局所的な変更を加えていたはずが、突然いくつかのテストケースが失敗してビルドがうまくいかなくなったときです。このシナリオは長いビルド時間（数時間から数日単位）とセットのようです。つまり、フィードバックが長期間にわたって分散するため、問題解決にかかるコストがさらに高くなります。最終的には、作業の品質、予測可能性、生産性が低下することになります。

11.4　自動テストのデスマーチを回避する

筆者は、この10年間、テストを自動化しようとして失敗するのを幾度となく見てきました。前節で取り上げた警告のサインに遭遇した場合は、テストコードでChange Coupling分析を実行し、ホットスポット分析の結果と組み合わせて、対処しなければならない問題を突き止めてください。

ただし、警告のサインを待っている必要はありません。一度テストがスローダウンし始めたら、軌道修正には時間がかかります。事前にできることは、いろいろあります。要点を具体的に示すために、ケーススタディとして、コードの健全性を調べてみましょう。コードの健全性は第7章の7.2節で説明した概念ですが、今回はテストコードとアプリケーションコードの比較に使います。

このケーススタディでは、Spring Bootに戻ります。図11-5は健全なコードベースを示しているように思えます。Redコードはまったく見当たりません。これは期待できそうですが、テストファイルがアプリケーションコードよりも大きく、その分だけ問題も多そうであることがわかるでしょうか。これは警告のサインです。テストコードのホットスポットの1つであるAbstractServletWebServerFactoryTests.javaのコードを調べてみましょう。

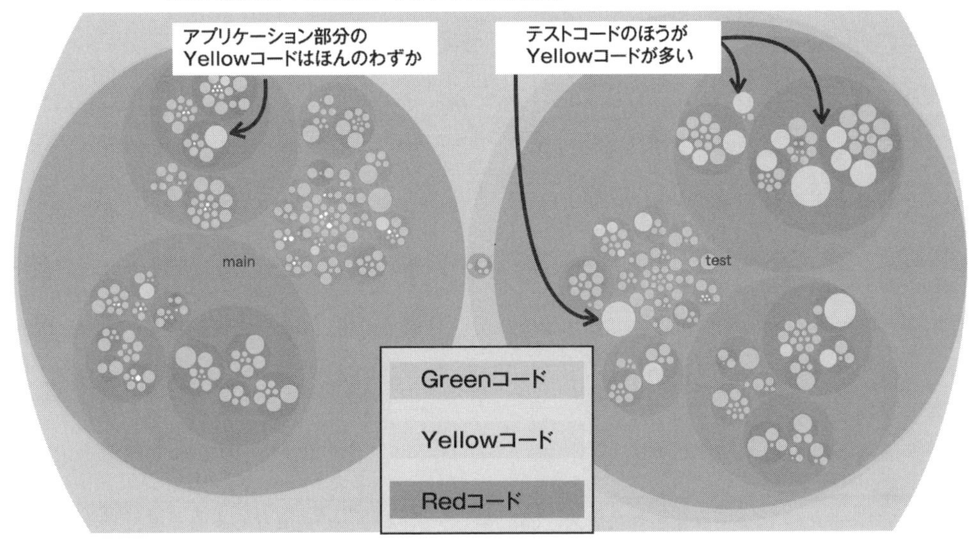

図11-5：Spring Bootのテスト部分のホットスポット

図11-6を見てわかるように、テストの間でコードと知識の両方が重複していることは明らかです（これは1つの例にすぎません。練習問題では、さらに例を示します）。ここでの問題は、アプリケーションコードの関連する部分を変更するたびに、複数のテストを更新しなければならないことです。変更を1つでも忘れれば、ビルドが通らなくなります。もちろん、ユニットテストでは（かなり高速に実行できるので）それほど問題ではありませんが、システムテストの統合といった高レベルのテストでは悲惨な結果になります。

AbstractServletWebServerFactoryTests.javaテストスイート内の
ロジックが重複している
違いはgetSsl()メソッドに渡される引数だけ
@Test
void sslWantsClientAuthenticationSucceedsWithoutClientCertificate() throws Exception {
AbstractServletWebServerFactory factory = getFactory();
addTestTxtFile(factory);
factory.setSsl(getSsl(ClientAuth.WANT, "password", "classpath:test.jks"));
this.webServer = factory.getWebServer();
this.webServer.start();
SSLConnectionSocketFactory socketFactory = new SSLConnectionSocketFactory(
new SSLContextBuilder().loadTrustMaterial(null, new TrustSelfSignedStrategy()).build());
HttpComponentsClientHttpRequestFactory requestFactory = createHttpComponentsRequestFactory(socketFactory);
assertThat(getResponse(getLocalUrl("https", "/test.txt"), requestFactory)).isEqualTo("test");
}
@Test
void basicSslFromClassPath() throws Exception {
testBasicSslWithKeyStore("classpath:test.jks");
}
@Test
void basicSslFromFileSystem() throws Exception {
testBasicSslWithKeyStore("src/test/resources/test.jks");
}
protected final void testBasicSslWithKeyStore(String keyStore) throws Exception {
AbstractServletWebServerFactory factory = getFactory();
addTestTxtFile(factory);
factory.setSsl(getSsl(null, "password", keyStore));
this.webServer = factory.getWebServer();
this.webServer.start();
SSLConnectionSocketFactory socketFactory = new SSLConnectionSocketFactory(
new SSLContextBuilder().loadTrustMaterial(null, new TrustSelfSignedStrategy()).build());
HttpComponentsClientHttpRequestFactory requestFactory = createHttpComponentsRequestFactory(socketFactory);
assertThat(getResponse(getLocalUrl("https", "/test.txt"), requestFactory)).isEqualTo("test");
}

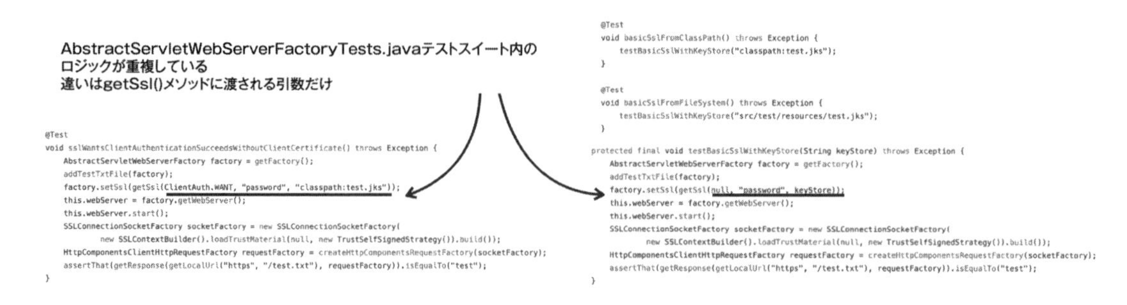

図 11-6：テストの間でコードと知識の両方が重複している

11.4.1　パラメータ化されたテストを使って重複を減らす

コードの重複についてはこの後すぐに説明しますが、その前に、このコードをどのようにリファクタリングすればよいのかを考えてみましょう。

図 11-7 は、重複を取り除くリファクタリングの例を示しています。このリファクタリングは**パラメータ化されたテスト**に基づいています。テストをパラメータ化すると、異なる入力引数に基づいて同じテストロジックを再利用できます。この設計では、変化する概念（入力引数として使われる SSL 証明書）を共通する部分（テストロジック）から切り離すことができます。この分離はよいソフトウェア設計のベースとなるものですが、テストでは無視されがちです。少し時間をかけて、なぜそうなるのかを見ていきましょう。

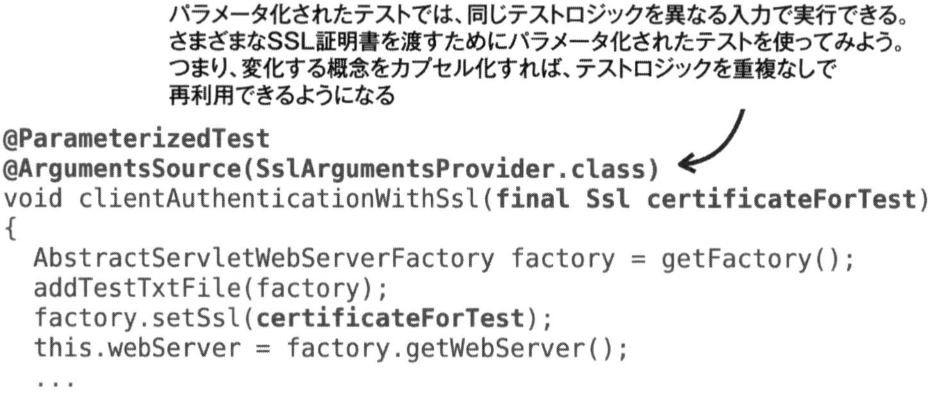

パラメータ化されたテストでは、同じテストロジックを異なる入力で実行できる。
さまざまなSSL証明書を渡すためにパラメータ化されたテストを使ってみよう。
つまり、変化する概念をカプセル化すれば、テストロジックを重複なしで
再利用できるようになる
@ParameterizedTest
@ArgumentsSource(SslArgumentsProvider.class)
void clientAuthenticationWithSsl(final Ssl certificateForTest)
{
AbstractServletWebServerFactory factory = getFactory();
addTestTxtFile(factory);
factory.setSsl(certificateForTest);
this.webServer = factory.getWebServer();
...

図 11-7：テストのパラメータ化

11.4.2　テストコードは単なるテストコードにあらず

テスト自動化と、その遠い親戚であるテスト駆動開発（TDD）は、現在では広く使われています。しかし、これらがソフトウェア開発のメインストリームに押し上げられたのは、ごく最近のことです。このため、よいテストとは何か、何がうまくいき、何かうまくいかないのかを私たちコミュニティは学んでいる最中かもしれません。有名な例を使って、この点を具体的に見ていきましょう（この例もインタラクティブにアクセスできます※5）。

Roslynは、C#コンパイラとVisual Basicコンパイラの実装と、ツールを記述するためのAPIからなるプラットフォームです。Roslynは大規模なコードベースであり、そのコードは600万行におよびます。.NETチームはテストの自動化にも多大な投資をしています。

その中を覗いてみましょう（図11-8）。

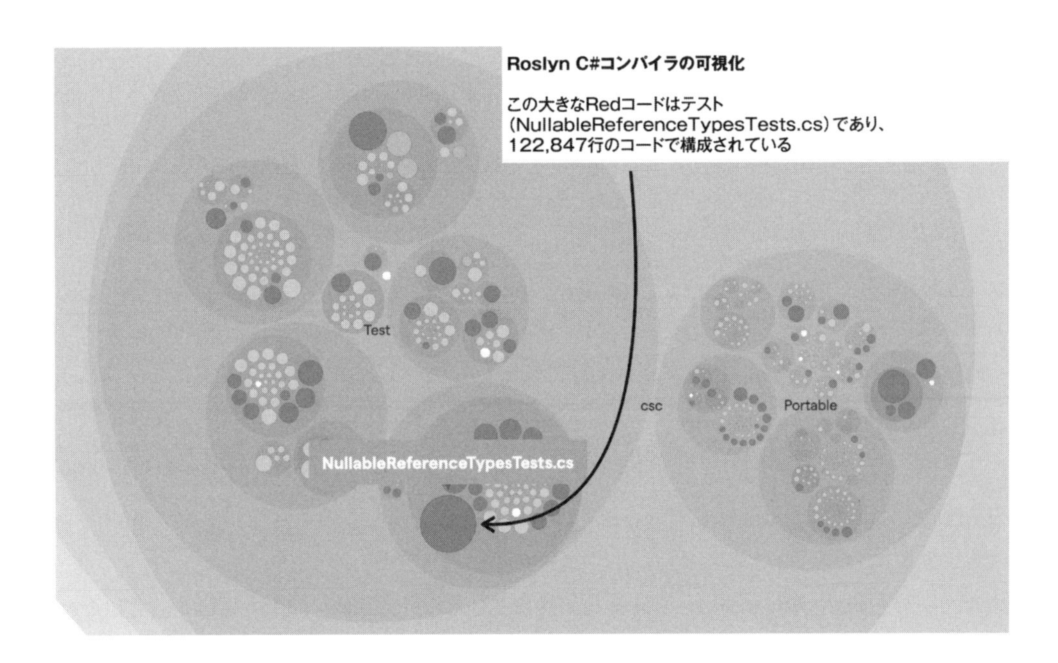

図11-8：RoslynのC#コンパイラ

テスト部分に`NullableReferenceTypesTests.cs`という大きなRedコードがあることがわかります。このテストスイートだけで12万行を超えるコードが含まれていますが、ソースコードをざっと調べてみると、重複がいくつか見つかります。そうした重複があると、コードが理解しやすくなるどころか、かえって理解しにくくなります。

※5　https://tinyurl.com/roslyn-code-health

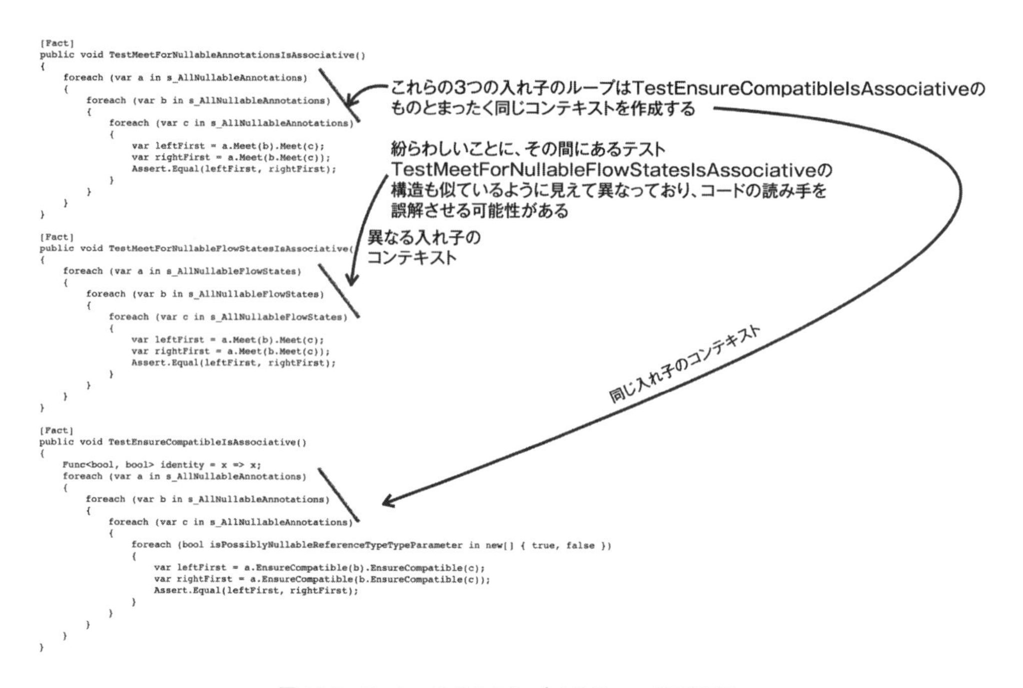

図 11-9：Roslyn の C# コンパイラのコードの重複

さて、筆者が自分の主張を通したくて Roslyn のホットスポットのような極端な例を挙げたのではないか？と思っているかもしれません。そのとおりです。しかし、それには理由があります。筆者は、この 10 年間、おそらく 300 以上のコードベースを分析してきました。それらの分析のすべてで、開発者が DRY 原則を――アプリケーションコードでは――かなり意識していることが見て取れました。それがテストコードでは、そうでもなかったのです。というわけで、筆者が見つける最悪の技術的負債のいくつかは、Roslyn プラットフォームで見つかったものと同様に、テストで見つかる傾向にあります。

テストコードを「単なるテストコード」として扱うことの誤りについては、すでに説明したとおりです。生産性の観点からすると、あなたが作成するテストスクリプトは、あなたが作成するアプリケーションコードとまったく同じように重要です。そして、自動テストの技術的負債もまったく同じようにトラブルの兆候です。アプリケーションコードに 12 万行ものモンスターが存在するだなんて、決して受け入れられませんよね？

もちろん、テストを抽象化しすぎると理解するのが難しくなるという反論は常にあります。しかし、「まったく抽象化しないこと」と「抽象化しすぎること」の間に大きな隔たりがあるのも事実です。アクロバティックな抽象化に走りすぎることなく、テストの抽象度に注意を払うことができる中間点があるのではないでしょうか。繰り返しになりますが、11.4.1 項で紹介したパラメータ化されたテストは、このバランスを取るための、ほとんど活用されていないツールです。

120,000 行のコードがあったらほかにどんなことができるか

1 つのテストスイートに 120,000 行ものコードが含まれているなんて驚きです。参考までに言うと、アポロ 11 号のガイダンスコンピュータのソースコード全体でも、わずか 115,000 行です。C# で null 許容参照型を実装するのは、月面着陸よりも難しい問題に思えます。敬意を表します。https://github.com/code-as-a-crime-scene/Apollo-11

11.4.3 テストの基準をカプセル化する

ほぼすべての自動テストには、テストの結果を検証するためのアサーションが含まれています（テストにアサーションが含まれていないとしたら、それらは単にコードカバレッジの指標をごまかすためのものでしょう。11.5.3 項を参照してください）。多くのコードベースでは、こうしたアサーションは反復的で、漏れのある抽象化になりがちです。Roslyn のもう 1 つのテストスイートである `EditAndContinueWorkspaceServiceTests.cs` を調べて、このことを実際に確認してみましょう（図 11-10）。

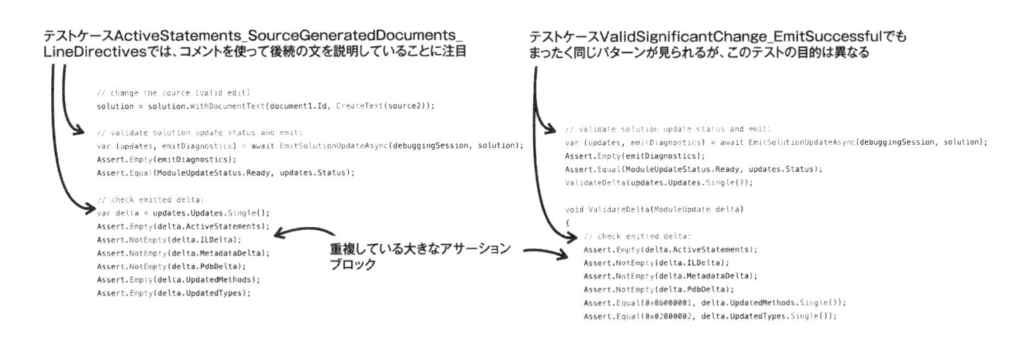

図 11-10：Roslyn のアサーションの臭い

図 11-10 から、決してばかにできない大きなアサーションブロックがテストスイート全体にわたって重複していることは明らかです。これもまた、非常によく見かけるテストの臭いです。このテストスタイルの問題点は、a) テストの意図が理解しにくくなること、そして、b) 重複があるためにテスト基準が変更されたときに該当箇所の更新漏れがいとも簡単に起きてしまうことです。

重複するアサーションブロックの臭いは、カプセル化に問題があることの典型的な例です。解決策は簡単です。テスト基準をわかりやすい名前のカスタムアサーションにカプセル化し、テストで必要になったときにカスタムアサーションを再利用することです。そのようにすれば、コードにコメントが付いていなくても意図が明らかになります。テストデータは、ほかの実装上の詳細と同じように、カプセル化しなければなりません。

11.4.4　テストでの重複するコードの使用を評価する

私たちプログラマーがコピー＆ペーストコードを嫌うようになったのには、ちゃんとした理由があります。コピー＆ペーストによってコードの変更が難しくなることは誰もが知っています。コピーしたコードの更新を忘れたり、同じコードをいくつもコピーしていて更新漏れが発生したりするリスクから常に逃れられないからです。しかし、この話にはもう少し続きがあります。

悪いところがまったくない設計などは存在せず、設計にはトレードオフがつきものです。リファクタリングによって重複の兆候をすべて容赦なく取り除けば、コードの抽象度が上がります。そして抽象化とは、削ることです。この場合は、理解しやすさと引き換えに、変更の局所性が手に入ります。

Change Couplingは、あなたが望んでいないコピー＆ペーストと、あなたが許容できるコードの重複とを区別する手段となります。一緒に変更されるテストスクリプトの集団を突き止めると、そこで深刻なコピー＆ペーストコードが見つかるはずです。これは影響力の大きいコピー＆ペーストであり、リファクタリングが必要です。

最後に、コードと読むことと書くこととでは、設計に課される要件が異なることに注意してください。細かい区別ですが、重要です。2つのコードが似ているからといって、同じ抽象化を共有すべきであるとは限りません（DRYは知識に関するものであり、コードに関するものではないことを覚えておいてください）。

コードと知識の重複を区別する

問題領域の概念と解領域の概念の違いについて考えてみましょう。2つのコードが似ているように見えても、異なる問題領域の概念を表す場合は、おそらくコードの重複をそのまま受け入れるべきです。この2つのコードは異なるビジネスルールを表現するため、進化の速度や分岐の方向が異なります。一方、技術的なソリューションを構成しているコードに関しては、重複は避けたいところです。

テストはこの2つの世界のバランスを保ちます。テストは問題領域の概念を表す多くの暗黙的な要件を定義します。そのことをテストの読み手にも伝えたい場合は、テストで十分なコンテキストを提供する必要があります。その過程で重複したコード行を少し受け入れるくらいが、うまくいくコツかもしれません。

11.5 人間による問題解決のための設計

ここまでは、よくあるテストコードの臭いをいくつか見てきました。後から考えてみれば、こうした臭いはわかりきったことに思えるものばかりです。それなら、適度な抽象化を最初から選択すればよいのではと思うかもしれません。残念ながら、そう簡単にはいかないものです。問題解決の意味合いが強いプログラミングとは対照的に、人間による問題解決には、ある程度の実験が必要です(図 11-11)。

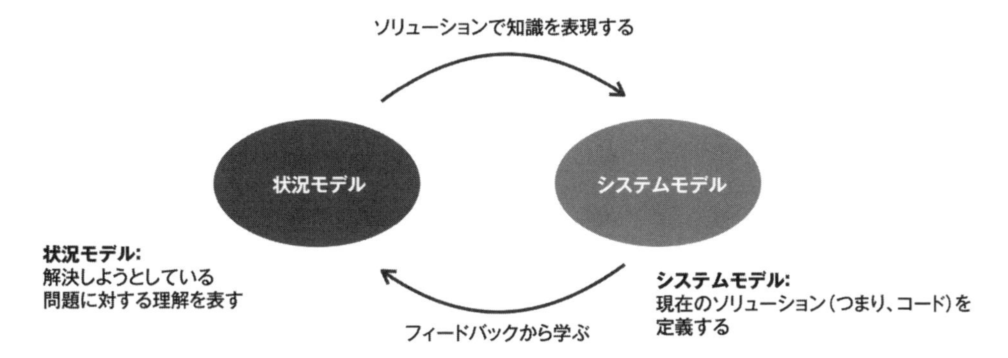

図 11-11：人間による問題解決

図 11-11 は教育心理学のモデルを表しています(*Understanding and Solving Word Arithmetic Problems* [KG85])。私たちプログラマーも教育者と同じ課題に直面しています。つまり、私たちがいなくなった後にコードを引き継ぐすべてのプログラマーに知識を伝えなければならないということです。その知識は、2つのメンタルモデル間の反復プロセスによって構築されます。

- **状況モデル**
  問題について知っているすべてのことと、既存の知識および問題解決戦略が含まれる。
- **システムモデル**
  ソリューション(この場合はコード)の詳細な仕様。

最初は、問題に関する不完全な知識があります。その知識をコードで表現すると、フィードバックが得られます。そのフィードバックによって状況モデルが拡張され、システムモデルが改善されます。つまり、人間による問題解決は本質的に反復的です。人間は行動を起こすことによって学習します。それはまた、コードが最終的にどこに行き着くかを事前には知り得ないことも意味します。

この問題解決のモデルにより、よい設計の条件を次のように定義できます——よい設計とは、2つのメンタルモデルが呼応するようなソリューションです。このような設計のほうが理解しやすいのは、問題とソリューションの間での切り替えが簡単だからです。理解しやすいテストは、すばやいフィードバックを後押しすることで、基本的な構成要素を形成します。

11.5.1　継続的なフィードバックのための計画

脳の問題解決能力を強化するには、学習を支援するプロセスも必要です。**継続的デリバリー**は、フィードバックをすばやく得るための最も期待できるアプローチです（*Continuous Delivery: Reliable Software Releases Through Build, Test, and Deployment Automation*［HF10］）。

ハイパフォーマンスな組織で継続的デリバリーを実践しているチームは、新しいタスクの実装と配布を1日に何度も行うことが可能です。品質を犠牲にすることなく、それだけのスピードを達成するには、厳格なプラクティスがいくつか必要です。その場合、あらゆるレベルで自動化が鍵を握ります。しかし、しばしば判明するのは、この急ピッチの開発に多くの組織が懐疑的であることです。あなたがそうではないことを願っていますが、もし懐疑的なのだとしたら、ここからの数セクションはあなたのためにあります。

複数のタスクをたった1日で完了するという考えに対する反論として最もよくあるのは、「私たちは違う」という主張に沿ったものです。この反論には価値があります——何が継続的デリバリーを成功させるのかに関する本質に迫っているからです。機能の実装に数週間または数か月かかる傾向にある場合、どうすれば1日足らずでそれらをリリースできるというのでしょうか。それは不可能でしょうか。

確かに、顧客向けの機能を完成させるのには数週間かかるかもしれません。ソフトウェア開発では常にそうですが、コツは分割統治にあります。筆者が見てきた中でうまくいった戦略を紹介しましょう。

時間がかかるタスクは中断を招く

どのソフトウェア開発でも、計画外の作業はつきものです。すぐに思い浮かぶのは、直ちに対処しなければならないサポートの問題や本番環境の障害です。タスクにかかる時間が長くなればなるほど、中断される可能性が高くなります。中断されたタスクが積み重なると、並行して行われる作業の数が増えます。これは、ソフトウェア組織に最も共通するボトルネックの1つです。

11.5.2 継続的フィードバックのための分割統治

この戦略を成功させるには、タスクを計画する方法についてもう一度考える必要があります。念のために言っておくと、会社の半分以上を巻き込んで大がかりな事前の儀式を執り行うという意味ではありません。計画はすべての人間の行動に内在するものであり、その範囲は解決しようとしている問題の複雑さによって異なります。さらに、計画の作成は、コーディング中に学んだことからのフィードバックを取り入れた継続的な活動でなければなりません。

最もよくある計画ミスの1つは、タスクの範囲を製品の機能を表すように設定することです。もちろん、小さな機能や調整ならそれでうまくいきますが、製品の重要な機能の場合はすぐに頓挫します。そうではなく、開発タスクを顧客向け機能から切り離すのがポイントです。そのようにすれば、時間のかかる機能をそれほど時間のかからない一連のタスクとして実装できるようになります。そして、成功の鍵を握るのはテスト自動化です。次に、この戦略を成功させるためのヒントをいくつか挙げておきます。

1. **デッドコードは味方**
   コードを試運転して期待どおりに動作することを確認するが、新しいコードをアプリケーションフローに統合するのは後回しにする。最初のうちは、新しいコードを使うのは自動テストだけである。この段階では、新しいコードは実質的にデッドコードであり、デッドコードはいつマージしてもまったく安全である。

2. **機能が完成したらフィーチャーフラグを立てる**
   機能はタスクごとに作り上げる。何らかのタイミングで、コンポーネントテストや統合テストといった高レベルのテストを追加することがある。新しい機能をアプリケーションフローに統合するのは、その機能が正常に動作することが証明されたときだけである。この段階では、新しい機能をフィーチャーフラグで保護する。

3. **デプロイメントをリリースから切り離す**
   デプロイメントをリリースから切り離すことには、主に2つの利点がある。1つは、機能をリリースするタイミングを選択できるため、マーケティングイベントなどのほかの活動に合わせて時期を調整できることである。もう1つは、何かが期待どおりに動かない場合に、振る舞いを簡単にロールバックできることである。この2つの利点をうまく活用しよう。

すべての作業の大部分は、上記の1つ目の項目で、イテレーションとして行われます。もちろん、新しいコードを既存のアプリケーションコードから切り離すことが要求されるかもしれません。このトレードオフは常にありますが、たいていの場合、機能セットのさまざまな側面の切り離しを余儀なくされるため、結果として設計が改善されます。

外から見ると、機能を小さな開発タスクに分割することは、プロダクトオーナーやマネージャーにとって大きな変更ではありません。ロードマップの優先順位付けは依然として必要であり、通常は機能レベルで行われます。ただし、私たち開発者にとって、前のタスクに基づいて次のタスクを構築するという方法で一連の小さなタスクを完成させることは、コードの進化の仕方と非常にうまく適合します。実行中のシステムから得られるフィードバックに勝るものはありません。

11.5.3 コードカバレッジに基づく逆転の発想

継続的デリバリーとテスト自動化に投資するほとんどの組織は、**コードカバレッジ**の指標も実装します。コードカバレッジは、自動テストによって実行されるコードの量を表します。この指標は便利ですが、誤った使い方をされることがよくあります。コードカバレッジを「すべてのコードで少なくとも80%のカバレッジを達成しなければならない」といった最低限必要な閾値を持つKPI（Key Performance Indicator）にした瞬間に、問題が始まる傾向にあります。

そうではなく、必要なカバレッジのレベルはコンテキストに依存します。リファクタリングしたい複雑なホットスポットがある場合、筆者ならカバレッジを完全に近い状態にしたいと考えます。安定しているコードをほんの少しだけ変更する場合は、影響を受けるロジックだけをカバーすれば十分かもしれません。

つまり、具体的な数字はあまり重要ではありません。大きなプログラムをフルカバレッジで記述することは可能ですが、それ自体は目的でもなければ、一般的な勧告としても意味がありません。それは、ただの数字です。

このため、筆者はモジュールの最初のバージョンが完成するまで、カバレッジをわざわざ分析しません。しかし、おもしろくなるのは、ここからです。そのバージョンから得られるフィードバックは、あなたが書いたばかりのアプリケーションコードに対するあなたの理解に基づいています。おそらく、カバーされていない関数や、ロジック内で一度も実行されない分岐があるはずです。

この指標を最大限に活用するために、カバレッジが低い原因を分析してみてください。そのままにしておいても問題がない場合もありますが、たいていソリューションの一部を見落としていることが判明するでしょう。コードカバレッジをこのように活用すれば、問題モデルとソリューションモデルのずれに見当をつけるための貴重なフィードバックループになります。

コードカバレッジを広げるにはどうすればよいか

Joe asks

よい設計とテストの容易さは強い相関関係にあります。コードがテストしにくいとしたら、テストではなく設計に問題があります。このため、第6章で検討したリファクタリングは、ホットスポットがどれほど複雑であってもテストできるようにするのに役立つでしょう。ここで例を1つ紹介させてください。

名前空間	ラインカバレッジ
deep-learning.predictions.inputs	32
deep-learning.predictions.layers	40
deep-learning.predictions.gradient-descent	11
deep-learning.predictions.back-propagation	52

数年前、筆者はディープラーニングネットワークをライブラリもフレームワークも使わずに一から実装することにしました。どこから見てもトイプログラムでしたが、そうしたネットワークがどのようにして魔法のような結果を達成するのかを探ってみたかったのです。挑戦として、「条件付きロジックを使わない」という人為的な制約のある関数型プログラミングで実装することにしました。if文も、forループも、とにかく条件付きロジックはありません。作業を進めながらテストも作成し、最後にカバレッジレポートを調べたところ、コードを通るパスが1つしかなかったので、カバレッジは100%になりました。これはもちろん一般的なソリューションではありませんが、コードの条件をできるだけ少なくすると、いろいろメリットがあるという話です。

11.5.4 自動化がうまくいかなかった場合のコスト

自動化のプラクティスとデリバリーのプラクティスは隣り合わせの関係にあります。何かがうまくいかない場合、最も顕著な問題は、チームが新機能の開発よりもテストの維持に多くの時間を費やしていることです。そうはなりたくありません。Lehmanの継続的な変更の法則を覚えているでしょうか。新機能がなければ、ソフトウェアの価値は低下してしまいます。

もう1つの、それほど顕著ではないコストは心理的なものです。理想的なシステムを思い浮かべてください。テストが失敗したら、「ほかのタスクを中断して、テストが失敗する原因のバグを探すことに集中するんだ！」と大声で叫ぶでしょう。しかし、テストの失敗が日常的な光景として受け入れられるようになったとき、私たちはさながら迷える子羊です。テストの失敗はもはや警告信号ではなく、誤検知（偽陽性）かもしれません。やがてテストへの信頼は失われ、テストが非難されるようになります。このように、テスト自動化プロジェクトの失敗には、テスト環境とテストスクリプトの維持に費やされた時間以上のコストがかかります。

本章では、そうした問題を捕捉するためのテクニックと戦略を学びました。アーキテクチャに関する説明は以上となりますが、第3部では、技術的な調査に社会的な分析を追加する方法を学びながら、引き続き分析のテクニックを磨いていきます。第3部を最後まで読めば、一周して最初の位置に戻ります——少人数の小規模なプロジェクトだろうと、複数の開発チームにまたがるエンタープライズプロジェクトだろうと、あらゆるコードベースを診断できるようになるでしょう。次章から始まる旅では、あなたが書くコードに組織がどのような影響を与えるのかを見ていきます。その前に、本章で学んだ内容を応用して、次の練習問題を解いてみてください。

11.6 練習問題

次に示す練習問題では、テスト開発のボトルネックを特定して修正します。問題はすべて現実のコードに基づいており、ほかのコードベースであなたが遭遇するであろう一般的なパターンを表していることに注意してください。

11.6.1 テストのテストでホットスポットに対処する

- リポジトリ：https://github.com/code-as-a-crime-scene/junit5
- 言語：Java
- ドメイン：JUnit は奥深い歴史を持つ伝説的なテストライブラリ
- 分析スナップショット：https://tinyurl.com/junit-change-coupling

アーキテクチャのホットスポット分析は、大規模なシステムの注意が必要な部分に優先的に対処するためのすばらしい手法です。

図11-12はJUnit5のアーキテクチャのホットスポットを可視化したもので、過去1年間の開発作業がどこに集中していたのを実質的に反映しています。`junit-jupiter-engine`コンポーネントが目を惹きます。このコードには、53件のコミットがあります。JUnitはテストに力を入れているため、`junit-jupiter-engine`の内部を調べてみる価値がありそうです。

Change Coupling分析を実行し、`junit-jupiter-engine`に属しているテストファイルをよく調べてください。技術的負債の兆候の疑いがあるテストの結合が見つかるでしょうか。

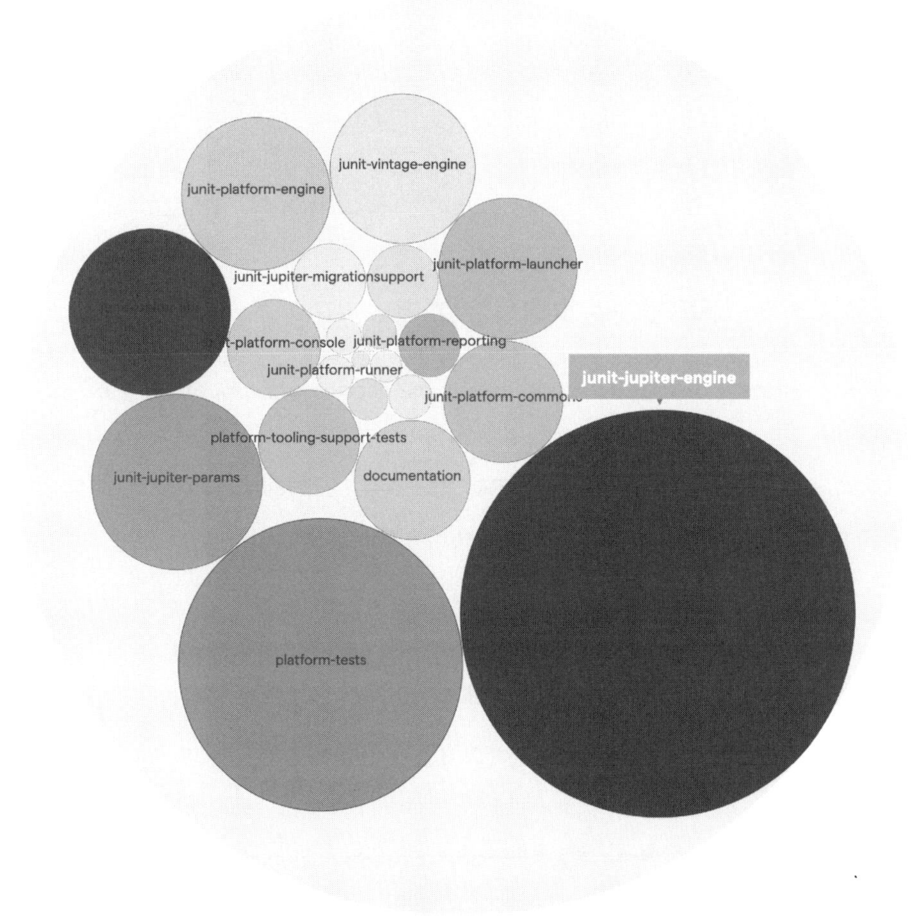

図 11-12：JUnit5 のアーキテクチャのホットスポット

11.6.2 テストコードから高価な変更パターンを特定する

- リポジトリ：https://github.com/code-as-a-crime-scene/aspnetcore
- 言語：C#
- ドメイン：ASP.NET Core はWeb アプリ、IoT アプリ、モバイルバックエンドを構築するためのフレームワーク
- 分析スナップショット：https://tinyurl.com/aspnet-change-coupling

11.2節では、テストのメンテナンスコストが高くなる場合の早期警報システムとしてChange Couplingを使う方法を学びました。その際には、アーキテクチャレベルで分析を行いました。高レベルの警告のサインに気づいた後、ファイルレベルのChange Coupling分析でさらに詳しく調査しました。

この戦略を念頭に置いて、ASP.NET Coreのテストファイルを調べてください。疑わしい変更パターンは見つかるでしょうか。

11.6.3　テストコードのリファクタリング

- リポジトリ：https://github.com/code-as-a-crime-scene/spring-boot
- 言語：Java
- ドメイン：Spring Bootはスタンドアロンアプリケーションを作成するためのフレームワーク
- 分析スナップショット：https://tinyurl.com/springbot-xray-coupling

本章では、テストコードを監視することの重要性について説明しました。図11-13に示すように、Spring Bootでは、テストコード部分がアプリケーションコードよりも急速に増えています。このこと自体は問題ではないかもしれませんが、早期の対応を可能にするために、常に問題の兆候に目を光らせるべきです。

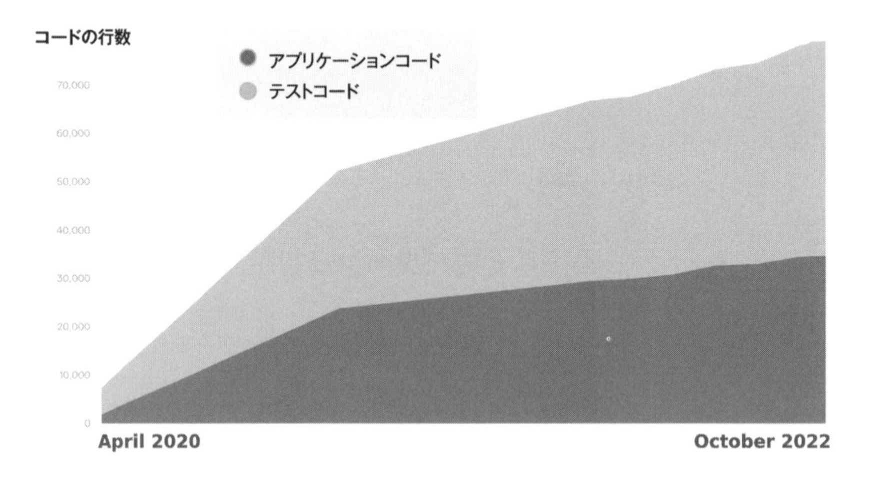

図11-13：Spring Bootのテストの傾向

そうした兆候の1つはDRY違反です。11.4節では、テストのメンテナンスが難しくなる主な理由の1つである、重複したテスト基準を取り上げました。ただし、テストには、ほかの種類の重複したロジックも含まれる傾向にあります。そこで、Spring Bootのテストコードのホットスポットである`AbstractServletWebServerFactoryTests.java`をもう一度見てみましょう。ただし今回は、図11-14に示すもう少しやっかいな形式の重複を調べます。

```
void serverHeaderCanBeCustomizedWhenUsingSsl() throws Exception {
  AbstractServletWebServerFactory factory = getFactory();
  factory.setServerHeader("MyServer");
  factory.setSsl(getSsl(null, "password", "src/test/resources/test.jks"));
  this.webServer = factory.getWebServer(new ServletRegistrationBean<>(new ExampleServlet(true, false), "/hello"));
  this.webServer.start();
  SSLConnectionSocketFactory socketFactory = new SSLConnectionSocketFactory(
               new SSLContextBuilder().loadTrustMaterial(null, new TrustSelfSignedStrategy()).build());
  PoolingHttpClientConnectionManager connectionManager = PoolingHttpClientConnectionManagerBuilder.create()
                                            .setSSLSocketFactory(socketFactory).build();
  HttpClient httpClient = this.httpClientBuilder.get().setConnectionManager(connectionManager).build();
  ClientHttpResponse response = getClientResponse(getLocalUrl("https", "/hello"), HttpMethod.GET,
                                            new HttpComponentsClientHttpRequestFactory(httpClient));
  assertThat(response.getHeaders().get("Server")).containsExactly("MyServer");
}

void serverHeaderIsDisabledByDefaultWhenUsingSsl() throws Exception {
  AbstractServletWebServerFactory factory = getFactory();
  factory.setSsl(getSsl(null, "password", "src/test/resources/test.jks"));
  this.webServer = factory.getWebServer(new ServletRegistrationBean<>(new ExampleServlet(true, false), "/hello"));
  this.webServer.start();
  SSLConnectionSocketFactory socketFactory = new SSLConnectionSocketFactory(
               new SSLContextBuilder().loadTrustMaterial(null, new TrustSelfSignedStrategy()).build());
  PoolingHttpClientConnectionManager connectionManager = PoolingHttpClientConnectionManagerBuilder.create()
                                            .setSSLSocketFactory(socketFactory).build();
  HttpClient httpClient = this.httpClientBuilder.get().setConnectionManager(connectionManager).build();
  ClientHttpResponse response = getClientResponse(getLocalUrl("https", "/hello"), HttpMethod.GET,
                                            new HttpComponentsClientHttpRequestFactory(httpClient));
  assertThat(response.getHeaders().get("Server")).isNullOrEmpty();
}
```

図11-14：少しやっかいな形式の重複

ここで比較しているコードには、重複があることは明らかですが、それ以上の問題があります。たった数行のコードであるにもかかわらず、コードの意図を解釈し、テストの差異を理解するのは困難です。では、このコードに取りかかってください。あなたなら、これらのテストをどのようにリファクタリングするでしょうか。

第3部

コードの社会的側面

ここでは視野を広げて、社会心理学という興味深い分野に取り組みます。ソフトウェア開発は、私たちが日常生活で遭遇する社会的誤謬やバイアスの多くに陥りがちです。単に、それらが現れる状況が異なるだけです。

第３部では、開発者間のコミュニケーションや交流を分析します。また、複数の作成者（author）が同じモジュールに取り組むことの危険性を取り上げ、リリース後の欠陥を予測するためのテクニックを紹介します。最大の見所は、それらをあなたのコードという観点から実現することです。自分のコードベースなのに、まるで初めて見るかのような錯覚を覚えることでしょう。

第12章

社会的バイアス、グループ、偽の連続殺人犯

テクノロジーに関しては、コードベースの謎を解明するために必要なものが、すべて揃いました。しかし、大規模なソフトウェアプロジェクトの問題は、技術的なものだけではありません。ソフトウェア開発は社会的な活動でもあります。プログラミングには、同僚、顧客、管理職との社会的な交流が伴います。そうした交流は、個人的な会話から、大規模なグループでの重要な意思決定まで、多岐にわたります。

ソフトウェアアーキテクチャはシステムの進化の仕方をサポートするようなものにしたいところですが、それと同じように、作業を組織化する方法もシステムの構造と一致させたいところです。

あなたとチームがこうした社会的側面にどれくらいうまく対処できるかで、システムの見え方が違ってきます。社会心理学をマスターすることがプログラミング言語をマスターすることと同じくらい重要なのは、そのためです。この最後の部では、社会的バイアス、作業の仕方からバグを予測する方法、コードベースの知識マップを構築する方法を学びます。そして、これまでと同じように、バージョン管理データからサポートデータを掘り出します。

まず、社会的バイアスから見ていきます。こうしたバイアスは破滅的な決定につながりかねないため、それらを認識して見分ける必要があります。続いて、ソフトウェア開発の社会的側面に関する客観的なデータを集めて、チーム編成、責務、プロセスに関する意思決定に役立てる方法を学びます。犯罪捜査の真っただ中から始めましょう。

12.1　正しい人々が声を上げない理由

1990年代の初め、スウェーデンに初めての連続殺人犯が現れました。この事件は前例のない捜査へと発展しました。捜索されたのは犯人ではなく——犯人はすでに刑務所に収監されていました——被害者でした。被害者の遺体がまったく見つからなかったのです。

1年前、精神病院に収監されていたThomas Quickが、残忍な殺人を次々と自白し始めました。Quickが自白した殺人は、いずれもよく知られた未解決事件でした。

数年にわたってスウェーデンとノルウェーの警察が森林地帯を捜索し、動かぬ証拠を求めて国中を探し回りました。捜査が山場に差しかかったときは湖を空にするほどでしたが、骨1本見つかりませんでした。

証拠らしい証拠がまったくなかったにもかかわらず、法廷はQuickに8件の殺人について有罪判決を言い渡しました。真犯人だけが知り得る詳細な事実をQuickが知っていたため、Quickの証言には信憑性があると判断されたのです。ただし、Quickは無実でした。Quickも捜査官も、強力な認知的バイアスと社会的バイアスの餌食になったのです。

Thomas Quickの物語は、集団における社会的バイアスの危険性に関するケーススタディです。この物語の舞台は、私たちが日常生活で遭遇するものとは異なりますが、バイアスは例外です。Thomas Quickの惨事を引き起こした社会的勢力は、どのソフトウェアプロジェクトにも存在します。

12.1.1　チームにおけるプロセスロス

Quickの物語の結末については、この後すぐに説明します。まず、社会的バイアスを理解して、あなたのグループが惨事に見舞われるのを防ぐことにしましょう。

グループで協力して何かを達成するとき——たとえば、Google検索を打ち負かす驚異的なWebアプリケーションを設計するなど——私たちは互いに影響をおよぼし合います。協力することで不可能に思えることが現実になることもあれば、無残に失敗することもあります。どちらのケースでも、グループは社会科学者が**プロセスロス**（process loss）と呼ぶものに陥っています。

プロセスロスは、グループも機械と同じで、100%の効率を達成できるわけではないという理論です。協力して作業するという行為には、抑制しなければならないさまざまなコストが伴います。プロセスロスはすべてのチームで発生しますが、その理由は実行するタスクによって異なります。ソフトウェア開発のコンテキスト（タスクが複雑で、相互に依存している）では、プロセスロスのほとんどはコミュニケーションと調整のオーバーヘッドによるものです（図12-1）。結果として、グループに関する研究調査では、グループの生産性がその潜在能力を下回ることがたびたび報告されています。

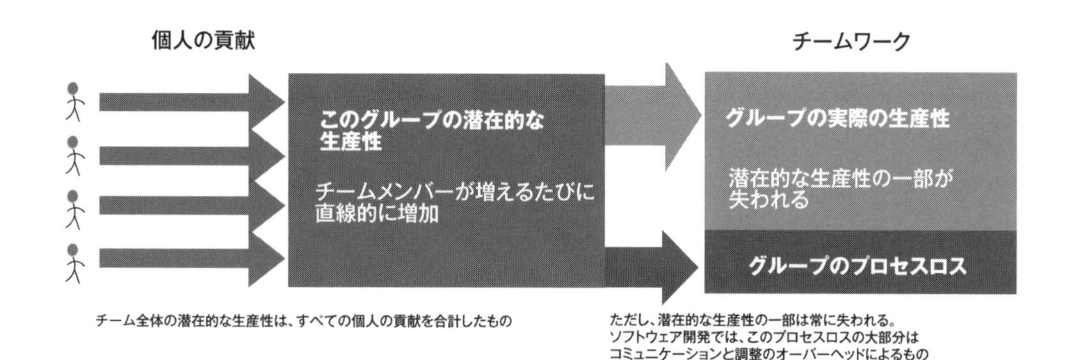

図 12-1：グループのプロセスロス

では、非効率であることがわかっているのに、なぜ私たちはグループで作業することを選ぶのでしょうか。1人でやるにはタスクが大きすぎることが多いからです。今日のソフトウェア製品は非常に大きく複雑であるため、その製品を中心として組織を構築すること以外に選択肢はありません。複数チームによる階層構造の組織的開発に移行すれば、プロセスロスという代価を支払うことになると覚えておいてください。

何かに対して代価を支払うとき、私たちは見返りを期待します。チームとしての取り組みでは、例外なく効率が少し低下することはわかっており、それは避けられないことです（コミュニケーションと調整のオーバーヘッドを最小限に抑える方法については、この後の章で説明します）。さらに憂慮すべきことに、社会的勢力によってグループの取り組みが粉々に引き裂かれ、その後には壊れた設計とバグだらけのコードだけが残っているということになるかもしれません。そうした事態を避けるために何ができるのかを見てみましょう。

モチベーションに関わるプロセスロスにご注意

過剰な調整によるオーバーヘッドはプロセスロスの最大原因ですが、目標のはっきりしないリーダーシップはそれに次ぐ大きな原因です。目標がプロジェクトの成果に明確に結び付いていない場合、チームはモチベーションを失います。

テックリーダーとして、各タスクまたは機能要求の背景を必ず伝えるようにしてください。それらの要求が顧客と会社にどのような利益をもたらすのかを説明してください。そして、エンドユーザーのフィードバックをチームのほかのメンバーと共有することで、チームのモチベーションを高めるためのコミュニケーションを必ず完結させてください。このようなコンテキスト情報は、技術的な要件と同じくらい重要です。

12.1.2　社会的バイアス

新しいチームに配属されたとしましょう。その初日に、2つの設計案について話し合うためにチームが集まります。チームリーダーが設計案について簡単に説明した後、各自がよいと思うほうの設計案に投票することをメンバー全員に提案します。

おそらく、あなたには少し奇妙な提案に聞こえることでしょう。最初の問題がまだよくわかっていないし、十分な知識を得た上で結論を下すのなら、それぞれの設計案の簡単なプロトタイプを見たほうがよいのでは——では、あなたならどうしますか。

ほとんどの人は、周囲を見回して、同僚の反応を伺います。提案された決定手続きを全員が納得して受け入れているようなので、あなたはチームに従うことにします。何しろチームに加わったばかりなので、ほかのメンバー全員が賛同していることをしょっぱなから否定したくありません。アンデルセンのおとぎ話『裸の王様』のように、王様が裸だと口にする者は1人もいません。なぜこうなってしまうのかについてはすぐに説明しますが、まずは全体的な文化の役割に関する重要な質問に答えることにしましょう。

12.1.3　テクノロジーの選択と文化との結び付き

さまざまな文化が特定のバイアスにどれくらい敏感であるかは、文化によってまちまちです。このテーマに関するほとんどの研究は、東西の違いに着目しています。しかし、そこまで遠くに目を向ける必要はありません。文化が私たちにどれほど深い影響を与えるのかを理解するために、さまざまなプログラミングコミュニティを覗いてみましょう。

この絵の吹き出しのコードを見てください。これは配列プログラミング言語に分類されるAPLコードの一部です。APLコードを初めて見たときには、まさにこんな感じになるかも——アニメのキャラクターが悪態をついているようにも、単なる回線ノイズのようにも見えます。しかし、そこにあるのは、コンパクトなプログラムをもたらす強力なロジックです。このコンパクトさは異なる物の見方につながります。

このAPLコードは、一意であることが保証された6つの抽選番号を計算し、それらを昇順に並べ替えた上で返します※1。このコードを見てわかるように、コードの意図を明らかにする中間変数はありません。このコードに相当するJavaソリューションはどのようになるでしょうか。

※1　http://en.wikipedia.org/wiki/APL_(programming_language)

オブジェクト指向プログラマーは、`randomLotteryNumberGenerator`のようなわかりやすい名前に価値を置きます。APLプログラマーにとって、**それは**コードの本当の意図をわかりにくくする回線ノイズです。Java、C#、C++においてより多くの名前が必要となるのは、ロジック（何かを行うもの）が複数の関数やクラスに分散しているためです。その機能のすべてを1行で表現することを言語が許しているとしたら、私たちが置かれている状況は異なっており、私たちやコミュニティの考え方はその影響を受けることになります。

文化が異なれば、メンバーの行動に影響をおよぼす価値観も異なります。テクノロジーを選択するときには、文化も選択していることを覚えておいてください。

12.2 多元的無知

前項の新しいチームに参加する架空の例では、あなたは**多元的無知**（pluralistic ignorance）の餌食になりました。多元的無知に陥るのは、全員が内心では規律を拒絶しているものの、グループの自分以外のメンバー全員がそれを支持していると考えている場合です。多元的無知はやがて、メンバー全員が個人的に拒否しているルールにグループが従うという状況をもたらすことがあります。

私たちがこの社会的罠にはまるのは、仲間の行動が自分とは異なる信念に依拠しているという結論に達したときです。アンデルセンの裸の王様のまわりで起きたのは、まさにそういうことです。誰もが口々に王様の新しい衣装を褒めそやしたので、皆が皆、誰が見てもわかるものを見逃しているのだと思ったのです。彼らはグループの行動に盲従し、自分の目には見えないすばらしい衣装を褒めて調子を合わせることを選びました。

もう1つのよくある社会的バイアスは、聞きなれた意見を広く受け入れられた意見と間違えることです。同じ考えを繰り返し聞いているうちに、その意見は実際よりも広く行き渡っていると考えるようになります。さらに悪いことに、その意見を表明し続けているのが**同じ**人であったとしても、

私たちはバイアスの餌食になってしまいます(*Inferring the Popularity of an Opinion From Its Familiarity: A Repetitive Voice Can Sound Like a Chorus*[WMGS07])。

つまり、ある人物が強い意見を絶えず表明しているだけで、ソフトウェア開発プロジェクト全体にバイアスを抱かせるのには十分なのです。バイアスの餌食になるのは、テクノロジーの選択かもしれませんし、方法論に関することかもしれませんし、プログラミング言語に関することかもしれません。バイアスにどのように対処すればよいのかを見てみましょう。

12.2.1 質問とデータでバイアスに挑む

ほとんどの人は逸脱した意見を表明することに消極的ですが、例外もあります。1つのケースは、少数意見がグループの理想と一致する場合です。つまり、私たちの意見は少数派で、グループの規律からはポジティブに逸脱しているような場合です――グループには重視する理想があり、私たちはその理想をより過激に捉えて、よりいっそう重視するようになります。そうした状況では、私たちはより堂々と主張する傾向が強くなり、そうすることで達成感を味わいます。

プログラミングの世界では、そうした「よい」少数意見に、自動テストやコード品質といった望ましい特性が含まれるかもしれません。たとえば、より多くのテストを書くことがよいことであると見なされるとしたら、すべてをテストすることは(設計を理解しがたいほど細かく分割することを余儀なくされるとしても)さらによいことであるはずです。そして、コードの品質は重要なので、(使い捨てのプロトタイプコードであっても)常に最高品質のコードを書かなければならないというわけです。

多元的無知についてわかったことと、聞きなれた意見を一般的な意見だと勘違いする傾向について考えると、こうした強い(逸脱した)意見がチームをより極端な方向に動かす可能性があることがすぐにわかります。

社会的バイアスは避けるのが困難です。チーム内で社会的バイアスが疑われる場合は、次のいずれかの方法を試してみてください。

- **質問する**
  質問することで、提案された意見を全員が共有しているわけではないことをほかの人に認識させる。
- **人と話す**
  多元的無知のような意思決定のバイアスは、しばしば拒絶や批判に対する恐怖から生まれる。したがって、決定が間違っていると思うものの、ほかの全員がその決定に賛成しているように見える場合は、同僚と話をする。その決定のどこがよいと思うのか尋ねてみよう。

- **決定をデータで裏付ける**
  社会的バイアスや認知的バイアスを避けることはできない。私たちにできるのは、決定を裏付けるデータか、異議を唱えるデータで、私たちの仮定を確認することである。本書の残りの部分では、このことを目的とした分析をいくつか紹介する。

あなたがリーダーの立場にある場合、グループを適切な意思決定に導くための方法がさらにいくつか考えられます。

- 外部の専門家に決定内容を確認してもらう。
- サブグループに同じ問題に独立して取り組ませる。
- 話し合いの早い段階では特定の解決策を支持しないようにする。
- 最悪のシナリオについて話し合い、グループにリスクを認識させる。
- 1回目のミーティングの決定を再検討する2回目のミーティングを事前に計画する。

これらの戦略は、**集団思考**（groupthink）を回避するのに役立ちます（*Group Process, Group Decision, Group Action* [BK03]）。集団思考とは、グループ内の反対意見はどのようなものでも、そのグループによって抑圧されるという社会的バイアスの悲惨な結末のことです。結果として、代案や失敗のリスクを無視する決定が下され、グループに誤った一体感が生まれます。

このように、多元的無知は集団思考につながりがちです。Thomas Quick事件で起こったのは、まさにそういうことだったようです。

12.3　実際の集団思考

Thomas Quickの話に戻りましょう。2001年に捜査に協力するのを止めるまでに、Quickは8件の殺人で有罪判決を受けました。Quickは持ち前の猟奇的な話をしたがらなくなり、新たな犯行を自供することもありませんでした。Quickの自供がなければ、できることはほとんどありませんでした――どの殺人事件にも確固たる証拠がなかったことを思い出してください。真実が明らかになるのに10年近くかかりました。

蓋を開けてみれば、Thomas Quickは1990年代に擬似科学的な心理療法を受けていました。セラピストは、自分たちが回復記憶と考えていたものをどうにかして取り戻させていました（このような記憶の科学的根拠は弱いとしか言いようがないことに注意してください）。彼らが使った治療法は、偽の記憶を植え付ける方法とほとんど変わりません（第8章の8.1節を参照）。Quickには、服用すると暗示にかかりやすくなることがあるベンゾジアゼピンも大量に投与されていました。Quickが犯罪容疑に関して捜査官に協力しなくなったのは、偶然にも、Quickがベンゾジアゼピンの服用を止めたときでした。

殺人事件の捜査が始まったのは、セラピストがQuickの自白を警察に話したことがきっかけでした。抑圧された記憶は有効な科学的理論であるというセラピストの言い分に納得した捜査主任は、Quickの取り調べを開始しました。

この取り調べは何とも奇妙なものでした。Quickが答えを間違えると、主任警部が助け舟を出していました。結局のところ、Quickは抑圧された記憶と戦っており、得られる限りの支援を必要としていました。最終的に、Quickは事件の十分な手がかりを得て、一貫したストーリーを作り上げ、それで有罪判決を受けたのです。

Thomas Quickの物語がどこに向かっているのか、もうおわかりでしょう。そこに社会的バイアスがあることに気づいたでしょうか。ソフトウェア業界にいる私たちにとって、この悲劇的な物語の最も興味深い部分は、その周辺にあります。さっそくそれらを調べてみましょう。

12.3.1　権威の役割

Quickのスキャンダルと虚偽の自白が公表されると、多くの人が声を上げ始めました。最初の警察の捜査に関わった人々が、当初から抱いていた重大な疑念をマスコミに話すようになりました。しかし、Quickが有罪判決を受けた10年前に声を上げた人はほとんどいませんでした。

多元的無知にとって、まさに理想的な社会環境が整っていました——特に、主任捜査官は権限を持つ人物であり、Quickの有罪を確信していました。主任捜査官はその見解をたびたび表明し、集団思考を助長しました。

社会的バイアスについてここまで学んできたことからすれば、多くの賢明な人々が自分の意見を口にせず、調子を合わせることに決めたのも無理からぬことです。ありがたいことに、あなたのチームが同じような状況に陥らないようにする方法もいくつかわかっています。よく知られているものの、しばしばメリットよりもデメリットのほうが大きい手法を紹介することで、そのリストに項目をもう1つ追加することにしましょう。その手法とは、ブレインストーミングです。

12.3.2　従来のブレインストーミングから脱却する

プロセスロスが爛漫と咲き乱れる光景を見てみたい場合は、ブレインストーミングセッションを覗いてみてください。ブレインストーミングは、選りすぐりの社会的バイアスと認知的バイアスを集めたようなものです。とはいえ、ブレインストーミングで生産性を高めることは可能です。ただし、その体裁をがらりと変える必要があります。その理由と、どうすればよいかについて説明しましょう。

ブレインストーミングの本来の目的は、創造的思考を促進することにありました。個人が単独で生み出せるアイデアよりも、グループのほうが多くのアイデアを生み出せることが、その根拠となっています。残念ながら、このトピックに関する研究調査では、その主張は裏付けられていません。

それどころか、ブレインストーミングによって生み出されるアイデアは予想よりも**少なく**、生み出されたアイデアの質も劣っている可能性があることが研究によって判明しています。

印象的なプロセスロスには、いくつかの理由があります。たとえば、ブレインストーミングでは、アイデアを批判しないように釘を刺されます。現実には、どう転んでも自分が評価されることを全員が知っており、それに応じた行動を取ります。さらに、ブレインストーミングの進行形式では、一度に発言できるのは1人だけです。このため、発言する順番が回ってくるのを待たなければならず、アイデアをフォローアップするのが難しくなります。その間に、ほかのアイデアや議論に簡単に気を取られてしまいます。

プロセスロスを減らすには、従来型のブレインストーミングから脱却する必要があります。メンバーにはっぱをかけるのがうまいグループリーダーがいて、チームの創造性を高めることができたとしても、ブレインストーミングにつきもののバイアスを完全に取り除くことはできないからです（さらに言うと、社内ミーティングに積極的に参加してくれるような精神的指導者が大勢いるとは限りません）。

とはいえ、解決策はいたって単純です。ブレインストーミングセッションの場を対面のコミュニケーションからコンピュータに移動させ、貢献を目に見えるようにする一方で、匿名にするのです。そのような環境では、社会的バイアスが最小限に抑えられ、デジタルブレインストーミングが実際にその約束を果たすかもしれません（この研究の概要については、*Idea Generation in Computer-Based Groups: A New Ending to an Old Story*［VDC94］を参照）。プラスの副作用として、チームメンバーが集団的な問題解決に匿名で貢献できる場合は、よいグループリーダーシップが（あれば）より強い影響力を持つという研究結果もあります（*Inspiring Group Creativity: Comparing anonymous and Identified Electronic Brainstorming*［SAK98］）。

さて、何を回避すべきか、代わりに何をすべきかがわかりました。先に進む前に、バイアスを減らすツールをもう少し見てみましょう。

12.4　チームの手口を明らかにする

第2章の2.2.1項で学んだ地理的犯罪者プロファイリングのテクニックを覚えているでしょうか。プロファイリングの課題の1つは、一連の犯罪を同じ犯罪者に結び付けることです。場合によっては、DNAが証拠になったり、目撃者がいたりすることもありますが、そうではない場合、警察は犯罪者の**手口**に頼らざるを得ません。

手口は犯罪者の署名のようなものです。たとえば、第8章の8.1.1項で説明した紳士的な強盗には、礼儀正しく、被害者を気遣うという特徴がありました。

ソフトウェアチームにも、そのチームならではの手口があります。それをどうにかして明らかにできれば、チームがどのように機能しているのかを理解するのに役立つはずです。それは完璧な情報でも正確な情報でもありませんが、新しい視点を開くことで、話し合いや意思決定を導くことができます。そうした方法の1つは、コミットメッセージを使うことです。

12.4.1 コミットメッセージを議論の材料として使う

数年前、筆者は予定よりも遅れているプロジェクトに携わっていました。表面上はすべて順調に見えていました。4つのチームがあり、全員が忙しく働いていました。しかし、完成した機能に関しては、プロジェクトの進捗はまったくといってよいほどありませんでした。残業のベルが鳴り出したのは、それからすぐのことでした。

幸運にも、チームの1つに有能なリーダーがいました。彼は開発者の足かせとなっている根本原因を突き止めることにしました。そこで筆者は、あるデータを議論の材料として提供することにしました。そのとき使ったのは、次のようなデータでした。

図12-2：議論のベースとなったコミットメッセージ

このデータ自体が有用なものですが、考慮すべき点がもう1つあります。ここまでは、変更しているコードに対処するテクニックに焦点を合わせてきました。しかし、バージョン管理ログには、さらに多くの情報が含まれています。変更をコミットするたびに、社会的情報が提供されます。図12-3の**ワードクラウド**を見てください。

図 12-3：Glowstone のワードクラウド

このワードクラウドは、次のコマンドを使って、第 9 章で取り上げた Glowstone リポジトリ※2 のコミットメッセージから作成したものです。

```
$ git log --pretty=format:'%s'
Fix QueryHandler responds on 127.0.0.1 for wildcard address (#1134)
use ASM10 opcode for compatibility with latest Java
handle signature response
1.19 protocol and features (#1139)
......
```

このコマンドは、コミットメッセージをすべて抽出します。それらのメッセージを可視化するためのシンプルな方法がいくつかあります。図 12-3 は、メッセージを WordArt※3 にペーストして作成したものです。

ワードクラウドを見てみると、特定の言葉が突出していることがわかります。ここで学ぶ内容は科学的なものではありませんが、便利なヒューリスティックです――目立っている単語は、チームが時間を費やしている場所を示しています。たとえば図 12-3 を見てみると、Glowstone プロジェクトでは、最近はもっぱらバグ修正を行っているようです。第 9 章の 9.4.3 項で発見した問題がそうであったように、これも技術的負債の兆候である可能性がかなり高そうです。

※2　https://github.com/code-as-a-crime-scene/Glowstone
※3　https://wordart.com/

本項の冒頭で紹介したプロジェクトに戻りましょう。ワードクラウドを確認したところ、突出した単語が2つ見つかりました。そのうちの1つから、意外にも多くの時間が費やされていた、それほど重要ではないサポート機能が浮き彫りになりました。もう1つの単語は、自動テストを指し示していました。このことから、テストのメンテナンスと更新にチームが勤務時間のかなりの部分を充てていることがわかりました。この発見は、第11章の11.2節で学んだテクニックによって検証されました。それにより、そうした状況の解決にエネルギーを注ぐことができました。

あなたのバージョン管理ログは何を物語っているでしょうか。

12.4.2 チームのコミットクラウドで物語を読み解く

ワード(コミット)クラウドは、プロセスや日々の作業に関する議論のよい材料になります。これらのコミットクラウドは、コードを中心とするチームの日々の活動を要約したものです。コミットクラウドは開発に関する別の視点を提供し、議論を促します。

図12-4のワードクラウドは、TeslaMate※4の開発活動を反映しています。「Bump」が目立っていますが、これはサードパーティの依存関係が最新の状態に保たれていることを示しているだけなので、除外してよいでしょう。代わりにその右側を見てみると、「Charge」「Car」「Drive」といった問題領域の用語が見えます。これは、よい兆候です。

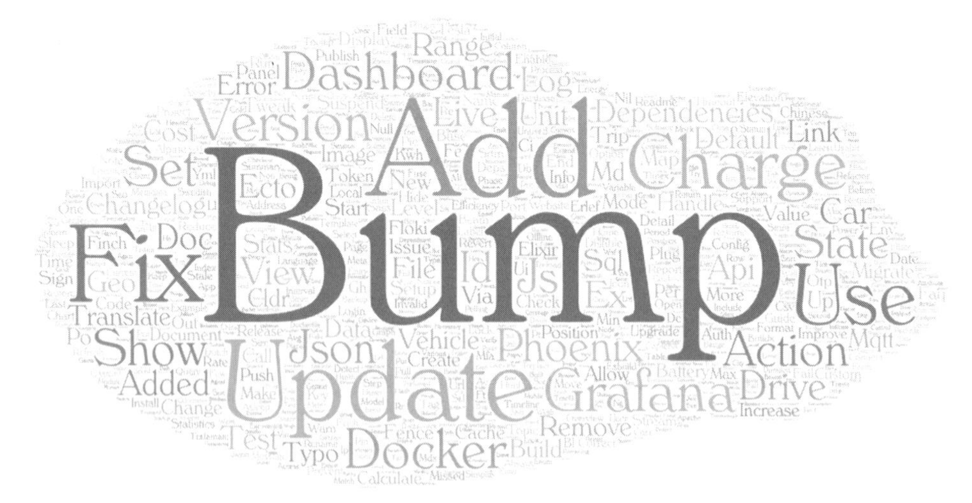

図12-4:TeslaMateのワードクラウド

※4 https://github.com/code-as-a-crime-scene/teslamate

コミットクラウドに現れてほしいのは、このTeslaMateのコミットクラウドのように、問題領域の単語です。コードやプロセスの品質問題を表す「Bug」や「Crash」などの単語は現れてほしくありません。そうした兆候が見つかった場合は、さらに詳しく調べたほうがよいでしょう。

コミットメッセージから明らかになるのは、それだけではありません。新たな調査では、「コミットメッセージはチーム自体について何かを伝える」という説が浮上しています。ある研究者のチームが、さまざまなオープンソースプロジェクトのコミットメッセージを感情的な内容という角度から分析したところ、このことが判明しました。この調査では、表現された感情が、プロジェクトで使われているプログラミング言語、チームの所在地、曜日などの要因と比較されました（*Sentiment analysis of commit comments in GitHub*［GAL14］）。

この調査結果からさまざまなことがわかりましたが、特筆すべきは、最も否定的な感情を表していたのがJavaプログラマーで、最も肯定的な感情を表していたのが分散型チームだったことです。

この調査報告は楽しい読み物ですが、その根底にあるテーマはまじめなものです。感情は私たちの日常生活において大きな役割を果たします。感情は私たちの行動に深い影響を与える強力な動機であり、多くの場合、私たちがなぜそのような反応をするのかを私たちに自覚させません。私たちの感情は、創造性、チームワーク、生産性に影響を与えます。そう考えると、私たちが感情にあまり注意を払わないのは驚きです。このような調査は、正しい方向に向かうための重要な一歩です。

データはコミュニケーションの代わりにはならない

魅力的な分析の数々を考えると、社会的な問題に対する技術的な解決策につい圧倒されてしまいます。しかし、革新的なデータ分析がどれだけあろうと、チームのメンバーと実際に話し合ったり、日々の業務で積極的な役割を果たしたりすることの代わりにはなりません。本章で紹介する手法を、正しい質問をすることに役立ててください。

12.5 コードから組織の指標を掘り出す

本章では、プロセスロスについて説明し、グループがその潜在能力をフルに発揮することは決してないということを学びました。チームワークと組織は、私たちにとっては投資であり、そのように考えるべきです。

グループ（という形態）が社会的バイアスに左右されやすいということもわかりました。（ソフトウエア開発グループを含む）いかなるグループにもバイアスがあり、そのリスクを認識する必要があることがわかりました。

このことはソフトウェア開発のスケーリングという課題につながります。少人数のプログラマーのグループから相互依存的なチームに移行すると、調整とコミュニケーションのオーバーヘッドが増え、バイアスのある意思決定のリスクが高まります。大規模なプログラミング作業の相対的な成功は、どれか1つのテクノロジーよりも、プロジェクトに携わる人々に左右されます。

この後の章では、この見方を裏付ける興味深い調査結果を紹介します。そこで見ていくように、ソフトウェアの品質について知りたい場合は、そのソフトウェアを構築した組織を調べます。また、バージョン管理システムから組織データを掘り出して分析する方法も学びます。

この先は、(ここで学んだことを活かして)社会的バイアスを念頭に置いて、情報に基づいて意思決定を行い、集団思考に対抗してください。次章では、プログラマーの人数がコードの品質にどのような影響を与えるのかを探ります。その前に、本章で学んだ内容を応用して、次の練習問題を解いてみてください。

12.6 練習問題

次に示す練習問題は、手口の分析とその結果のフォローアップの訓練になるものです。それらの分析は大規模な現実のコードベースに焦点を合わせているため、正しい答えや手順は複数存在するかもしれません。別のアプローチについては、付録Aをチェックしてください。

12.6.1 チームの手口を特定する

- リポジトリ：https://github.com/code-as-a-crime-scene/mongo
- 言語：C++、JavaScript
- ドメイン：MongoDBはドキュメントデータベース
- 分析スナップショット：なし

本章の最も重要なテーマは社会的バイアスでした。社会的バイアスは、おそらくバッドコードよりも多くのプロジェクトを台無しにしてきました。そうしたバイアスは、一度理解してしまえば現場で簡単に特定できますが、それでも防ぐのが難しいことでよく知られています。客観的なデータがあれば、本来なら明らかにするのが難しい問題にグループの会話を集中させることができます。

あなたはMongoDBチームのメンバーで、振り返りを行うところだとしましょう。そこで、コミットアクティビティからワードクラウドを作成します。会話の出発点になりそうな用語は、そのクラウドに含まれているでしょうか。

12.6.2　メイントピックを掘り下げる

- リポジトリ：https://github.com/code-as-a-crime-scene/mongo
- 言語：C++、JavaScript
- ドメイン：MongoDB はドキュメントデータベース
- 分析スナップショット：なし

MongoDB のワードクラウドで「テスト」という用語が目立っているのは少しあやしくないでしょうか。確かに、テストが後付けだったとしたら、この用語は進捗を示唆している可能性が高そうです。しかし、そうではないとしたら、第 11 章で説明した罠にはまっているのかもしれません。

Git ログでテストに関する raw コミットメッセージを調べてみてください。警告のサインはあるでしょうか。

第13章 コードベースで組織的な指標を発見する

前章では、社会的バイアスを取り上げ、社会的バイアスがグループの意思決定やほかの開発者とのやり取りにどのような影響を与えるのかについて学びました。また、ソフトウェア開発の社会的側面が、技術的側面と同じくらい重要であることもわかりました。本章では、それが実際に何を意味するのかについて見ていきます。

まずは、Brooks と Conway の代名詞とも言えるソフトウェアの「法則」を調べて、現代の研究調査と比較します。それらの結果に基づき、コードの品質をチームの視点から分析できる組織的な指標を探ります。この視点は重要です。ソフトウェアの組織的側面を間違えると、VB6 よりもさらに多くのコードベースが台無しになってしまいます。失敗に終わったソフトウェアプロジェクトの例から見ていきましょう。

13.1 プロジェクトの息の根を止める方法：入門ガイド

筆者はかつて、始まった瞬間から失敗する運命にあったプロジェクトに参加したことがあります。関係者は、現実的にはほぼ達成不可能な期限内にプロジェクトを完了させたいと望んでいました。もちろん、ソフトウェア業界で働いたことがある人なら、それが標準的な慣行であることは承知しています。しかし、このケースは違っていました。なぜなら、その会社には、ほぼ同一のプロジェクトに関する詳細なデータがあり、彼らはそのデータをもとに皮算用していたからです。

過去の記録によれば、このプロジェクトは社内の5人の開発者で、だいたい1年で完了できるはずでした。しかし、今回は、たった3か月で完了させろと社内から圧力がかかっていました。つまり、開発時間は4分の1です。では、1年かかることがわかっているプロジェクトを、どうやって4分の1の時間に短縮するのでしょうか。簡単です。プロジェクトの開発者の人数を4倍にするだけです。単純な計算ですよね。そして実際に、組織はその提案を実行に移しました。ただ、その先にはちょっとした問題が1つ待ち受けていました――この戦術はうまくいきませんし、うまくいった試しがありません。何が起こったのかを見てみましょう。

13.1.1　スケールアップする次元を間違えてはならない

社内チームは、すでにソフトウェアアーキテクチャの詳細を詰めていました。当然ながら、それは階層化アーキテクチャでした。そのアーキテクチャは、当初の小さなチームではうまくいったのかもしれません。しかし、15人のコンサルタントがプロジェクトに投入されると、「プロセスロス」と言う間もなく、すべての開発者が4つの機能チームに振り分けられました(図13-1)。

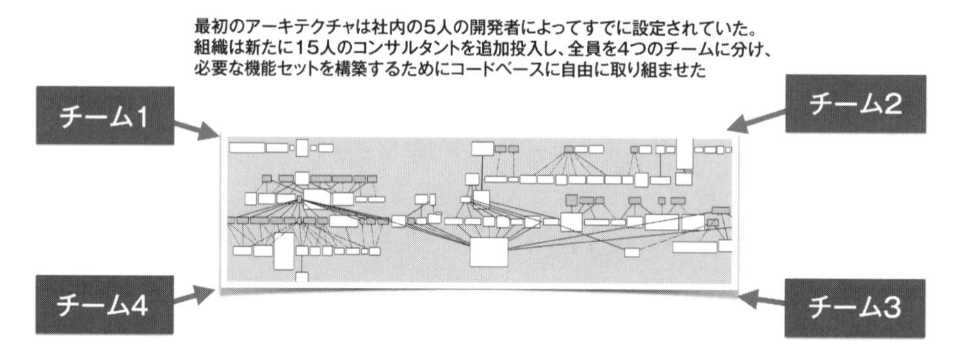

図13-1：開発者が4つの機能チームに分かれる

筆者はこのプロジェクトに最初から参加していたわけではなく、避けて通れない事後分析と必死の救助活動のために後から参加しました。なぜなら(ネタバレですが)、このプロジェクトは3か月では終わらなかったからです。

では、どれくらいの期間が必要だったのでしょうか。過去のデータに基づく最初の「1年」というタイムラインが、まだ有効なはずだと考えるのは妥当な線です。何しろ、人数は4倍に増えています。ところが、このプロジェクトは最初のリリースまでに2年を要しました。そして、2年後にプロジェクトをどうにか完了できたのは、a) スコープを積極的に削減し、b) チームを縮小したからにほかなりません。

そうした人員過剰はわかりきったことでは？

Joe asks

後から考えれば、どのようなことでもわかりきったことです。何しろ、後知恵バイアスという言葉があるほどです。問題は、表面化するのは症状だけであり、根本原因を診断するのが非常に難しいことです。たとえば、筆者はそのプロジェクトに参加するときに主任開発者たちと面談しました。全員が口を揃えて訴えていたのは、コードが理解しにくいことでした。最初は驚きました。確かにホットスポット分析で偶有的な複雑性が明らかになっていましたが、コード自体は**それほど**理解しにくいものではなかったからです。筆者はもっとひどいコードを見てきました。もっとずっとひどいコードです。

その後で、ふと気づいたのです――コードが理解しにくいのは、今日コードを書いたとしても、ほかの5人の開発者が並行してコードに取り組んでいるため、3日後にはまったく違うものになっているからだと。コードベースがこのように不安定だと、コードの仕組みについて安定したメンタルモデルを維持することは不可能になります。あなたは絶えずオンボーディング状態に置かれ、その状態を遮るのは手間のかかるマージや重大なバグ報告だけでしょう。

少人数のチームのほうがより多くの成果を上げられるという考えは、多くの組織にとって依然として理解しがたいようですが、*The Mythical Man-Month* を読んだことがあれば、驚くことではないはずです。この名著のおさらいをしましょう。

13.1.2 人月は今も神話のまま

40年前のプログラミング本を手に取った人は、内容が古すぎてどうしようもないと予想するでしょう。私たちの技術分野は数十年の間に大きな変化を遂げています。しかし、ソフトウェア開発の人的な側面はそうではありません。このテーマに関する最高の本である *The Mythical Man-Month: Essays on Software Engineering* [Bro95] ※1 は、1970年代に出版され、1960年代の開発プロジェクトから得た教訓を説明しています。しかし、同書は今でもその妥当性を失っていません。

ある意味、これは学習に失敗していることを示唆しているため、この業界にとって憂鬱なことです。しかし、問題はそれよりも深いところにあります。私たちのテクノロジーは飛躍的に進歩しましたが、人々はそれほど変わっていません。私たちの脳は依然として、私たちの祖先である、コーディングを行わない石器人の脳と生物学的にはまったく同じです。だからこそ、私たちは繰り返し同じ社会的バイアスや認知的バイアスの餌食となり、正常に動かないソフトウェアによって、証拠となる私たちの足跡は隠れてしまいます。

※1 [監訳注]『人月の神話』(Frederick P. Brooks,Jr. 著)。オリジナルは1975年に出版されたものだが、現在は1995年出版の初版以降に発表された著名なエッセイ『銀の弾はない』などを収録した20周年記念新装版(邦訳：https://www.maruzen-publishing.co.jp/item/b294733.html)が入手できる。

前項の失敗に終わったプロジェクトの話も同じです。その物語は、現在では**ブルックスの法則**として知られているもの――遅れているソフトウェアプロジェクトに人員を追加すると、さらに遅れがひどくなる（図13-2）――の本質を見事に体現しています（*The Mythical Man-Month: Essays on Software Engineering*［Bro95］）。

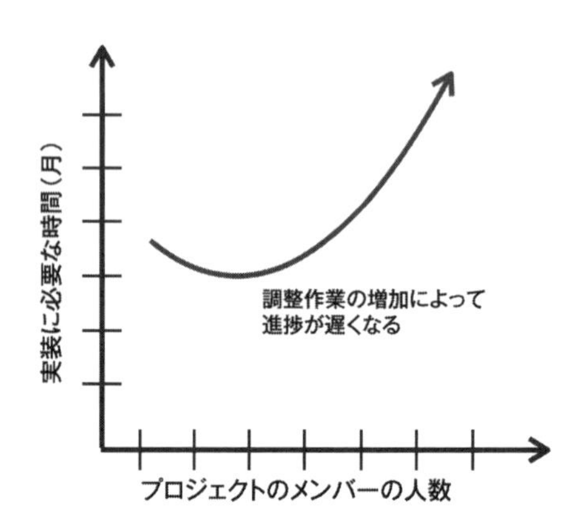

図13-2：遅れているソフトウェアプロジェクトに人員を追加すると、さらに遅れがひどくなる

ブルックスの法則の論拠となっているのは、知的作業を並列化するのは難しいということです。開発にかけることができるトータルの時間は人数に応じて線形に増加しますが、それに伴うコミュニケーション作業は、それよりも急速なペースで増加します。図13-3は、このコミュニケーションパスとして考えられるものの組み合わせ爆発を表しています。

ブルックスの法則の本質：
予想されるコミュニケーションパスの数は
$(n^2 - n) / 2$で増加する

nはチームのメンバーの人数

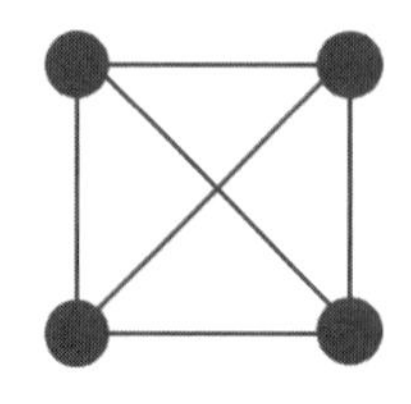

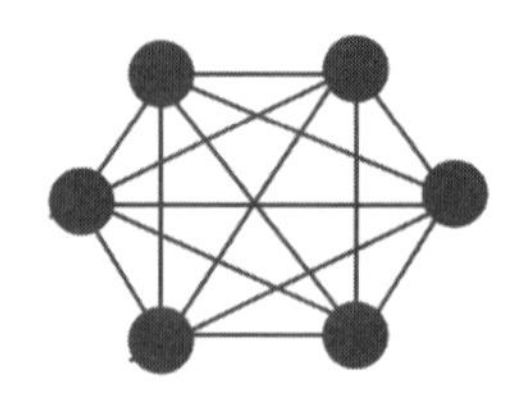

2人の場合、パスは1個　　4人の場合、パスは6個　　6人の場合、パスは15個

図13-3：コミュニケーションパスの組み合わせ爆発

ある時点で、人員が1人増えるごとに全体の生産性が損なわれるようになります――余分に確保された時間は、人員の増加に伴って増える調整のニーズによって消費されてしまいます。やりすぎると、組織自体を管理すること以外、ほとんど何もできない組織ができあがります（いわゆる「Kafkaのマネジメントスタイル」です）。

先に指摘したように、この種の失敗はわかりきったことに思えるかもしれず、無能なマネジメントの決定として片づけられてしまいがちです。ただし、プロセスロスはごくありふれたものであり、チームの視点からコードを積極的に監視しない限り、こうした罠にはまってしまいます。筆者は長年にわたって、成長著しい複数の企業や製品がブルックスの法則に繰り返し引っかかっているのを見てきました。驚いたことに、成功自体が将来の失敗の土台になることもあります。ケーススタディをもう1つ見てみましょう。

図13-4は、残業、ストレス、無駄な予算をグラフ化したものです。左のY軸は、週あたりの**ストーリーポイント**の完了数をチームの開発者の人数で割った値を示しています。右のY軸は、チームの規模が1年間でどれくらい拡大したのかを示しています。

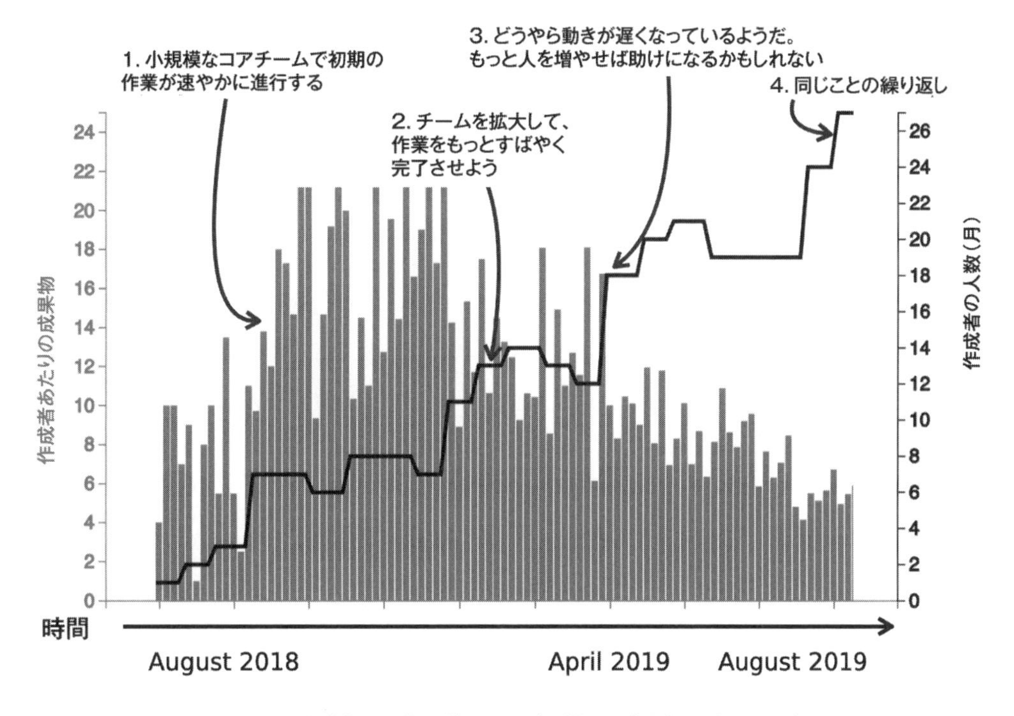

図13-4：作成者の人数が増えるたびに開発の成果物が減っていく

このプロジェクトは幸先のよいスタートを切り、2018年の後半にはMVP(Minimum Viable Product)を完了しています。この初期の成功を活かそうとして、組織は開発組織のスケールアップを試みており、作成者(author)の人数の増加にそのことが反映されています。しかし、この図を見てわかるように、作成者の人数が増えるたびに開発の成果物は減っています。人々と生産性は逆相関の関係にあるようです。要するにブルックスの法則に引っかかっています。そうなった場合、増えるのは、成果物ではなくプロセスロスです。プロジェクトでは、このようなことは避けてください。

ブルックスの法則を可視化する

ブルックスの法則は50年前のものですが、組織は依然としてその餌食になっています。アーキテクチャも組織も、増え続ける人員に対応できないというケースが後を絶ちません。この問題を回避する簡単な方法は、本節で紹介した手法を使うことです。Jiraなどの製品管理ツールから単純な成果物の指標を取り出し、その値をチームの人数で割り、時系列をプロットします。追加された人数が開発の成果物を上回っていることに気づいたら、ブレーキをかけるときです。

社会心理学者たちは、チームのスケールアップに潜む危険性を何十年も前から認識しています。グループの規模だけでも、コミュニケーションに大きな悪影響がおよびます。グループの規模が大きくなるに従い、議論に参加するグループメンバーの割合が減り、プロセスロスが加速し、匿名性が高まることで全体的な目標に対する責任感が低下します。そこで、ソフトウェア組織にも含みを持つ殺人事件を例に、グループの規模の拡大がおよぼす影響を理解することにしましょう。

13.1.3 責任の拡散

グループの規模が責任感にどのような影響を与えるのかを示す、よく知られている悲劇的な刑事事件があります。1964年、ニューヨーク市でKitty Genoveseという若い女性が帰宅途中に暴行され、殺害されました。暴行は30分にわたって続きました。助けを求める彼女の叫び声を聞いた近隣住民は少なくとも12人はいましたが、誰1人助けに行かず、警察に通報した人もいませんでした。

この悲劇をきっかけに、責任に関する研究が次々に始まりました。なぜ誰も警察に通報すらしなかったのでしょうか。人々はそれほど無関心だったのでしょうか。

Kitty Genovese事件を調査した研究者は、社会環境に焦点を合わせました。多くの場合、私たちの行動に強い影響を与えるのは、性格因子よりも状況自体のほうです。この事件では、Kitty Genoveseの近くにいた住民は、ほかの誰かがすでに警察に通報していると思い込んでいました。この心理状態は、現在では**責任の拡散**(diffusion of responsibility)として知られており、その効果は実験で確認されています(元の研究については、*Bystander intervention in emergencies: diffusion of responsibility*[DL68]を参照)。

ソフトウェア開発チームも責任の拡散の影響からは逃れられません。グループの規模が拡大するに従い、品質問題やコードの臭いが放置される可能性は高くなっていきます。

有能な人なら、こうした問題を減らすことができるかもしれませんが、完全になくすことはできません。唯一の切り札は、規模を拡大しないことです——少なくとも、コードベースが持ちこたえられなくなるほど拡大しないでください。品質の問題であれ組織的な問題であれ、何かがおかしいと感じたら、そのことを話してみるのがポイントです。グループが大きければ大きいほど、反応する人の数は少なくなります。一石を投じることができるのは、あなたです。

13.2 調整問題のホットスポット分析

第1部で説明したように、大規模なコードベースの全容を把握することは現実的に不可能です。ありとあらゆる詳細を1つの脳に収めることはできません。つまり、品質に問題があることを認識していても、根本原因が何か、潜在的な問題がどの程度深刻かがわかっているとは限りません。可動部が多すぎます。

これらの根本原因は、技術的な課題にとどまらず、組織的な要素を含んでいることがよくあります。多くのプロジェクトでは、組織的な側面だけで、その成否が決まります。これらの要因を照らし出す方法についてはすぐに説明しますが、まず、ケーススタディで使うオープンソースプロジェクトの関連する側面について説明しておきましょう。

13.2.1 オープンソースソフトウェアとプロプライエタリソフトウェアの違いを理解する

ここまでは、すべての分析に現実のサンプルを使ってきました。私たちが明らかにしてきた問題はすべて本物です。しかし、多くのオープンソースプロジェクトは従来の会社組織を持たないため、人的な側面に関しては、オープンソースのサンプルに頼るのは難しくなります。つまり、分析の結果を解釈するときには、企業のコンテキストに外挿する必要がありますが、はみ出す部分はほんの少しです。コンテキストと結果は異なるかもしれませんが、分析と問題は同じです。私たちが理解していることを確認してみましょう。

オープンソースプロジェクトは自らの意思で形成されたコミュニティであり、参加者の活動は緩やかに調整される傾向にあります。この点は重要です。なぜなら、このテーマに関する研究調査では、オープンソースプロジェクトに関与する開発者が多ければ多いほど、そのプロジェクトが成功する可能性が高くなることが判明しているからです（*Brooks' versus Linus' law: an empirical test of open source projects*［SEKH09］）。

コミッターの人数が長期的な成功要因であるとはいえ、オープンソースプロジェクトもブルックスの法則の影響から逃れられるわけではありません。201個のプロジェクトを対象とした大規模な調査では、チームの規模と開発者の生産性が強い負の相関関係にあることがわかりました。さらに、チームの規模がもたらすこの負の影響は、各チームのコラボレーション構造によって説明がつくはずです（*Big Data=Big Insights? Operationalising Brooks' Law in a Massive GitHub Data Set*［GMSS22］）。

生産性以外にも考慮すべき側面があります。Linuxに関する調査では、「コードを変更する開発者の数が多いと、システムのセキュリティに悪影響がおよぶ可能性がある」ことがわかっています（*Secure Open Source Collaboration: An Empirical Study of Linus' Law*［MW09］）。より具体的には、開発者が9人以上いると、モジュールにセキュリティ上の欠陥が含まれる可能性が16倍高くなります。こうした結果は、オープンソースも人間の本性からは逃れられないという事実をうまく要約しています——そうした環境では、並行開発の代価も支払うことになります。そのことを念頭に置いた上で、組織的な分析に取りかかることにしましょう。

13.2.2 複数の作成者が関与するホットスポットを分析する

プロジェクトに人員を追加することは、作業を意味のある方法で分割できる限り、必ずしも悪いことではありません。問題が起き始めるのは、アーキテクチャがすべての開発者を支えきれなくなったときです。この問題を特定するために、貢献パターンのホットスポットを調べることにします。これらの貢献パターンは調整の問題があることを示唆しています。

この分析を具体的に見ていくために、第7章の7.3節で調べたFollyのコードベースに戻ります。695人の作成者を含め、大勢の積極的なコミッターがいるFollyは、代表的な例として申し分ありません。図13-5を見てください。

前回コードベースを調べた結果から、やっかいなホットスポットがいくつかあることがわかっています。組織的な影響を確認するには、コミッターに関する情報を集める必要があります。図13-6に示すように、各コミットには変更を行ったプログラマーに関する情報が含まれているため、この情報はGitから取得できます。

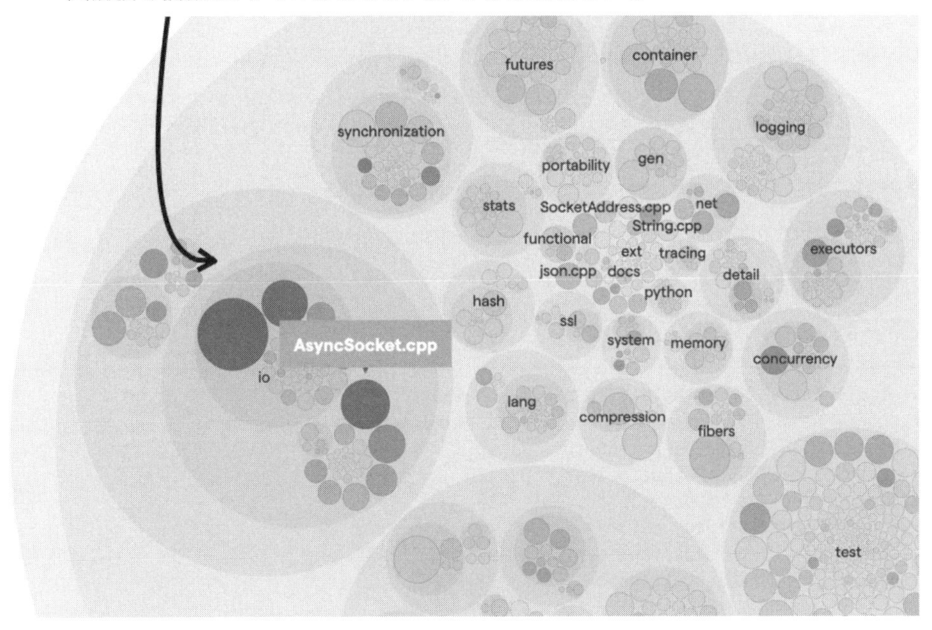

図 13-5：Folly のホットスポットマップ

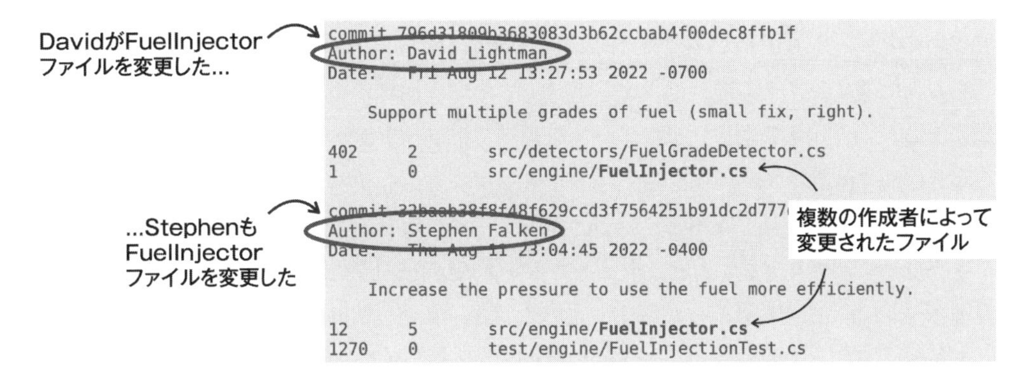

図 13-6：変更を行ったプログラマーに関する Git の情報

変更の頻度を計算してホットスポットを特定したのと同じように、今度は作成者の頻度を計算することで、それぞれのホットスポットに開発者が何人くらい集まっているのかを調べてみましょう。まず、Folly リポジトリ※2 から Git ログを生成します。

※ 2　https://github.com/code-as-a-crime-scene/folly

```
$ git log --all --numstat --date=short --pretty=format:'--%h--%ad--%aN' --no-renames \
> --after='2021-08-01' > git_folly_12_months.txt
```

このコマンドは以前に使ったものと同じですが、--after フラグを指定してデータの範囲を過去12か月に制限しています。というのも、コミッターの入れ替わりが激しいため、検出した問題が何年も前に発生したものではなく、最近のものになるようにしたいからです。過去12か月を調べれば、潜在的な調整のボトルネックに関するよい目安になるはずです。

ここから、複数のプログラマーの間で共有されているファイルを特定します。アルゴリズムは単純です――すべてのコミットをファイルごとにグループ化し、一意な作成者の人数を合計します。このステップは、Code Maat の authors 分析を使って自動化できます。

```
$ maat -l git_folly_12_months.txt -c git2 -a authors
entity,                                    n-authors, n-revs
build/fbcode_builder/getdeps/builder.py,    13,        38
folly/io/async/test/AsyncSSLSocketTest.cpp, 12,        15
folly/io/async/test/AsyncSocketTest2.cpp,   10,        17
build/fbcode_builder/getdeps.py,            9,         28
build/fbcode_builder/getdeps/manifest.py,   9,         22
folly/io/async/AsyncSSLSocket.cpp,          9,         10
......
```

この結果では、Folly のファイルが作成者の人数の順に並んでいます。肝心の情報は、モジュールに変更をコミットしたプログラマーの人数を示す n-authors 列にあります。

興味深いことに、最も調整が必要だと思われる builder.py ファイルは、アプリケーションコードではなく、ビルドシステムの一部です。テストコードと同様に、この種のサポートコードは時間の無駄になる可能性があるため、モジュールを調べて、コードが正当な理由もなく複雑になっていないことを確認すべきです。

リストの残りの部分を見てみると、async パッケージのホットスポットも調整を引き寄せる磁石になりそうです。別の見方をすると、ホットスポット AsyncSSLSocketTest.cpp は、過去1年間に12人の開発者によって変更されています。このモジュールの技術的負債がグループ全体に影響を与えることを考えると、このモジュールの技術的負債はどれも高くつきそうです。この点については、次章で詳しく見ていきます。その前に、ブルックスの法則に関連するもう1つの古典的なソフトウェアの法則について考えてみましょう。

13.3　コードでコンウェイの法則を特定する

組織とソフトウェア設計がつながっていることを指摘したのは、Brooks が初めてではありません。それよりも10年前に、Melvin Conway が、かの有名な論文を発表しました。その論文には、現在では**コンウェイの法則**として知られている命題が含まれていました（*How do committees invent?* [Con68]）。

> システム（単なる情報システムではなく、より広い意味での）を設計する組織は、その組織のコミュニケーション構造とそっくりの構造を持つ設計を生み出さざるを得ない。

コンウェイの法則は長年にわたって多くの注目を集めてきたので、ここでは簡単な説明にとどめます。コンウェイの法則には、基本的に、解釈の仕方が2つあります。1つ目の方法では、The Jargon File※3に「4つのグループでコンパイラを開発すると、4パスコンパイラができあがる」とあるように、皮肉な（そして、おもしろい）解釈ができます。

もう1つの解釈は、構築しているシステムから始まります。ソフトウェアアーキテクチャが提案されている場合、そのアーキテクチャを実現するのに理想的な組織はどのようなものであるべきでしょうか。このように逆から解釈していくと、コンウェイの法則は価値ある組織的ツールになります。既存のシステムで、どのように活用できるのかを見ていきましょう。

13.3.1　既存のシステムでコンウェイの法則を使う

第1章の1.1節で学んだように、私たちはほとんどの時間を既存のコードを変更することに費やしています。Conwayはシステムの初期の設計を中心として法則を定式化しましたが、その法則は既存のコードの継続的なメンテナンスにとって重要な意味を持ちます。

Team Topologies [SP19]で有名なMatthew SkeltonとManuel Paisの偉業のおかげで、組織的な設計に対する関心は高まっています。**チームトポロジ**の価値は、従来の静的な組織観とは対照的である点にあります。SkeltonとPaisは、「チームがどのように成長し、互いにやり取りするのかを考慮した」動的なモデルが必要であるとしています。もう少し具体的に言うと、**チームトポロジ**はチーム設計の推進力としてコンウェイの法則を使います。つまり、ソフトウェア設計のモジュール性は、開発チームの責務と一致していなければならないということです。そこで、コミュニケーションの依存関係がどこにあるのかを調べてみましょう。

13.3.2　コンウェイの法則を可視化する

最初の目的は、あなたが構築しているシステムとあなたの組織がどれくらいうまく適合しているのかをすばやくチェックする方法を見つけ出すことです。そこで、コンウェイの法則のリトマス試験である、新しいタイプの**コミュニケーション分析**を紹介しましょう。

※3　http://catb.org/~esr/jargon/html/C/Conways-Law.html

コミュニケーション分析の基本的な考え方は、コードを分析することで、さまざまな作成者間の依存関係を特定するというものです。実際のアルゴリズムは、Change Couplingで使ったものに似ています。出発点として、図13-7を見てください。

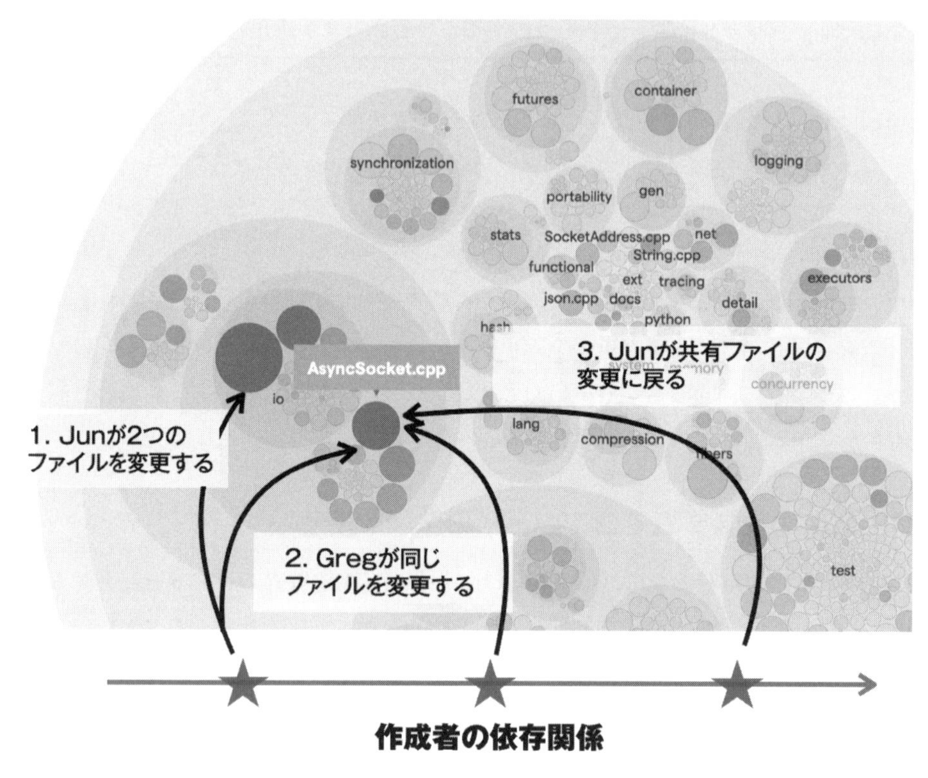

図13-7：コミュニケーション分析のシナリオ

このシナリオでは、JunとGregが同じファイルにコミットしているため、2人の間に依存関係があると結論付けることができます。この依存関係は、それだけを見れば、よくも悪くもありません。すべては状況次第です。

- **凝集性の高いチーム**
  JunとGregが同じチームのメンバーである場合、コードの同じ部分に取り組むことは、チームであることが意味を持つ（メンバーが同じコンテキストを共有している）ことを示唆するため、望ましいことであると言ってもよいかもしれない。

- **チーム間の依存関係**
  Jun と Greg が別々のチームに所属している場合、共有ファイルは調整のボトルネックを示唆している可能性がある。言い換えれば、変更の競合や、複雑なマージ、バグを招くことになる。

コードベース全体を調査するために、Folly リポジトリに戻って、communication 分析を実行してください。過去の組織的なパターンによって結果にバイアスがかからないようにするには、タイムウィンドウ（時間枠）を短く保つ必要があります。このため、13.2.2 項の Git ログを再利用できます。

```
$ maat -l git_folly_12_months.txt -c git2 -a communication
author,              peer,           shared, average, strength
poponion,            Kelo,           1,      1,       100
dmitryvinn,          Dmitry Vinnik, 1,      1,       100
......
Alberto Jaya Gosal, Sing Jie Lee,   2,      3,       66
Zsolt Dollenstein,  John Reese,     4,      8,       50
......
```

さて、この分析から何がわかるでしょうか。最後の行を見ると、作成者 Zsolt と John の間に依存関係があることがわかります。彼らは同じファイルで 4 件のコミット（shared）を行っており、双方のコミットの平均数は 8 です（average）。これらの数字から依存関係の強さ（strength）を計算すると、50%（(4 / 8) * 100）になります。つまり、どちらかがコミットを行うたびに、2 回に 1 回は同じファイルにアクセスする可能性が高いということです。

このデータにチームの視点も追加すれば、コードベースでコンウェイの法則を評価できます。そのためには、少し方向を変えて、結果の特異な点を調べる必要があります。

13.3.3　作成者のエイリアスを解決する

前項のコミュニケーション分析の結果を見直していて、dmitryvinn と Dmitry Vinnik の 2 人が、2 つのコミッター名を使っている同一人物である可能性に気づいたかもしれません。残念ながら、Git はエイリアスの設定があまりにも簡単であることで有名です。自宅のラップトップでコミットをいくつか実行し、職場のコンピュータでさらにコミットを実行したのかもしれません。マシン間で作成者情報を統一するように注意していないと、Git ログに 2 つの名前で記録されることになります。

エイリアスの解決は日常的なタスクですが、Git には、このタスクを手助けする mailmap※4 という機能があります。この機能を利用するには、リポジトリのルートに .mailmap ファイルを追加して、エイリアスから各コミッターの優先名へのマッピングを指定します。dmitryvinn の場合は図 13-8 のようになります。

※4　https://git-scm.com/docs/gitmailmap

```
Dmitry Vinnik <some@email.com> dmitryvinn <some_other@email.com>
```

図 13-8：.mailmap ファイルのマッピング

このマッピングを指定すると、作成者のエイリアスが解決されます。これでGitログがすっきりしたので、個人からチームにスケールアップできます。

13.3.4　個人からチームへのスケールアップ：コードでのソーシャルネットワーク

コンウェイの法則は、アーキテクチャを組織単位に合わせせることに関するものですが、ここでの分析は個人レベルで実行されます。もちろん、これはGitが個々の作成者レベルで運用されるためです。この問題を解決する1つの方法は、Gitログを後処理し、各作成者の名前をその組織（チーム）に置き換えることです（図13-9）。

```
; specify the mapping from
; individual author to their team
Orvid,  Backend Team
Parvez, Backend Team
Simon,  Platform Team
```

個人の貢献

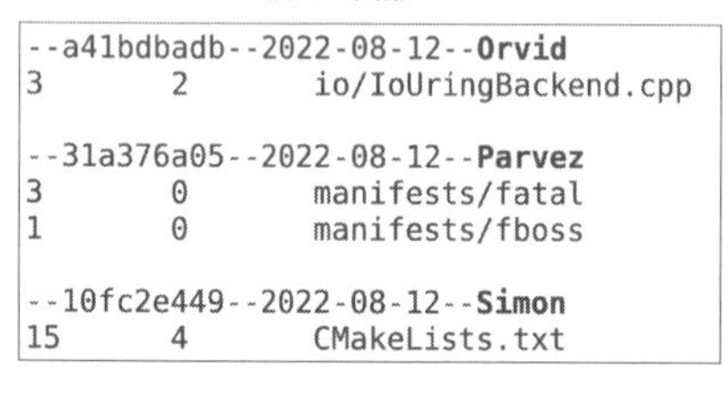

```
--a41bdbadb--2022-08-12--Orvid
3       2       io/IoUringBackend.cpp

--31a376a05--2022-08-12--Parvez
3       0       manifests/fatal
1       0       manifests/fboss

--10fc2e449--2022-08-12--Simon
15      4       CMakeLists.txt
```

チームの貢献

```
--a41bdbadb–2022-08-12--Backend Team
3       2       io/IoUringBackend.cpp

--31a376a05–2022-08-12--Backend Team
3       0       manifests/fatal
1       0       manifests/fboss

--10fc2e449–2022-08-12--Platform Team
15      4       CMakeLists.txt
```

図 13-9：Git ログの各作成者の名前をチームに置き換える

その作業が済んだら、後処理したGitログで同じ分析を実行します。このGitログにはチームが含まれていますが、アルゴリズム的な違いはありません。このステップが完了すると、組織がコンウェイの法則に従っているかどうかを評価する準備が整います。

- **ほとんどのコミュニケーションパスは同じチームのメンバーの間になければならない**
  このパターンは、チームがアーキテクチャの観点から意味を持つことを示している。同じチームに所属する人々はコードの同じ部分に取り組む。

- **チームにまたがる貢献は限定的でなければならない**
  チームの境界を越えるパスは、すべて潜在的な調整のボトルネックがあることを示す。チーム間の貢献がたまにある分には、同僚が協力的であることを示すよい兆候かもしれないが、そうしたパスはチーム内の依存関係よりもはるかに少なくなければならない。

これらの原則に従うことで、図13-10のような結果が期待できます。図13-10はコンウェイの法則にうまく適合している組織を表しています。

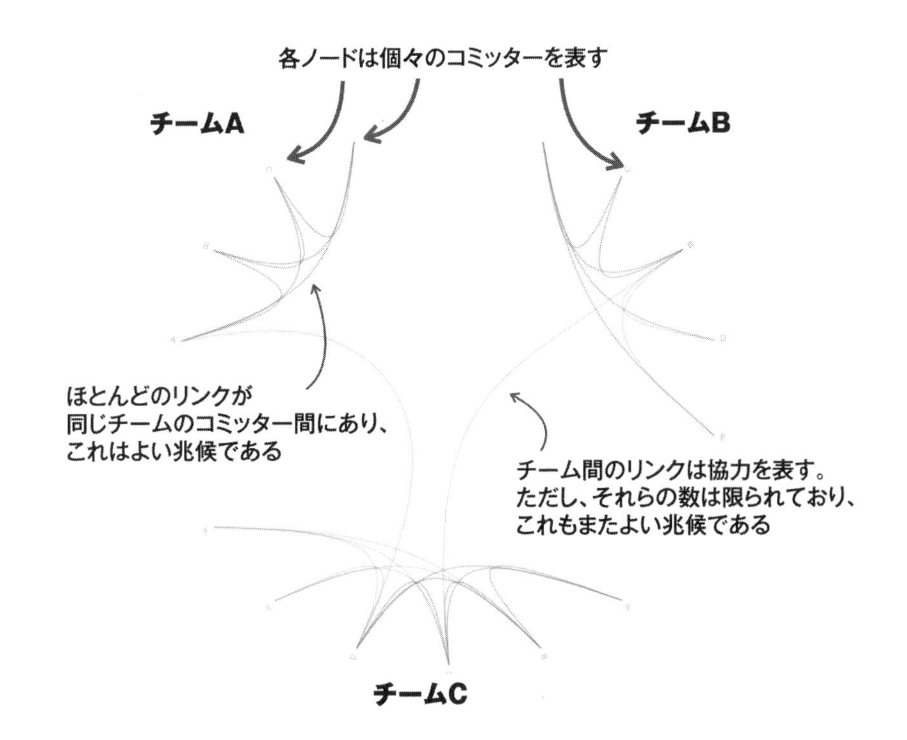

図13-10：チーム間の理想的な連携

図13-10では、リンクを使って人々の依存関係を表しています。それぞれのリンクは、コードの同じ部分にコミットした開発者を表しています。この理想的な連携と、図13-11に示すチーム間の過剰な連携を比較してみましょう。

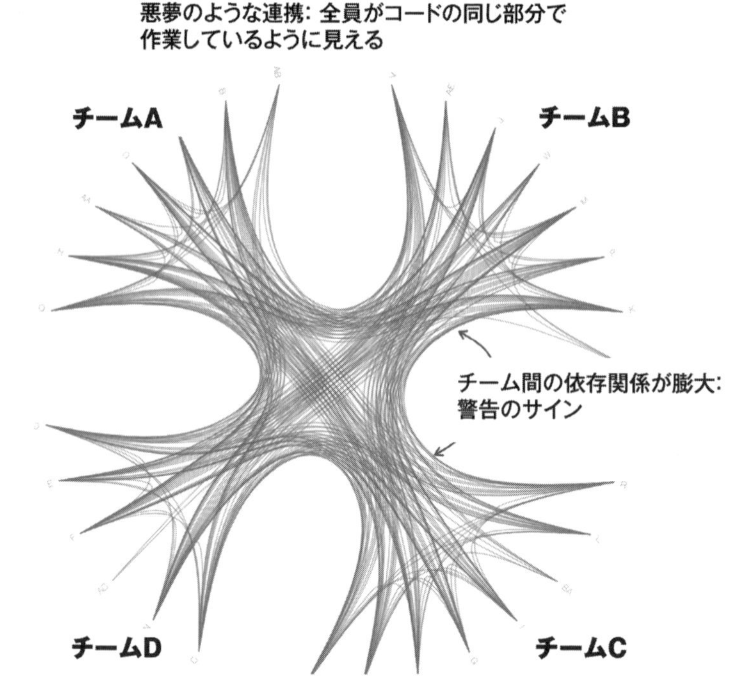

図13-11：チーム間の過剰な連携

図13-11は、審美的には壮観ですが、このプロジェクトにおいて壮観なのは、その失敗の規模だけです。関係者が4倍もの開発者を投入して、より現実的な1年の時間枠ではなく、3か月で完了しようとしたプロジェクトを覚えているでしょうか。これが、その結果としてできあがったチーム間のコミュニケーションパスの姿です。また、組織図には4つのチームがありますが、実際には、それらのチームにコード内での自然な境界がないこともわかります。それどころか、その周囲を人工的な組織境界で囲まれた、全員がすべてのコードに取り組む1つの巨大なチームができあがっています。

このように捉えた場合、コミュニケーション分析は、さまざまなチームの個人が構築中のコードと交わるソーシャルネットワークを表すようになります。

13.4 チーム間の依存関係に対処する

本章で学んだように、モジュールの作成者の人数と、そのコードのリリース後の不具合の数は相関関係にあります。ブルックスの法則によって浮き彫りになったように、これは並行作業に伴ってコミュニケーションのオーバーヘッドが増えた結果であることがわかりました。そこからコンウェイの法則に舞台を移して、作業をどのように組織化するかがコードに影響をおよぼすことを学びました。プロジェクトの構造は、システムの構造と一致していなければならないこともわかりました。

問題を特定することもやっかいですが、問題を軽減することは、さらに輪をかけてやっかいです。一般的な対処法の1つは、コミュニケーションのニーズに従ってチームを再編成することです。長期的なプロジェクトではニーズが変化するため、これらのトピックを定期的に再考する必要があるでしょう。そうしたプロジェクトチームの再編成をうまく行うと、コミュニケーションのオーバーヘッドを最小限に抑えられることがわかっています（*The Effect of Communication Overhead on Software Maintenance Project Staffing*［DHAQ07］）。

場合によっては、システムの共有部分を組織の構造に合わせて再設計するほうが簡単です（実際、そのほうが適切です）。この方法は、Conway自身がその代表的な論文で提案していることに近いものです。Conwayは「設計作業はコミュニケーションのニーズに応じて組織化されるべきだ」と結論付けているからです（*How do committees invent?*［Con68］）。

多くの場合、ボトルネックを取り除くには、チームとソフトウェアアーキテクチャの**両方**を調整する必要があります。手っ取り早い解決策はありませんが、幸いにも、すでに必要なツールはすべて揃っています。Change Couplingによって依存関係が明らかになることは、すでにわかっています。本章で説明した社会的コンテキストでその情報を補完できれば、アーキテクチャのどこで望ましくない調整が発生しているのか、どのチームが影響を受けているのかをピンポイントで特定できます。それにより、再設計のステップに必要な情報が得られます。次章では、技術的な問題がどのようにして組織的な問題を引き起こすのかを探りながら、残りの点と点を結びます。その前に、本章で学んだ内容を応用して、次の練習問題を解いてみてください。

13.5 練習問題

出版から50年経った今も、プロジェクトは相変わらずブルックスの法則によって築かれた壁に頭からぶつかっています。自らの歴史から学ぼうとしない産業は、これを学習の失敗として簡単に片付けてしまうでしょう。そうすれば少し説明がつくかもしれませんが、根本原因に対処する上で、あまり助けになりません。そこで本章では、表面的な説明にとどまらず、警告のサインを計測して可視化する方法を明らかにしました。問題が難しいほど、客観的なデータが重要となります。次に示す練習問題は、引き続きこの探索を行うことで、将来同じような状況に直面したときにいち早く対処できるように準備する機会となります。

13.5.1 成果物が減少した理由を調べる

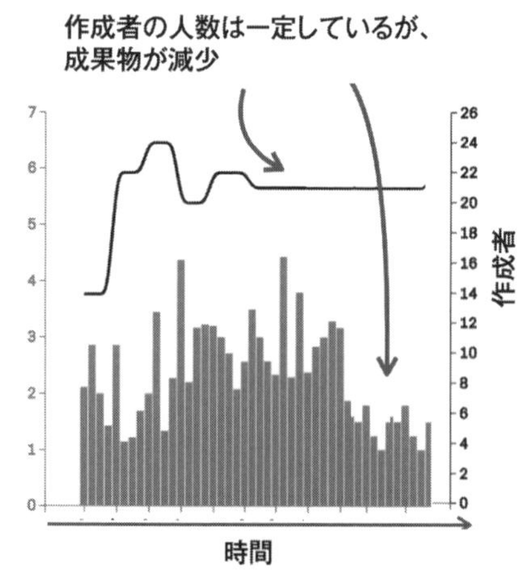

図13-12：開発者の人数と成果物の関係

本書では、ブルックスの法則を可視化するために、Jiraなどのツールからタスク情報を取り出し、ストーリーポイントや完了した機能といった成果物の指標を開発者の人数で割りました。ブルックスの法則の犠牲になったプロジェクトでは、ワニの口のように、作成者の人数が増えるに従って成果物が減っていきました。

図13-12の右側を見てください。開発の成果物は減っていますが、作成者の人数は変わっていません。原因として何が考えられるでしょうか。

いつものように、こうした自由回答形式の問題では、付録Aも忘れずにチェックしてください。

13.5.2 分析をモノレポの一部に制限する

- リポジトリ：https://github.com/code-as-a-crime-scene/roslyn
- 言語：C#、Visual Basic .NET
- ドメイン：Roslynはコンパイラプラットフォーム
- 分析スナップショット：https://tinyurl.com/roslyn-social-fragmentation

チームが担当するのは大きなモノレポ[※5]の一部というのはよくあることです。「担当している」部分のコードのみに焦点を合わせると、分析をパーソナライズできます。この方法は、この情報をワークフローに統合するときに役立ちます。たとえば、チームの貢献に対するホットスポットマップを可視化すると、構築中のシステムを中心として振り返りを行うのが容易になります。

Roslyn コードベースの分析範囲を制限してみましょう。第 11 章の 11.4.2 項では、12 万行もの大規模なテストホットスポットが見つかりました。次のようにして調査を開始してください。

```
$ git log --all --numstat --date=short --pretty=format:'--%h--%ad--%aN--%aE' \
> --no-renames --after='2020-08-01' -- src/Compilers/CSharp/Test > git_roslyn_log.txt
```

基本的な Git コマンドはここまで使ってきたものと同じですが、`--` を使ってログを `src/Compilers/CSharp/Test` の内容に制限しているという違いがあります。このオプションを利用すると、大規模なコードベース内の関心がある部分を詳しく調べることができます。

この Git ログを使って `authors` 分析を実行します。`NullableReferenceTypesTests.cs` ホットスポットに触っている作成者は何人いるでしょうか。

※5 [監訳注] アプリケーションやマイクロサービスの全コードを単一のモノリシックなリポジトリに保存するパターンのこと。さまざまな局面での効率化が望めるが、特に本章のテーマの 1 つでもある調整コストを下げる効果が期待できる。これに対してポリレポという概念があるが、こちらは多数のリポジトリにコードを分割するパターンになる。

第14章 技術的な問題が組織的な問題を引き起こすとき

ソフトウェア開発の人的な側面を間違えれば、どのようなプロジェクトも破綻する可能性があることがわかりました。また、その結果として生じる問題は、理解しにくいコードといった技術的な問題と混同されがちでもあります。意外に思えるかもしれませんが、その逆もまた然りです。つまり、コードをどう書くかが、組織の人的な側面に影響を与えます。技術的な意思決定は、決して技術的なことだけではありません。

本章では、このような「人とコードが交わる部分」をさらに詳しく探っていきます。前章までのパズルのピースを組み合わせ、新たな行動的コード分析テクニックで補い、どのようなコードベースでも全体論的な視点を組み立てられるようになることを目指します。最終的には、結合や凝集性のような技術的な設計品質を、人間の組織への影響に基づいて理解できるようになります。まず、不健全なコードがチームの士気に与える影響を探ることから調査を開始しましょう。

14.1　コードでつなぎ止める

いきなりですが、チームの中心的なメンバーのうち何人が会社を辞めたらコードベースを維持できなくなるでしょうか。5人でしょうか。10人でしょうか。14.4節で説明するように、開発者がいなくなるたびに、集合知の一部が持ち去られます。コードを完全に把握できているとは言えなくなった環境での作業は、開発者に不満を抱かせ、ビジネスにとって壊滅的な結果をもたらす可能性があります。

驚くべきことに、健全な作業環境を提供することが開発者をつなぎ止める一番の方法であることを理解している企業は、ごくわずかです。健全な作業環境は、職場の柔軟性や、友好的な上司、カフェテリアに卓球台があるかどうかよりも重要です。職場環境のそうした部分は基本的なもので、どのような組織においても必要性を理解しやすく、また可視化しやすいものでもあります。とはいえ、ここで言っている作業環境とは、あなたがほとんどの時間を費やすもっと目立たない環境——つまり、ソースコードのことです。

コードの品質は重要です。というのも、コードの品質によってできる仕事の種類が決まり、ひいてはその仕事がどれくらい有意義であるかに直接つながるからです。このことは、経営コンサルティング会社であるMcKinseyのレポートでも明らかであり、有意義な仕事が将来約束されていることが、人々が転職する最大の動機であると断定されています※1。では、不健全なコードの影響に戻って、このつながりを探ってみましょう。

14.1.1 バッドコードは不幸の始まり：科学的な関連性

本書では、コードでのホットスポットの出現、やっかいな依存関係、そして調整のボトルネックを常に把握することの重要性という観点から、技術的な理由を明らかにしてきました。ただし、技術的な問題が技術的な影響だけで終わることは滅多にありません。こうした品質の問題は、チームの幸福にも大きな影響をおよぼします。コードが理解しにくかったり、メンテナンスが難しかったりすると、開発者がコードベースとそれに伴う組織の混乱に不満を抱くようになり、離職率が高くなります。最終的には、より恵まれた環境……そしてコードを求めて、会社を去っていきます。

バッドコードと開発者の不満との関係は、1,318人が参加した大規模な調査でも明らかになっています（*On the Unhappiness of Software Developers*［GFWA17］）。この調査では、研究者チームが開発者の不満の主な理由を割り出しました。上位3つの理由は、1) 問題解決に行き詰まっている、2) 時間的プレッシャーにさらされている、3) 扱っているコードの質が悪い、でした。第7章の内容と併せれば、技術的負債が開発者の士気にどのような影響を与えるのかが簡単にわかります。

1. **Redコードで行き詰まる**

   最近起きた本番環境のクラッシュについてチームで話し合うデイリーミーティングに出席しているとしよう。あなたは、この問題の解決に名乗りを上げる。何しろ、障害の原因については見当がついており、数時間もあれば修正できるはずだ。しかし、すぐにコードがぐちゃぐちゃであることに気づく。コードの意図を読み解くのは難しく、バグを絞り込むのは予想以上に難題である。あなたは途方に暮れ始める。

※1 https://tinyurl.com/mckinsey-great-attrition

2. **バッドコードの予測不能性が時間的プレッシャーを引き起こす**
   第７章の7.2節で説明したように、複雑なコードでのバグ修正には、健全なコードでの同様の修正よりも桁違いに時間がかかることがある。これが時間的プレッシャーにつながる理由は簡単にわかる。数時間もあれば問題を修正できると考えていたのに、問題を絞り込むだけで何日もかかってしまう。あなたの焦りは、やがて組織に波及する。何しろ、本番環境のクラッシュは修正しないわけにはいかない。

3. **無駄と苛立ちが複雑なコードへの嫌悪を抱かせる**
   行き詰まりの原因となっているコードに取り組むのはもどかしい。最も苦痛を感じるのは、「そもそも避けられたはずのバッドコードに遭遇した」ときである。この表現には、偶有的な複雑性がうまく要約されている（開発者の生産性に関するすばらしい論文である *Happiness and the productivity of software engineers* [GF19] からの引用）。

要するに、技術的負債の返済には、リスクと無駄を削減する以上の意味があるのです――技術的負債の返済は、チームの士気とモチベーションを高め、幸福度を向上させます。結果として、実際のビジネス問題の解決や次のクールな機能の構築のほうに集中できるようになります。あなたは、そもそもそうしたことがしたくて、その職場を選んだのでしょう。つまり、付随的なことではなく、本質的なことに時間をかけたかったはずです。

士気を高めるためのリファクタリング

不健全なコードによるリスクの増加と過剰な無駄だけでは、改善への投資を組織に納得させるのに不十分である場合は、開発者の幸福度に関する先の調査が、問題のあるコードをリファクタリングするもう１つの強力な動機付けになります※2。やる気を失った開発者が会社を去るたびに、集合知の一部が一緒に消えてしまいます。離職者がある程度の数になると、コードベースを維持するのは難しくなります。その先に待ち受けているのは、避けようのない書き換えの罠です。コードを健全な状態に保つほうが、スタッフを失うよりもはるかに安く済みます。

14.2 コードの臭いが調整の問題を引き起こすとき

不健全なコードは、個人のストレスや不満につながるだけではなく、開発チーム間の調整の問題も引き起こします。その主な原因は、凝集性の欠如です。

※2 ［監訳注］言い換えると、リファクタリングはパズルや謎解きのようで楽しく、コードを無駄なくクリーンにする気持ちよさというのも開発者の幸福の１つとしてあるので、時間的プレッシャーなどがそれほどかからない場面で思う存分リファクタリングさせることで、向上心のある開発者は大喜びするものということ。

第 6 章の 6.1 節で示したように、凝集性は最も重要な設計品質の 1 つであり、コードを知識の塊として捉えられるようになります。まず、凝集性の高いモジュールを構築できないために、ホットスポットが調整のボトルネックになる仕組みを調べてみることにします。

14.2.1　ホットスポットが複数の作成者を引き寄せる仕組み

前章では、Folly のコードベースで調整を引き寄せる磁石のごときホットスポットのクラスタを特定しました。図 14-1 を見て、それらのホットスポットが多くの作成者（author）を魅了することを思い出してください。

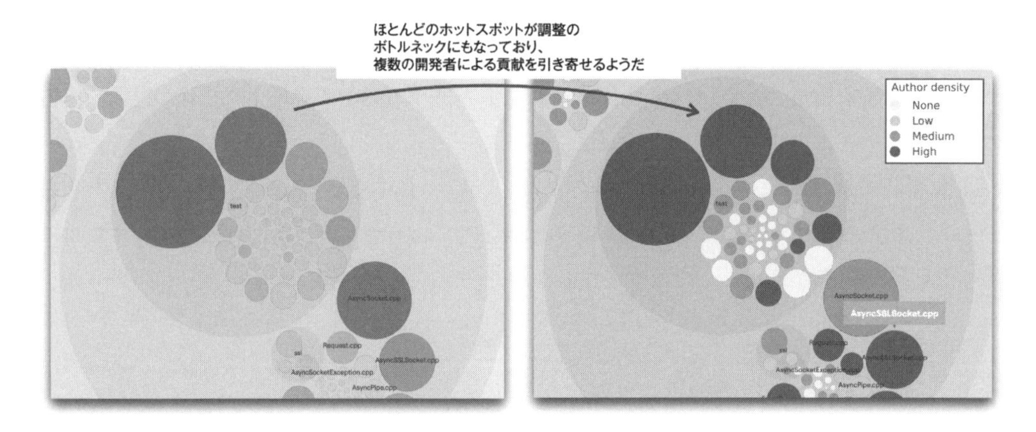

図 14-1：Folly において調整のボトルネックとなっているホットスポット

調整の可視化は見たことがない。これは新しいやつ？

Joe asks

いいえ、これは第 4 章の 4.1.3 項で学んだ D3.js の可視化と同じタイプのものです。同じテクニックとスクリプトを使って、各コードの作成者の密度を可視化できます。この重要な組織的因子を可視化すると、潜在的な問題がチームのメンバー全員に見えるようになり、そうした問題を共有しやすくなります。

ホットスポットと調整の問題が重なるのは、よくあることです。ほとんどの場合、根本原因は技術的な問題（モジュール性がうまく満たされていない）であり、組織再編をどれだけ繰り返しても状況は改善されません。それどころか、チームの責務の割り当てを見直したり、コードの所有権を強化したりしても、ボトルネックが新たな問題に姿を変えて状況を悪化させるだけでしょう。そうしたトレードオフについては 14.3.1 項で見ていきますが、さしあたり、AsyncSSLSocket.cpp ホットスポットを手早く調べて、問題の核心に迫ってみましょう。図14-2のコードを読むか、オンラインのコードレビュー※3で問題を確認してください。

```
ssize_t bytes;
uint32_t buffersStolen = 0;
auto sslWriteBuf = buf;
if ((len < minWriteSize_) && ((i + 1) < count)) {
  // Combine this buffer with part or all of the next buffers in
  // order to avoid really small-grained calls to SSL_write().
  // Each call to SSL_write() produces a separate record in
  // the egress SSL stream, and we've found that some low-end
  // mobile clients can't handle receiving an HTTP response
  // header and the first part of the response body in two
  // separate SSL records (even if those two records are in
  // the same TCP packet).

  if (combinedBuf == nullptr) {
    if (minWriteSize_ > MAX_STACK_BUF_SIZE) {
      // Allocate the buffer on heap
      combinedBuf = new char[minWriteSize_];
    } else {
      // Allocate the buffer on stack
      combinedBuf = (char*)alloca(minWriteSize_);
    }
  }
  assert(combinedBuf != nullptr);
  sslWriteBuf = combinedBuf;

  memcpy(combinedBuf, buf, len);
  do {
    // INVARIANT: i + buffersStolen == complete chunks serialized
    uint32_t nextIndex = i + buffersStolen + 1;
    bytesStolenFromNextBuffer =
        std::min(vec[nextIndex].iov_len, minWriteSize_ - len);
    if (bytesStolenFromNextBuffer > 0) {
      assert(vec[nextIndex].iov_base != nullptr);
```

ヒューリスティック：特殊なケース（if文で表されている）の近くにあるコメントブロックは別の責務を示しており、別の関数として表現したほうがよい

複数の深く入れ子になったロジックからBumpy Roadの臭いがする

図14-2：AsyncSSLSocket.cpp ホットスポット

図14-2に示されているのはコード全体のほんの一部です。AsyncSSLSocket.cppには全部で100を超える関数があり、それらの多くは同じように複雑です。このコードの臭いが一体となって、**God Class**（神クラス）を表しています。God Classは設計の臭いであり、責務が威圧的なまでに集中していて、God Function（神関数）が少なくとも1つ含まれているクラスを表します。このようなコードはシステムの振る舞いを一極化させる傾向にあり、組織の力学に影響を与えます。つまり、独立した機能に取り組んでいるプログラマーが、図14-3に示すように、コードの同じ部分での作業を頻繁に強いられるようになります。ホットスポットはソフトウェアの世界の交通渋滞です。

※3　https://tinyurl.com/folly-async-spot-review

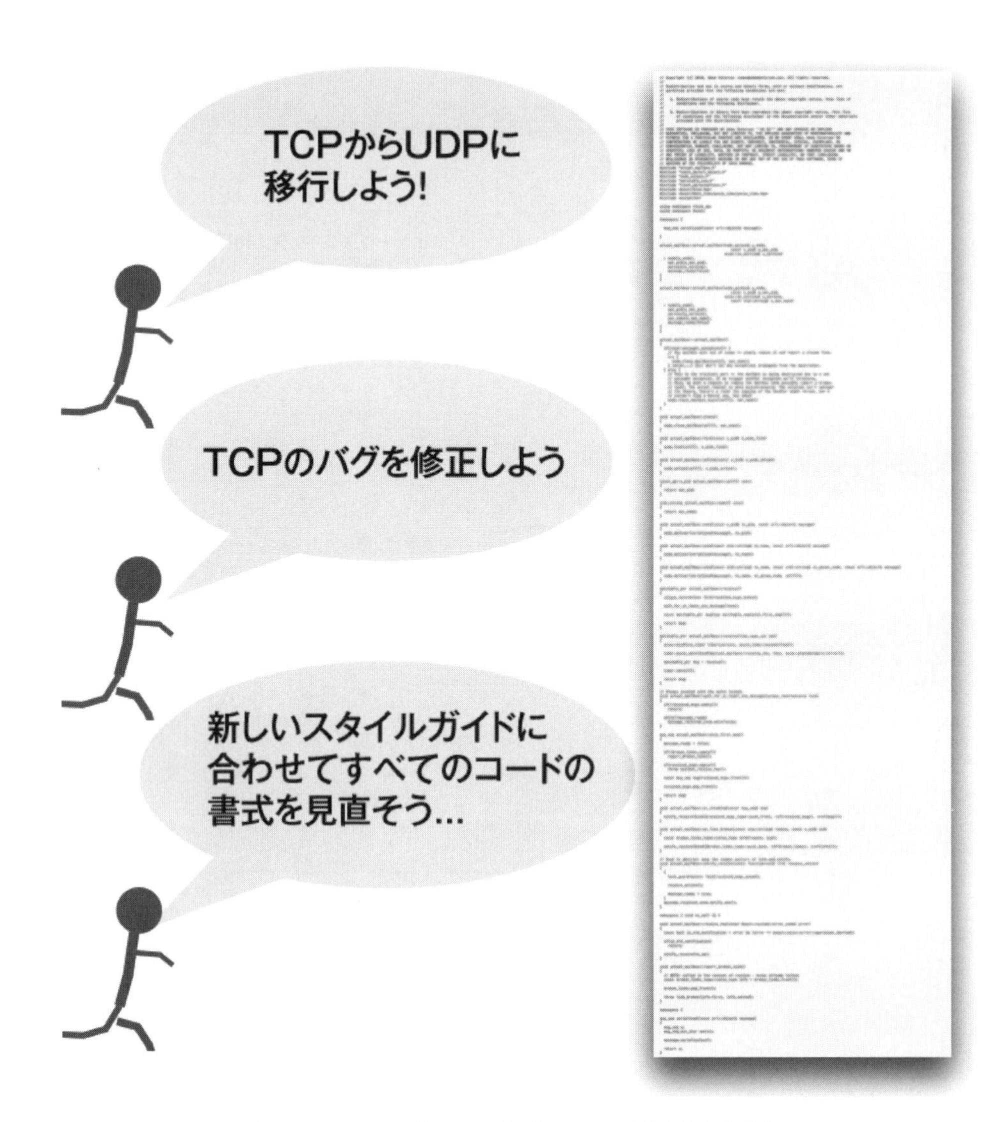

図 14-3：ホットスポットはソフトウェアの世界の交通渋滞

つまり、この時点で技術的な問題が発生していることがわかります。チームも影響を受けていることはわかっているため、複数の開発者が同じコードに取り組むと渋滞が起きることを証明できます。こうした不運な星が並ぶと、深刻な組織的問題を経験することになりかねません。次節では、それらを簡単にまとめて、何に注意を払えばよいかがわかるようにしてみましょう。

14.2.2　プロジェクトを破綻させる技術的要因に注意する

前項の調整の問題は、今日の組織が直面している多くの予算超過の原因です。平均すると、大規模なITプロジェクトは予算を45%超過しており、きわめて大規模なプロジェクトはおよそ200%の予算超過に直面しています。極端に大きな数字です。さらに深刻なことに、実証研究では、ITプロジェクトのリスクが意思決定者の想定よりもはるかに高いこともわかっています（現在の調査の概要と、プロジェクトがリスクを過小評価する仕組みの詳細については、*The Empirical Reality of IT Project Cost Overruns*［FBLK22］を参照）。

では、この業界は、なぜリスクを過小評価し続けるのでしょうか。何しろ、予測可能なITデリバリーに関する私たちの実績は、そもそも楽観的とは言えません。この場合も、ここまで学んできた内容に目を向けると、最大の課題は、失敗する運命にあるプロジェクトの兆候が見えていても、根本原因が不透明で、隠れていて、曖昧なままでありがちなことです。第7章で説明したように、このことはコードの品質の問題にも当てはまります。そして、組織的な問題が気づかれない傾向にあることもわかったばかりです。

こうした技術的な問題と社会的な問題の相乗効果により、状況はさらにややこしくなります。特に、凝集性が低いという技術的な問題は、ブルックスの法則と切っても切れない関係にあります。第13章の13.1.2項で確認したように、知的作業の並列化は決して簡単ではありません。もしソフトウェアが、異なるチームに所属する人々をコードの同じ部分に取り組ませるような設計になっている場合、無駄と納期の遅れによって問題はさらに悪化します。

このブルックスの法則との結び付きは、Windows Vistaに関する印象的な調査によって実証されています。Windows Vistaは、これまでに書かれた中で最大級のソフトウェアの1つです。このプロジェクトでは、製品の品質と組織的な構造との関係が調査されました。そしてわかったのは、不具合の予測に関しては、コードの複雑さやコードカバレッジといった従来の指標よりも、組織的な指標のほうが性能がよいことでした。実際には、ソフトウェアを構築するプログラマーの組織構造は、コード自体のどの特性よりも予測力がある不具合の予測変数です（*The Influence of Organizational Structure on Software Quality*［NMB08］）。

そうしたすばらしい指標の1つとして、各コンポーネントに携わったプログラマーの人数が挙げられます。並行作業が増えれば増えるほど、そのコードの不具合の数は増えていきます。この分析は、前章においてFollyで実行したものとまったく同じです。この調査に基づき、不具合が密集している部分はどこなのかを予測できます。たとえば、活動中のコントリビューターが9人いるFollyの`AsyncSSLSocket.cpp`は、そうした並行作業が少ないファイルよりも不具合を含んでいる可能性が高くなります。コードにおいて人を引き寄せるそうした場所は、それらのコントリビューターが別々のチームに所属している場合は、さらにやっかいです。そこで、そうした側面を詳しく見ていきましょう。

14.2.3　チーム間で矛盾している非機能要件に注意する

チームはビジネス領域を中心として編成される傾向にあるため、パフォーマンスやメモリ消費など、コードに関する非機能要件がチームによって異なることがあります。そんな状況になってしまったら、すぐさまコードに対して相反する変更が行われるようになり、結果として余計な手直しが必要になってしまいます。この問題を回避できるようにするために、例を挙げて説明しましょう。

数年前、筆者は高スループットのバックエンドシステムを担当しているチームに聞き取り調査を行いました。そのチームは、別のチームがしょっちゅうサービスを壊すので困っていると訴えていました。念のために言っておくと、「壊す」と言っても、バグを埋め込むという意味ではありません。サービスの速度がたびたび遅くなり、クライアントへの応答時間が長くなるというのです。

根本原因は、確かにコードの過密な部分――共有ライブラリ――にありました。何と、もう 1 つのチームがシングルユーザーのデスクトップアプリケーションに、その共有ライブラリを再利用していたのです。そのアプリケーションのパフォーマンス特性は、大勢の同時ユーザーに適応しなければならないバックエンドとはまったく異なるものでした。デスクトップチームと話をしたところ、彼らも同じ不満を抱えていたことがわかりました。彼らは彼らで、もう 1 つのチームが執拗にパフォーマンスの最適化を行ったせいで、コードが理解しにくいものになったことに苛立ちを募らせていました。

では、どうやって解決するのでしょうか。たとえ両方のチームが必要とするコードが機能的に同等だったとしても、そのコードを使うコンテキストが異なることを考えれば、同じ共有ライブラリを使うことがうまくいかないのは明らかです。このような状況に直面した場合は、ライブラリを複製し、必要のない部分を削除し、コードを異なる方向に進化させることを検討してください。2 つのコードが同じものに見えるからといって、それらを共有すべきであるとは限りません。

共有コードの苦痛を可視化する

コードを共有していた 2 つのチームは、最終的に正しい解決策に気づきました。どちらのチームも共有ライブラリの苦痛を感じていましたが、共有コードを複製することは考えていませんでした。私たちは開発者なので、コピー＆ペーストされたコードを嫌う習慣が身についています。この場合、特徴空間は実質的に同じでしたが、非機能的なパフォーマンス特性はまったく異なっていました。

並行作業の兆候に気づいたら、第 13 章の 13.2.2 項の分析を実行する習慣を身につけてください。そのようにすれば、その影響を可視化し、説明し、動機化することができます。そして、その問題が設計の見直しを必要としている場合は、その根拠を示すことができます。

14.3　組織の摩擦を可視化する

本書では、個々のホットスポットが調整を引き寄せる磁石に変わる様子を見てきました。しかし、凝集性は多面的な概念です。凝集性の低さは、一見単純に見えるファイルとなって表れることもありますが、実際のシステムの挙動は決して単純ではありません。図14-4は、この問題を示しています。

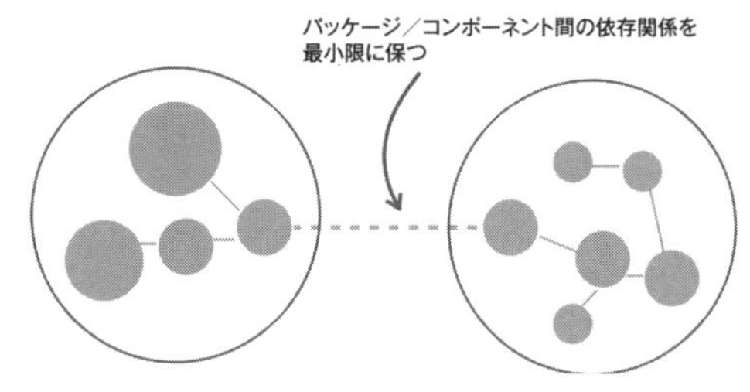

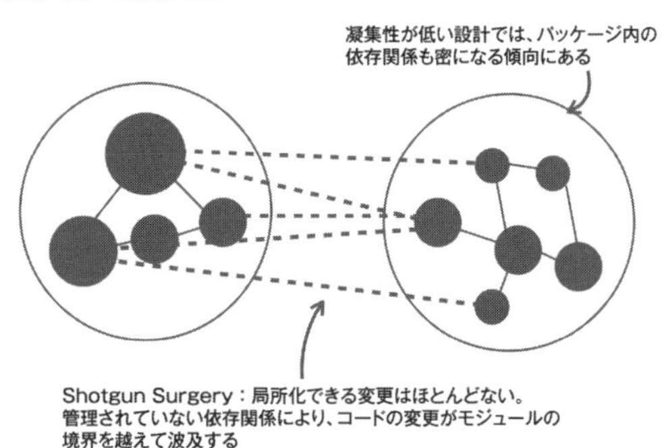

図14-4：設計の凝集性が低いシステムの挙動

このようなコードベースで作業していると、特定の機能の変更に着手した途端に、ほかのパッケージに含まれている3つのファイルも変更しなければならないことに気づきます。そしてもちろん、トップレベルの共有サービスレジストリも更新しなければなりません。なかなか苦しい展開です。

強い依存関係は個々の開発者にとって十分に悪い兆しですが、ほとんどの設計問題と同様に、チームのコンテキストでは、さらに深刻です。結果として生じる組織的な症状について考えてみましょう。

14.3.1　チーム間の依存関係を認識する

ソフトウェアアーキテクチャは決して単なる技術的な問題ではありません。むしろ、チームの協調パターンはソフトウェアの設計によって決まります。

- 凝集性が高く、各ビジネスルールがうまくカプセル化された設計では、ほとんどの変更が局所的で、自明である。
- この原則に従わない場合は、ビジネスの責務が複数のモジュールに散らばる。

複数のチームを密結合アーキテクチャにぴったり収めるのは、ストローで海の水を飲み尽くすよりも難しそうです（よくぞ訊いてくれました。1日8時間がんばったと仮定して、海を空にするにはおよそ6,000兆年かかります[※4]）。

計画上のチーム構造に応じて、組織にさまざまな兆候が表れます。一般的な組織パターンである機能チームについて考えてみましょう。凝集性の高いコンポーネントがないと、機能チームが互いの作業領域を侵害し、共有コードの例で見たのと同じような状況に陥ります。図14-5は、作業している機能と、アーキテクチャから生じるパターンとの間に、そうしたズレがあることを示しています。

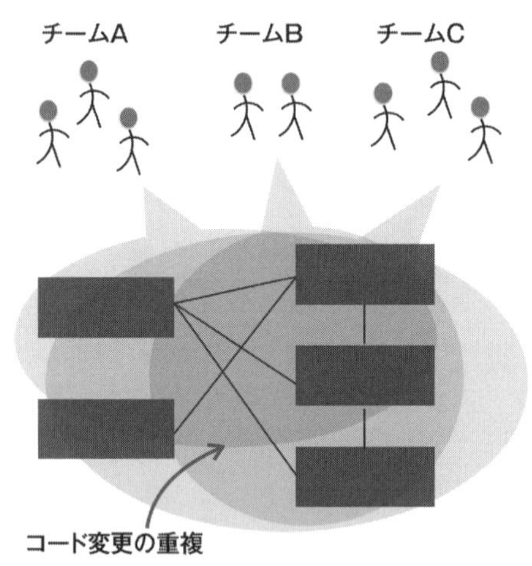

図14-5：凝集性の低いアーキテクチャと複数の機能チーム

※4　https://tinyurl.com/folly-async-spot-review

この場合も、組織をどれだけ再編成しても、凝集性が低いという問題はなくなりません。どういうことかを具体的に示すために、各チームが担当する領域を明確に割り当てて、並行作業を止めさせることにしたとしましょう。このようにすると、コンポーネントチームに所有権がある領域が明確になります。事実上、コンポーネントチームは、それぞれ「担当している」部分のコードに単独で取り組むことができるはずです。確かにコード自体の調整はいらなくなりますが、この構造では引き渡しが複雑になるでしょう。結果として、図 14-6 に示すように、それぞれのインターフェイスがボトルネックになります。

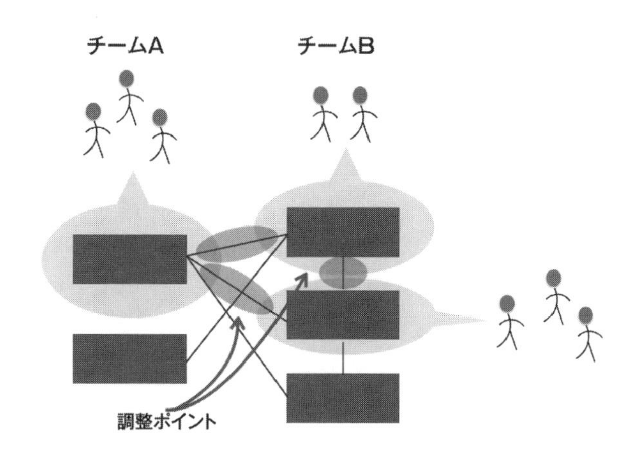

図 14-6：凝集性の低いアーキテクチャと複数のコンポーネントチーム

ここまでの内容をまとめてみましょう。凝集性の低いアーキテクチャは、複数のチームに作業を分担させるのにあまり適していません。異常な回数のミーティング、モラルの低下、不明確な状況という組織的な兆候が表れる一方、エンドユーザーにも影響がおよびます。凝集性の低さという技術的な問題は必然的に不具合につながります。さらにまずいことに、そうした不具合をデバッグするのは難しくなるはずです。なぜなら、このタスクに関与するチームが複数存在し、システムがどのようなものであるかに関する見解がチームごとに異なるからです（凝集性と不具合の削減の関連に関する経験的証拠については、*Software Defect-Proneness Prediction with Package Cohesion and Coupling Metrics Based on Complex Network Theory*［ZZC20］を参照）。

いずれにせよ、フィーチャートグル※5方式のマイクロサービスで疎結合チームを実現できるのでは？

Joe asks

いいえ、それは浅はかな幻想にすぎません。フィーチャートグルがうまくいくのは、境界がうまく設定されたコードだけです。それに、凝集性の低さはモノリスでも十分に苦痛ですが、マイクロサービスに移行するとすべての問題が深刻化します。かく言う筆者も最近経験しているので、苦労話を1つ披露しましょう。

ある大規模な組織が数年がかりで複雑なモノリスをマイクロサービスシステムに置き換えました。それぞれのサービスは専任チームが所有しており、フィーチャーフラグを使いまくって運用されていました。それらのチームはサービスを独立してデプロイできる立場にありましたが、本番環境でフィーチャーフラグを有効にするのは危険な賭けでした。サービスが失敗するのは珍しいことではなく、運用を再開するにはその機能を再び無効にするしかありませんでした。何と、サービスは自己完結型のビジネス機能ではなく、実際には構成要素を表していたのです。

結果として、興味を惹くような機能はどれも複数のサービスにアクセスしなければならず、関与するチームが増えるに従い、やり取りされるデータの意味を誤って解釈するといったコミュニケーションミスが発生する可能性が劇的に高まりました。階層化アーキテクチャの欠点と分散システムの運用コストという悪いところを寄せ集めたようなものです。これではどうしようもありません。

14.3.2 チームとアーキテクチャを合理化する

凝集性の低いアーキテクチャという問題を解決するには、多くの場合、システムの影響を受ける部分の設計を組織の構造に適合させる必要があります。この措置は、Conway自身が、かの有名な論文で「設計作業はコミュニケーションのニーズに応じて組織化されるべきだ」と結論付けている内容に近いものです（*How do committees invent?*［Con68］）。

設計の見直しには、次の2つの作業が含まれます。1つは、別々のファイルを新しいモジュールにまとめて、依存関係を解消することです。もう1つは、特定の問題領域の概念を焦点が絞られた抽象概念として表現できる、新しいエンティティを作成することです。この種の再設計は、それなりの技術力を必要とします。しかし、組織とうまく適合していないアーキテクチャがおよぼす破滅的な影響を抑制するには、そうした再設計が不可欠です。本書の第2部で学んだテクニックが、この難しいタスクに役立つはずです。基本的には、第9章の9.5.1項で学んだように、影響の大きい部分を反復的に改善することに尽きます。

※5 ［監訳注］フィーチャーフラグとも呼ばれ、コードを書き換えることなく、動的にシステムの振る舞いを変更できる仕組みを用いた開発手法のこと。開発が高速かつ容易になり、継続的デプロイメントなどによい影響を与えるが、コード量が増えるなどのデメリットもある（https://codezine.jp/article/detail/14114）。

ただし、コードベースの再設計はただ事ではなく、長い時間のかかる複雑なプロセスです。このようなタスクに着手するときには、定期的に進捗を確認してチームに伝えるようにしてください。そうした情報提供は、正しい問題を解決するためのフィードバックとして役立つだけではなく、チームのモチベーションを高め、非技術系のステークホルダーにプロジェクトが前進していることを確信させます。このフィードバックを取得するための強力な方法は、第10章で行ったように、アーキテクチャレベルで定期的にChange Coupling分析を行うことです。図14-7に示すように、Change Coupling分析の結果をチーム別にグループ化すると、可視化の焦点を核となる情報に合わせることができます。

また、状況によっては、アーキテクチャに問題がまったくなくても、組織で調整の問題が発生する可能性があることを指摘しておきます。その場合の一般的な対応策は、コミュニケーションのニーズに合わせてチームを再編成することです。そうしたニーズは製品のライフサイクルにわたって変化するため、こうしたトピックを定期的に再検討する必要があります。プロジェクトチームの再編成をうまく行うと、コミュニケーションのオーバーヘッドが最小限に抑えられます（*The Effect of Communication Overhead on Software Maintenance Project Staffing*［DHAQ07］）。

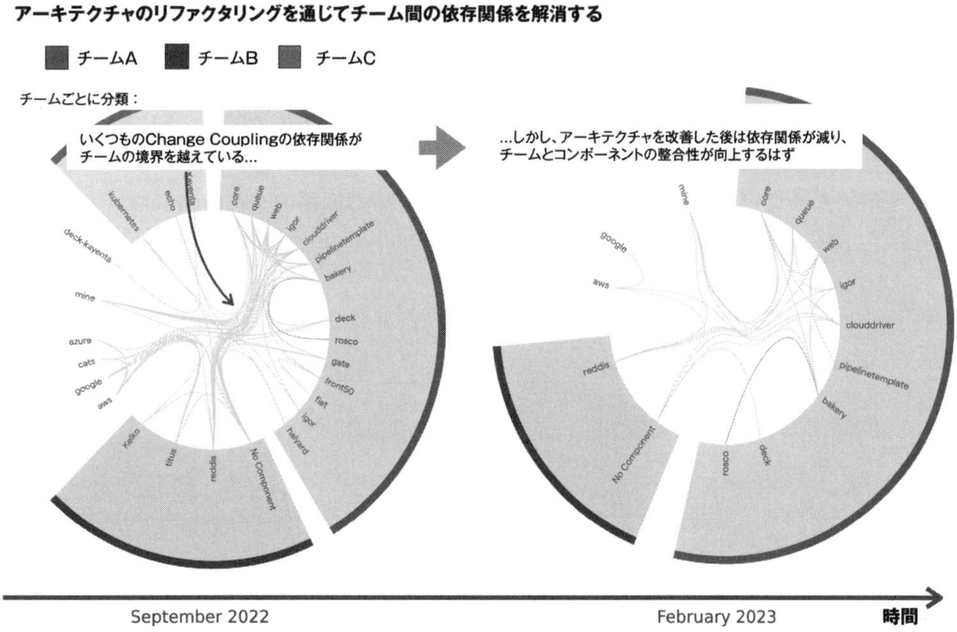

図14-7：アーキテクチャレベルでのChange Coupling分析の結果を可視化する

14.4　不健全なコードでトラック係数を計測する

さて、結合や不適切なサービス境界といったモジュール性の問題がいかに重大であるかがわかりました。もう1つの懸念はコードの臭いであり、一般に、深刻な組織的問題の原因になりかねません。そうした問題は、コミュニティの臭いとコードの臭いの化学反応によって深刻化します——コミュニティの臭いはコードの臭いの強さに影響を与えます（このおもしろい研究については、*Beyond Technical Aspects: How Do Community Smells Influence the Intensity of Code Smells?*［PTFO00］を参照）。

最も顕著なコミュニティの臭いは、**組織サイロ効果**と**一匹狼**のコントリビューターです。組織サイロとは、単に開発コミュニティにおいてプロジェクトのほかの部分とコミュニケーションを取らない領域のことです。一匹狼とは、ほかの開発者の意見に耳を傾けることなくコードに変更を適用する開発者のことです。

おそらく、あなたも、これまでのキャリアでそうしたコミュニティの臭いを嗅いだことがあるはずです。多くの場合、問題の本質である社会・技術的な性質は認識されていないかもしれません。代わりに、私たちはそうしたコードを「理解不可能」であると非難し、そのコードに触らないようにします。私たちからは、そのようなコードは、迫りくる竜巻を前にした砂上の楼閣のようにはかないコードにしか見えないので、（おそらくバグを解決するために必要な措置として）そのコードに向き合わざるを得ない場合は、何1つ壊さないように変更を最小限にとどめます。

結果として、重大なコードの臭いはリファクタリングされずに終わります。このことは、コードを確実に理解のために最適化するには、社会的側面と技術的側面の両方を漏れなく考慮しなければならないことを意味します。これは複雑な問題であるため、裏付けとなるデータを探すために、トラック係数という指標を理解することにしましょう。

慣れていないことと複雑さを混同してはならない

コードを熟知しているといった社会的要因は、コードベースの受け止め方に影響を与えます。特に、自分で書いていないコードは理解しやすかった試しがありません。コード自体を理解する必要があるだけではなく、問題領域も理解する必要があるからです。
注意していないと、こうしたコードに不慣れなことを、偶有的な複雑性と勘違いしてしまいます。そして、必要のないコードをリファクタリングして時間を無駄にしたり、よく知らないコードを避けるために複雑な回避策をとったりすることになるかもしれません。そうではなく、適切なオンボーディングや、自由に探索する時間が必要なだけかもしれません。

14.4.1 知識サイロ

チームを離れる人はそれぞれ集合知の一部を持ち去ります。**トラック係数**（truck factor）は、この人数がチームから離脱したら、システムの仕組みに関する知識が失われてソフトウェアがメンテナンス不可能になるという数字です※6。トラック係数が低いほど、キーパーソンのリスクが高くなります。というのも、トラック係数が低いとシステムが**知識サイロ**（knowledge silo）と化し、コードと問題領域の細部にわたる複雑な情報が、最悪の場合、1人の頭の中にしか存在しなくなるからです。

トラック係数は、あらゆるITプロジェクトの懸念事項であって然るべきですが、経験上、その影響を制限することに積極的に取り組んでいる組織はごくわずかです。この無関心の主な理由は、そのリスクが目に見えないことです。図14-8に示すように、コード自体には、社会的な情報はありません。

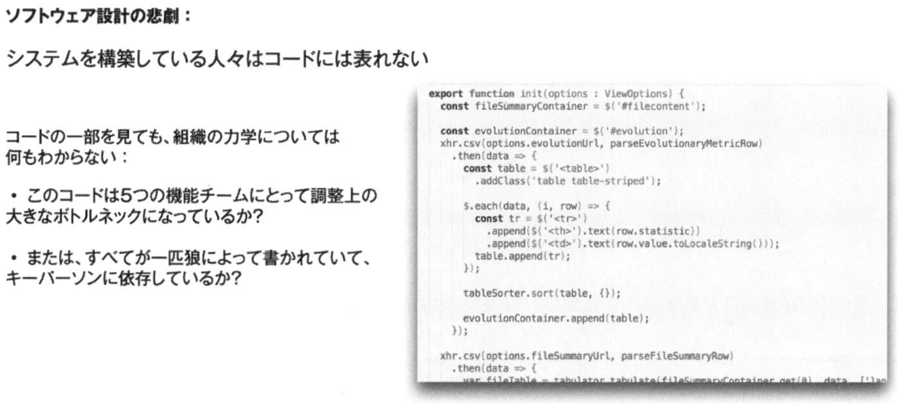

ソフトウェア設計の悲劇：

システムを構築している人々はコードには表れない

コードの一部を見ても、組織の力学については何もわからない：

- **このコードは5つの機能チームにとって調整上の大きなボトルネックになっているか？**
- **または、すべてが一匹狼によって書かれていて、キーパーソンに依存しているか？**

```
export function init(options : ViewOptions) {
  const fileSummaryContainer = $('#filecontent');

  const evolutionContainer = $('#evolution');
  xhr.csv(options.evolutionUrl, parseEvolutionaryMetricRow)
    .then(data => {
      const table = $('<table>')
        .addClass('table table-striped');

      $.each(data, (i, row) => {
        const tr = $('<tr>')
          .append($('<th>').text(row.statistic))
          .append($('<td>').text(row.value.toLocaleString()));
        table.append(tr);
      });

      tableSorter.sort(table, {});

      evolutionContainer.append(table);
    });

  xhr.csv(options.fileSummaryUrl, parseFileSummaryRow)
    .then(data => {
```

図14-8：コードには社会的情報がない

コードに社会的な情報がないことは、ソフトウェア設計の大きな悲劇の1つです。コードを書いている私たちの姿は、コード上では見えません。結果として、多くのプロジェクトは時間内にトラック係数を制限できません。このことは、133個のよく知られているGitHubプロジェクトを調査した*What is the Truck Factor of popular GitHub applications?*［AVH15］でも明らかです。この調査では、プロジェクトのおよそ3分の2で、トラック係数がたった1人か2人のメンテナーであることが判明しています。たったそれだけとは。特に、コンポーネントまたはサービスレベルを調べた限りでは、プロプライエタリのコードベースのほうがトラック係数が高いことを示すものは何もありません。

ここで疑問が浮かびます。あなたの組織のトラック係数はどうなっているでしょうか。その計算方法を調べてみましょう。

※6　https://en.wikipedia.org/wiki/Bus_factor

14.4.2　トラック係数を計算するためにメイン開発者を特定する

トラック係数は、人々をそのコードに対する貢献に結び付けるという方法で計算します。ある意味、犯罪者の地理的プロファイルを作成している法心理学者が直面するタスクと同じです。知ってのとおり、行動プロファイルでは、一連の犯罪を同じ犯罪者に結び付けることが前提条件となります。犯罪を結び付けるのは一筋縄ではいかないことがあり、一般的には、DNA、指紋、目撃証言といった追加の証拠が頼みの綱です。幸いにも、コミットを人々と結び付けるのはずっと簡単です。図 14-9 に示すように、必要な情報はすべてバージョン管理システムに揃っています。

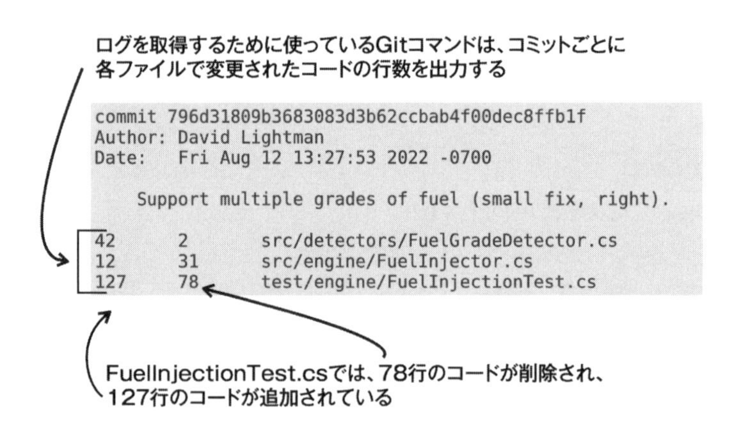

図 14-9：コミットを人々と結び付けるための情報はバージョン管理システムにある

過去に追加されたコードの行数をファイルごとに集計すると、各モジュールのメイン開発者を特定できます。コードの大部分に貢献したプログラマーがメイン開発者になるはずです。過去の貢献を考慮に入れると、計算結果が浅い変更の影響を受けにくくなるという利点があります。つまり、あなたが作成したコードでほかの誰かがそのスタイルを大幅に変更したとしても、あなたは依然としてソリューションと問題領域に関するナレッジ所有者です。

データソースを確認したので、実際に試してみることにしましょう。次のケーススタディでは、React のコードベースに戻ります。GitHub リポジトリのページによると、React には 1,600 人のコントリビューターがいます。この人数からすると、トラック係数は数百人になると予想されます。しかし、本当にそうでしょうか。実際に調べてみましょう。

コードレビューはどうか？ 知識の共有ではないのか？

確かにそのとおりです。*Bus Factor In Practice* [JETK22] では、研究チームがJetBrainsで開発された13個のプロジェクトを調査しました。この調査では、コードレビューがコードコミットに次いで2番目に重要な知識創造の手段であることが明らかになりました。ただし、データソースをさらに追加することでそうしたアルゴリズムを改善できる場合であっても（そして、そうすべきですが）、どれだけ指標があろうと会話や行動の代わりにはならないことを覚えておく必要があります。むしろ、指標があればデータをそうした行動のガイドにできるため、やるべきことに集中し、時間を有意義に使うことができます。

ReactのGitログはすでにあるはずです。このGitログがまだない場合は、第3章の3.1.2項の説明に従って今すぐ作成してください。このGitログに基づき、各ファイルに追加されたコード行を取得し、作成者ごとに合計する必要があります。このモジュールのメイン開発者（ナレッジ所有者）は、最も多くの行を追加した作成者です。これらのステップはmain-dev分析で実装されています（このアルゴリズムをコードとして確認したい場合は、ソース[※7]を参照してください）。

```
$ maat -l git_log.txt -c git2 -a main-dev
entity,                main-dev,     added, total-added, ownership
.circleci/config.yml,  Andrew Clark, 166,   288,         0.58
.codesandbox/ci.json,  Andrew Clark, 4,     6,           0.67
.eslintignore,         Brian Vaughn, 4,     4,           1.0
.eslintrc.js,          Andrew Clark, 36,    82,          0.44
......
```

このように、ownership値も出力されます。この値には、追加されたコード行の合計に照らしてメイン作成者の相対的な貢献度が反映されています。1.0の値は、過去および現在のすべての行に貢献したのがその人物だけであることを表します。

このデータに基づき、トラック係数の計算に取りかかることができます。この計算には、*What is the Truck Factor of popular GitHub applications?* [AVH15] の貪欲なヒューリスティックを使います。このヒューリスティックは、コードベース内のファイルの50%以上が放棄されるまで、作成者の削除を連続的にシミュレートするというものです。このタスクは、Excelなどのスプレッドシートアプリケーションを使って簡単に実行できます。単に、分析データをファイルに保存して、Excelに度数分布表を計算させるだけです。そうすると、図14-10に示されているReactのトラック係数と

※7 https://tinyurl.com/main-dev-algorithm-code

初対面とあいなります（度数分布の計算方法については、無料のチュートリアル※8がいくつかあります）。

Reactプロジェクトの上位10人のメイン開発者の
貢献を可視化

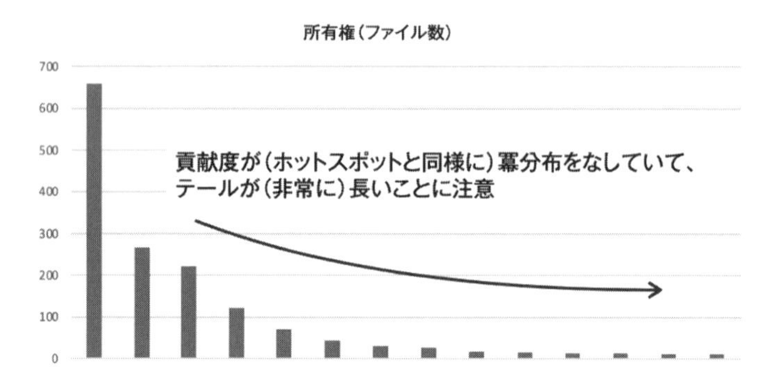

図14-10：Reactのトラック係数の可視化

貢献度がすぐに横ばいになっていることに注目してください。このことは、このプロジェクトがトラック係数に敏感であることを示唆しています。図14-11は、正確な数字を割り出す方法を示しています。

トラック係数を計算するために、コードベース内のファイルの50%を
除外するために脱落してもらわなければならないメイン開発者の人数を
特定

Author	Onwership (number of files)
Brian	660
Andrew	267
Juan	221
Sebastian	122
Luna	71
salazarm	44
Josh	30
Justin	27
Esteban	17

ファイルの総数は1,650

上位2人の作成者が927個のファイルを「所有」しており、
ファイルの総数の50%を超えているため、トラック係数は
2人の開発者である

図14-11：Reactのトラック係数の正確な数字

※8　https://www.extendoffice.com/documents/excel/5076-excel-chart-count-of-values.html

つまり、Reactのコントリビューターは全部で1,600人もいるのに、トラック係数はたった2人の開発者です。ちょっと怖いですね。

オープンソースを導入するときはキーパーソンのリスクを評価する

Webアプリケーションとクラウドアプリケーションのコードのうち、70～90%はオープンソースコードであると推定されています。そうしたオープンソースの依存関係が、すべて同じように重要なわけではありません。しかし、置き換えが高くつくという意味で、アプリケーションの不可欠な部分となるフレームワークやライブラリを導入する際には、依存関係のトラック係数を必ず評価してください。トラック係数が低い場合は、a) 自分が（バグ修正やドキュメントで）コントリビューターとなる覚悟を決めるか、b) そのプロジェクトの持続可能性を担保するために出資するかのどちらかが必要であることを意味します。

https://tinyurl.com/oss-usage-stats

14.4.3 トラックの進路から外れる

Reactのトラック係数が低いのは例外ではなく普通のことで、おそらく、あなたのコードベースでも同じような数値になるでしょう。もちろん、（名前の由来のとおり）トラックが衝突した場合、代わりの開発者が既存のコードベースをどれくらい早く征服できるかに関しては、大きな差があります。つまり、トラック係数の影響を評価するときには、コードの品質も考慮に入れなければなりません。その先には必然的に**レガシーコード**の概念が待ち受けています。

Michael Feathersはその不朽の名作*Working Effectively with Legacy Code*[Fea04]において、レガシーコードを「テストのないコード」と定義しています。その主な理由は、テストがセーフティネットとして機能し、コードに期待される動作に関する実行可能なドキュメントとしての役割を果たすからです。テストのないコードは変更するのが困難です。ただし、レガシーコードをもう少し広い視野で捉えて、社会的な側面を考慮に入れるべきです。レガシーコードとは、a) 品質に欠けていて、b) あなたが自分で書いていないコードのことです。

このコンテキストで考えると、トラック係数はレガシーコードへの幹線道路のようなものになります。つまり、レガシーコード製造機です。どのIT組織にとっても、その影響は深刻です。第7章の7.2節で、不健全なコードが開発時間の超過につながると説明したことを思い出してください。追跡調査では、オンボーディングコストが膨大であることがわかっています。メイン開発者でもない限り、低品質のコードの変更にかかる時間は、小さな変更で45%、大きな変更で93%も増えることになります（*U Owns the Code That Changes and How Marginal Owners Resolve Issues Slower in Low-Quality Source Code*［BTM23］を参照。この調査では、この業界の慣行により、大部分のコード所有者が支配的な立場にいるか、その周辺にいる数人に該当するということも示されています）。

したがって、ホットスポットを特定するときには、組織的な要因にも目を向けるようにしてください。そのためには、先ほど計算したトラック係数を可視化し、複雑なホットスポットの指標をその情報に重ね合わせます。たとえば、React では図 14-12 のようになります※9。

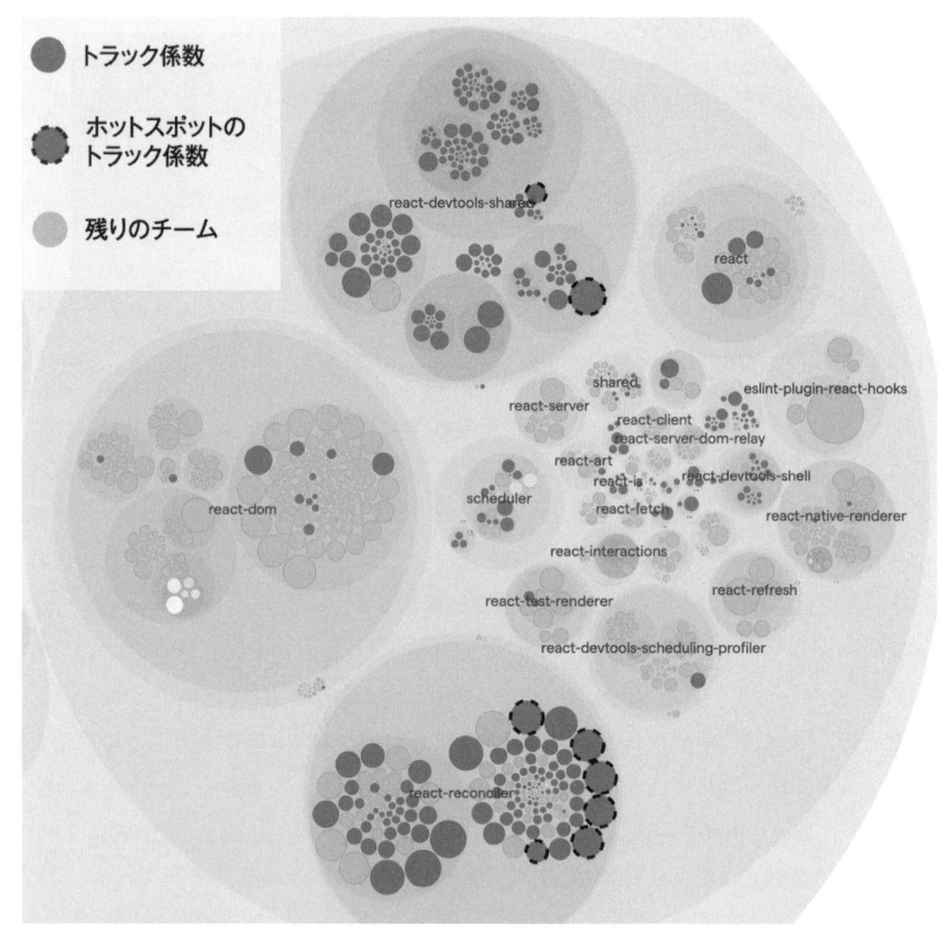

トラック係数の可視化：たった2人がいなくなるだけで、このプロジェクトは赤の領域に関する詳細な知識を失う。この問題は複雑なホットスポット（破線の境界線で示されている）によって増幅される

図 14-12：React のオフボーディングリスク

※9　https://tinyurl.com/react-truck-factor-view

まとめると、コードの品質の問題は、トラック係数のような組織的な問題を増幅させます。このようなことがコードで起きた場合は、次に示す一連のステップで状況を改善できます。

- **コミュニティの臭いをリファクタリングの判断基準にする**
  トラック係数が低いホットスポットでのリファクタリングを優先する。コミュニティの臭いは技術的な問題をさらに深刻化させるため、この点は重要である。
- **リファクタリングではペアを組む**
  一匹狼には、リファクタリングではほかの開発者とペアを組むように説得する。そのようにすることで、その過程で重要なコードに関する知識を分散させる。これは双方にとって有利な状況である。なぜなら、キーパーソンとして頼りにされるたった1人の開発者であることは、通常はストレスがたまることだからだ（たとえば、滅多にない休日にメッセージがひっきりなしに届くなど）。
- **モブクリーニングを使う**
  モブクリーニング（mob cleaning）はIvan Houstonが提唱する協調プログラミング手法である[※10]。モブプログラミングと同様に、チームを組み、複雑なコードを協力してクリーンアップする。モブクリーニングを効果的に行うには、クリーニングの時間枠を制限し、「毎週火曜日の午後1時から午後2時まで」のように決まった頻度を守る。集合知が増えるだけではなく、楽しい活動でもある。

14.5 コードの人的な側面を明らかにする

ソフトウェアを成功させるには、コードと人のバランスを保つことで、一方がもう一方をサポートするようにしなければなりません。第1部で示したように、大規模なコードに可視性がないこともあり、これは難しい問題です。残念ながら、コードの人的な側面は、さらに不透明です。コードを調べても、そうした重要な社会・技術的な相互作用については何もわかりません。情報がこのように不足していることが、ソフトウェアプロジェクトが失敗し続ける主な理由です。幸いにも、あなたは組織的な要因に光を当てるまったく新しいテクニックを学んだばかりです。

本章では、凝集性が組織の成功をどのように左右するのか、トラック係数がコードの複雑さにどのように絡んでいるのかを学びながら、さまざまな話題を取り上げました。開発プロジェクトのプロファイリングに必要な要素のほとんどがこれで揃いましたが、考慮しなければならない要素がもう1つあります。トラックが走り去った後はどうなるかです。単に、理解できなくなった大量のコードとともに取り残されるのでしょうか。これらの質問に答えるには、もう少し掘り下げて、各ホットスポットの背後にある開発者のパターンを探ってみなければなりません。次の練習問題は、トラック係数分析をじっくりと理解するのに絶好の機会です。用意ができたら、ページをめくってください。これまでに見たことがないようなコードが待っているので、心の準備をしてください。

※10　https://tinyurl.com/mob-cleaning-article

14.6　練習問題

本章で取り上げた研究調査からも明らかなように、多くのよく知られているオープンソースプロジェクトは、限られた数の重要なメンテナーに頼っています。この点に関して、クローズドソース開発が大きく異なるという証拠はないため、トラック係数は重要な指標となります。この機会に、ほかのコードベースでトラック係数を調べてみましょう。

14.6.1　Vue.js のトラック係数を調べる

- リポジトリ：https://github.com/code-as-a-crime-scene/vue
- 言語：TypeScript
- ドメイン：Vue はUI を構築するためのフレームワーク
- 分析スナップショット：https://tinyurl.com/vue-js-truck-factor-view

React.js で説明したように、たった2人の開発者というトラック係数は、とんでもなく低い値に思えます。React.js は外れ値なのでしょうか。競合フレームワークであるVue.js を調べてみましょう。Vue.js には、合計314人のコントリビューターがいます。Vue.js のトラック係数はいくつでしょうか。

第15章 システムの知識マップを作成する

ここまで数章かけて、組織的要因がソフトウェアの品質とデリバリーの両方で深刻な問題を引き起こす可能性があることを少しずつ学んできました。また、同じ組織的要因によってコードの臭いがひどくなることもわかりました。この組み合わせが特に問題となるのは、トラック係数が低い場合です。本章では、さまざまな作成者パターンと、それらのパターンがコードベースに与える影響を調べることで、さらに理解を深めていきます。

そうした詳細なコード貢献パターンが明らかになった後は、コードベースの知識マップを作成できます。そして、この知識マップをコミュニケーションとオンボーディングの単純化に役立てることができます。さらに、この情報を使って不具合を予測し、計画を支援し、開発者がプロジェクトからいなくなった場合の知識の流出を評価する方法についても説明します。

本章を最後まで読めば、システムに対する見方が根本的に変わります。では、始めましょう。

15.1 知識の分布を知る

第13章の13.3節では、人とコードが交わる場所を分析することで、調整のボトルネックを特定する方法を学びました。ソフトウェアアーキテクチャに合わせて組織を設計することは、効率的なチームにとっての黄金律です。残念なのは、そのことに簡単に騙されてしまうことです。コードの所有権は上空10,000フィートからもはっきりわかるかもしれませんが、チームの境界が明確に定義されているからといって、効率的なコミュニケーションが保証されるわけではありません。この点を明確にするために、あるエピソードを紹介しましょう。

少し前、筆者は大規模な組織で働いていました。数百人もの開発者が複数の部門とチームに分かれていました。この大所帯を維持するために、各チームが1つのサブシステムを担当していました。すべてのサブシステムに、十分に文書化されたインターフェイスがありました。しかし、新しい機能をサポートするためにAPIの変更が必要になることがありました。そのようにして、コストがかさみ始めました。

コンウェイの法則のアドバイスに従い、チーム組織はシステムアーキテクチャに近い編成になっていました。結果として、少なくとも表面的には、コミュニケーションはうまくいっていました。あるチームでAPIの変更が必要になった場合は、どのチームに相談すればよいかわかっていました。問題は、そうした変更がしばしばシステム全体に波及することでした。つまり、あるAPIを変更すると、別のサブシステムでも変更が必要になっていたのです。そのサブシステムを変更するために、別のチームが所有しているさらに別のAPIの変更を要請するといった有様でした。図15-1に示すように、この組織では、互いのことを知らないチーム間に暗黙的な依存関係がありました。

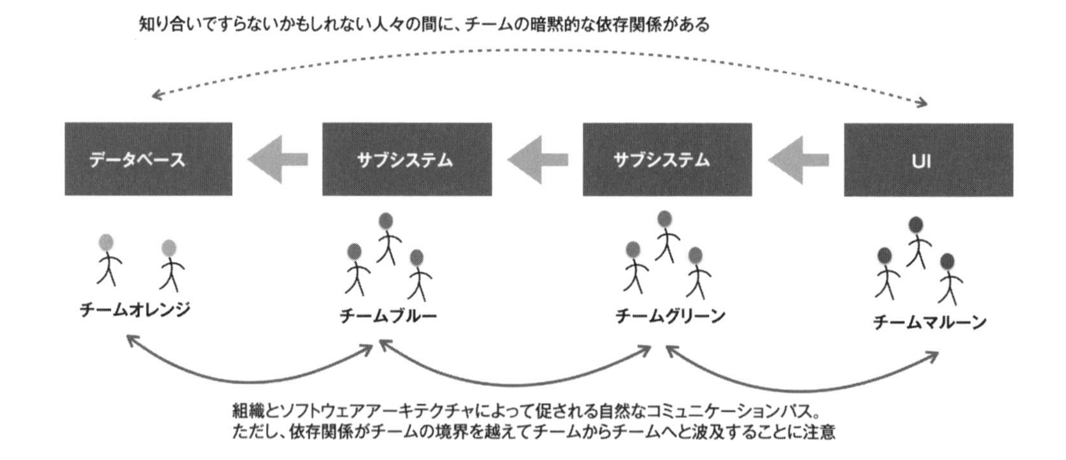

図15-1：チーム間に暗黙的な依存関係がある組織

このような状況では、システムの境界を越えた協力体制に支障が生じます。各コンポーネントを別々のチームが所有していて、それらのコンポーネントが相互に依存しているシステムでは、人々が密な依存状態に陥ってしまいます。

Change Coupling 分析を使ってそうした依存関係を明らかにすることは可能ですが、その場合でも、わかるのはソフトウェアの依存関係だけです。**誰**とコミュニケーションを取るべきかも知る必要があります。あなたが使っているインターフェイスを担当しているチームが何を専門にしているのかを知っていたとしても、その背後で起きていることはわかりません。設計、コードレビュー、デバッグに関しては、このことが問題になります。理想的には、変更の影響を受ける人全員に意見を聞きたいところです。そこで、影響を受けるのが誰なのかを調べることにしましょう。

15.1.1　作成者を調べる

現代のバージョン管理システムには例外なく `blame` コマンドがあります（Subversion では、このコマンドのエイリアスが `praise` になっているのが気に入っています）。`blame` が役立つのは、変更しなければならないモジュールが正確にわかっている場合です。図 15-2 に示すように、`blame` コマンドを実行すると、特定のファイルの各行を最後に変更した作成者が表示されます。

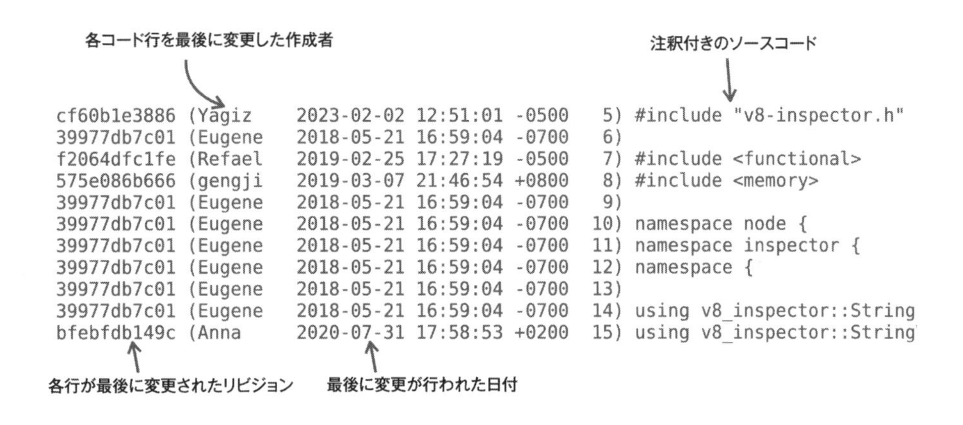

図 15-2：blame コマンドの出力

`blame` の情報は役立ちますが、それだけではまったく不十分です。システムのその部分を知らない場合（そもそも、それが誰かに相談したかった理由なのだと思いますが）、どのファイルを調べればよいのかがわかりません。また、ファイルがわかっていたとしても、`blame` が出力するのは低レベルの情報です。あなたに必要なのは、表面的な書式変更に `blame` ほど敏感ではない、高レベルの概要です。その情報をどのようにして取得するのかを見てみましょう。

Gitの履歴が不完全でも知識マップは作成できる？

もちろん作成できますが、バイアスが潜んでいるかもしれないのでくれぐれも注意してください。よくある理由の1つは、コードベースはGitに移行されたものの、その履歴が移行されていないことです。その場合は、最初のインポートを行った作成者がすべてのコードの手柄を独り占めすることになり、明らかに誤解を招きます。

こうした状況では、誤解を招くインポートコミットを分析から除外することが重要となります。そのようにすると、チームメンバーの実際の作業領域が知識マップに反映されるようになります。さらに、より高度なバイアス削減テクニックは、ファイルに対する既知の貢献に基づいて、その履歴のサイズを重み付けすることです。このテクニックでは、履歴の不足は解決されませんが、十分に信頼できない知識マップになってしまうコード領域が浮き彫りになります。たとえば、2,000行のコードを含んでいるファイルがあっても、確認できる履歴で説明されているのは、そのうちのたった100行かもしれません。

15.2　ソーシャルデータでメンタルマップを拡張する

本書では、「犯罪者の行動パターンを突き止められるのと同じように、バージョン管理データがあればコードでも同じことができる」という考えに基づいて、地理的犯罪者プロファイリングを応用してきました。このことに関して知っておくべきもう1つの側面は、犯罪者の行動が**メンタルマップ**と呼ばれる概念の制約を受けることです。

メンタルマップとは、特定の地理的領域に対する主観のことです。メンタルマップは、実際の地図とは趣が異なります。たとえば、幹線道路や河川などの地理的な障害物は、ある地域に対する認識を制約し、歪める可能性があります。筆者が育った小さな町には、市街地を横切る交通量の多い道路があり、筆者はその通りを横断できるようになるのに何年もかかりました。その結果、筆者のメンタルマップは、その通りで終わっています。そこは世界の果てでした。同様に、犯罪者のメンタルマップは、彼らが犯行におよぶ場所を決定付けます。

プログラマーにもメンタルマップがあります。少なくとも他の人と協力して仕事をする場合は、システムの一部分を担当することが多く、その部分をほかの部分よりもよく理解するようになります。図15-3に示すように、こうした知識の障壁により、システムに対する視野が自分が知っている部分に制約され、そのようにしてシステムに対する認識が形成されます。そうした障壁をどうすれば取り除けるのかを見ていきましょう。

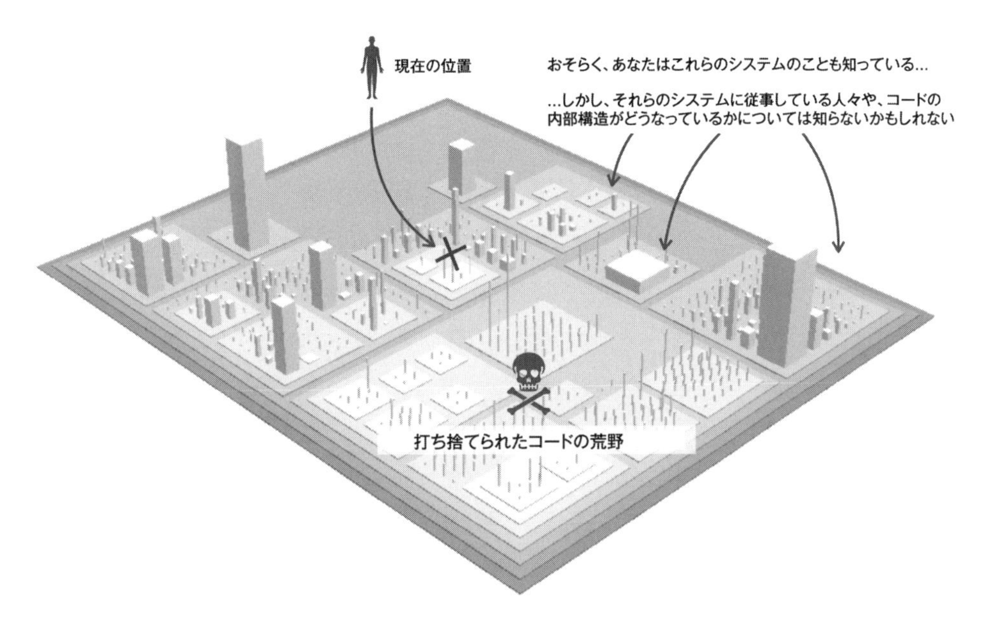

図 15-3：プログラマーのメンタルマップ

15.2.1 知識マップを探索する

組織内の知識分布マップがあると想像してみてください。いいえ、イントラネットの片隅にしまい込まれた、ほこりをかぶった古い Excel ファイルのことではありません。情報が役立つものであるためには、最新でなければならず、実際の（現実に、コードでの）作業の仕方を反映していなければなりません。

ここで考察する概念は**知識マップ**です。知識マップを利用すれば、コードについて話し合ったり、ホットスポットを修正したり、デバッグを手伝ってくれそうな人を見つけることができます。メイン開発者の特定方法は第 14 章の 14.4.2 項ですでに説明したので、そこから始めましょう。図 15-4 は、React のメイン開発者を可視化したものです[※1]。

※1　https://tinyurl.com/react-knowledge-map

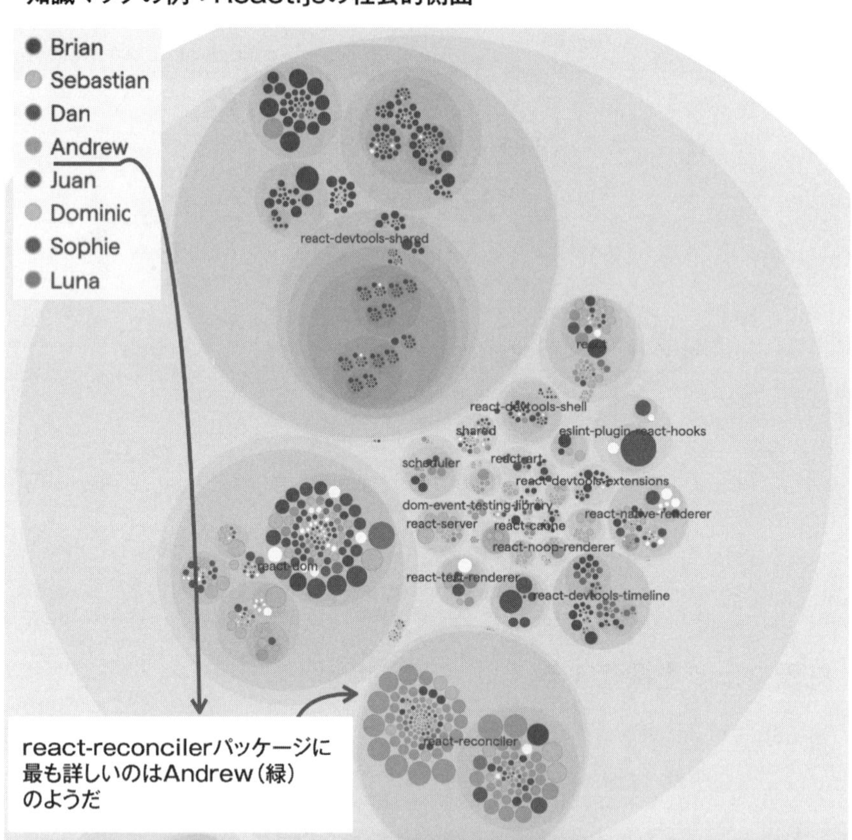

図15-4：Reactの知識マップ

図15-4の知識マップの可視化は、各開発者に色を割り当てるという方法で作成されています。色を割り当てるのは、コードベースでの知識の分布を理解してもらうためのシンプルなテクニックです。たとえば、この知識マップでは、`react-reconciler`や`devtools-shared`などのコンポーネントをそれぞれ1人の開発者が担当しているように見えます——キーパーソンへの依存です。対照的に、`react-dom`などのコンポーネントは、複数の開発者が貢献する共同作業のようです。ただし、知識マップの用途は、リスクを検出することだけではありません。図15-5に示すように、知識の分布を評価すると、コミュニケーションも単純になります。

あなたがこのプロジェクトに参加して、`scheduler`コンポーネントを変更する必要があると想像してみてください。知識マップを見ると、設計案について相談すべき相手が緑の開発者であることがすぐにわかります。緑の開発者が不在の場合は、代わりに深緑で可視化された開発者に相談するのがよさそうです。

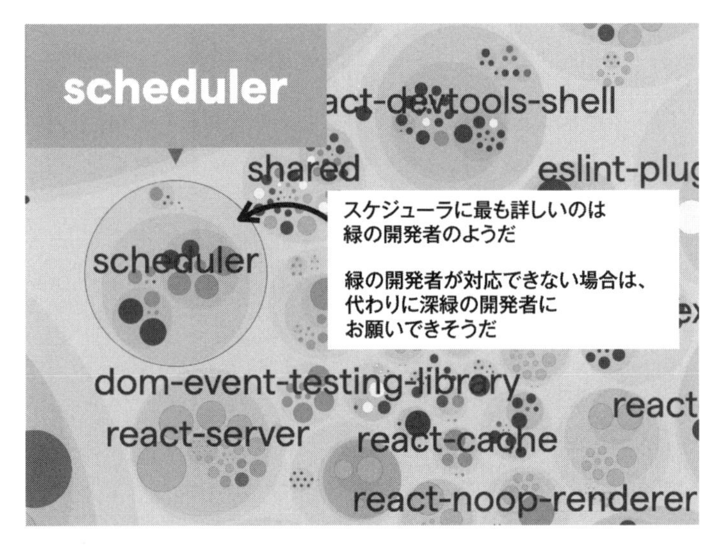

図 15-5：知識の分布を評価する

15.2.2　知識マップをアーキテクチャレベルに拡張する

ファイルレベルの知識指標は、より小規模なコードベースで、または特定の部分に焦点を合わせて詳しく調べたい場合に役立ちます。ただし、より大規模なシステムの場合、ファイル情報は細かすぎます。15.1 節で紹介した、複数のチームの間に暗黙的な依存関係があった例を思い出してください。その場合、どの開発者がどこを担当しているのかがわかっても助けにはならないでしょう。そうではなく、あなたが依存している各サブシステムの背後にある、全体的な知識源を特定する必要があります。つまり、ファイルレベルの情報をアーキテクチャレベルに拡張する必要があります。

といっても、第 10 章の 10.3.2 項でアーキテクチャパターンを分析したときに行ったこととまったく同じです。知識マップも同じテクニックを使って拡張できます。まず、React のアーキテクチャ変換を指定します。

```
packages/react             => react
packages/react-art         => react-art
packages/react-cache       => react-cache
packages/react-client      => react-client
packages/react-debug-tools => react-debug-tools
......
```

Reactのコードベースはうまく構造化されているため、packagesフォルダの下にある各ディレクトリをコンポーネント名にマッピングする必要があります。これは日常的なタスクなので、スクリプトを使うと便利です。それはさておき、コンポーネントを指定したら、それらをreact_arch_spec.txtファイルに保存し、コンポーネントレベルでmain-dev分析を実行します。

```
$ maat -l git_log.txt -c git2 -a main-dev -g react_arch_spec.txt
entity,            main-dev,     added, total-added, ownership
react,             Luna Ruan,    409,   1310,        0.31
react-art,         BIKI DAS,     223,   266,         0.84
react-cache,       Andrew Clark, 2,     2,           1.00
react-client,      salazarm,     375,   713,         0.53
react-debug-tools, Rick Hanlon,  191,   514,         0.37
......
```

いいですね！　大まかなガイドとしては、こちらのほうがずっと役立ちそうです。たとえば、react-cacheの依存関係について聞きたい場合は、Andrewに質問するのが確実です。同様に、BIKIはreact-artコンポーネントのことなら何でも知っていそうです。

この情報があれば、常に正しい人に相談することができます。ただし、誰もが同じように深い知識を持っているわけではありません。たとえば、react-cacheとreact-debug-toolsのownershipを比較してみましょう。react-cacheのownershipは1.0、つまり100%であり、すべてのコードがそのメイン作成者によって書かれたことを意味します。一方、react-debug-toolsのメイン開発者は37%しか貢献していません。となると、このパッケージのほかの作成者は誰なのかが気になります。メイン開発者が不在の場合は、代わりにそのうちの1人に助けてもらえるかもしれません。この情報を取得するには、開発者パターンのより詳細な分析を行う必要があります。さっそく取りかかりましょう。

15.3　開発者パターンで真相を探る

メイン開発者の分析はよい出発点であり、そこから詳細な調査を進めることができます。コントリビューターが大勢いるモジュールでも、全体的な一貫性を保っているのは1人の開発者で、ほかのプログラマーはコードに小さな修正を加えているのかもしれません。あるいは、大勢のプログラマーがコード全体のかなりの部分を共同で開発していることも考えられます。

こうした洞察を得るために、各開発者のコミット数を集計し、各モジュールのリビジョンの総数とともに表示するアルゴリズムを使うことにします。まず、rawデータを調べ、続いて一歩下がって、そのデータからどこから来たのかを確認します。

```
$ maat -l git_log.txt -c git2 -a entity-effort -g react_arch_spec.txt
entity,           author,              author-revs, total-revs
......
react-reconciler, Andrew Clark,        634,         1254
react-reconciler, Luna Ruan,           274,         1254
react-reconciler, Brian Vaughn,        57,          1254
react-reconciler, Sebastian Markbage, 56,           1254
react-reconciler, salazarm,            44,          1254
react-reconciler, Josh Story,          31,          1254
react-reconciler, Bowen,               29,          1254
react-reconciler, Joseph Savona,       24,          1254
......
```

上記の結果はReactの`react-reconciler`モジュールでフィルタリングされています。このパッケージには、第3章の3.3節で特定した主要なホットスポットが含まれています。この出力から、`react-reconciler`モジュールのいずれかのファイルに影響を与えたコミットが合計で1,254件あったことがわかります。これらのコミットのほとんどを作成したのがAndrewであり、次に多いのは明らかにLunaです。この情報は、前章で説明した低いトラック係数の影響を減らしたい場合に役立ちます。この点については、15.4節で改めて取り上げます。しかし、その前に指摘しておきたいことがあります。このデータが貴重であるとしても、出力がテキストではやる気をくじかれることは確かです。この出力から全容を把握するのは容易なことではありません。そこで、もう少し脳に優しいアプローチに目を向けることにします。

15.3.1 フラクタル図を使って開発者の作業を可視化する

次ページの図15-6を見てください。テキストによる分析結果とは対照的に、**フラクタル図**を使って可視化すると、プログラミング作業の分担がひと目でわかります。

フラクタル図のアルゴリズムは単純で、各プログラマーの貢献を色と矩形で表します。この矩形の面積は、そのプログラマーによるコミットの割合に比例します。また、矩形の向きを互い違いにレンダリングすることで、コントラストを際立たせていることもわかります(詳細については、原論文 *Fractal Figures: Visualizing Development Effort for CVS Entities* [DLG05]を参照)。

自分のシステムでフラクタル図を試してみたい場合は(ぜひ試してください)、GitHubリポジトリ※2の実装とドキュメントを調べてください。必要なのは、Code Maatの`entity-effort`分析の結果が含まれたファイルだけです。

フラクタル図を活用すれば、全体的な貢献パターンも簡単に突き止めることができます。断片化された開発作業は問題のコードの外部品質に影響を与えるため、この点は重要です。さまざまなパターンがコードベースについて何を語るのかを見てみましょう。

※2 https://github.com/adamtornhill/FractalFigures

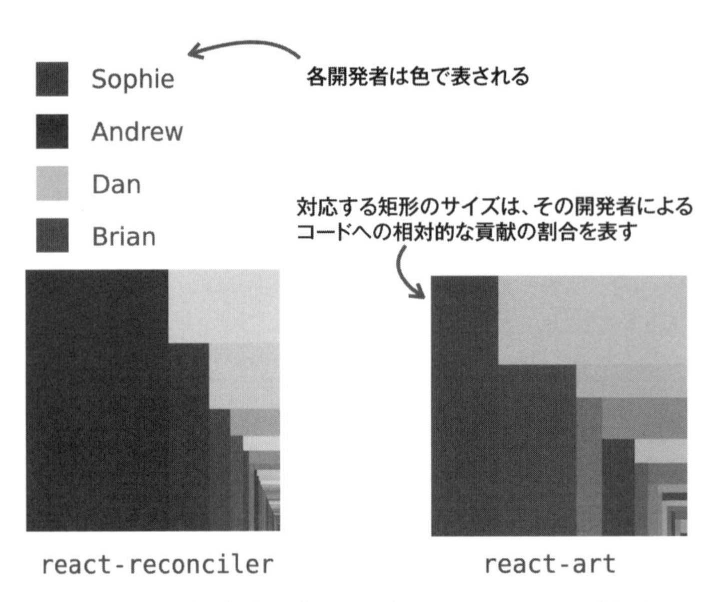

図 15-6：プログラミング作業の分担をフラクタル図で可視化する

15.3.2　所有権モデルを区別する

開発作業を可視化すると、3つの基本パターン（図 15-7）が絶えず現れます。これらのパターンから、コードの品質を予測できます。

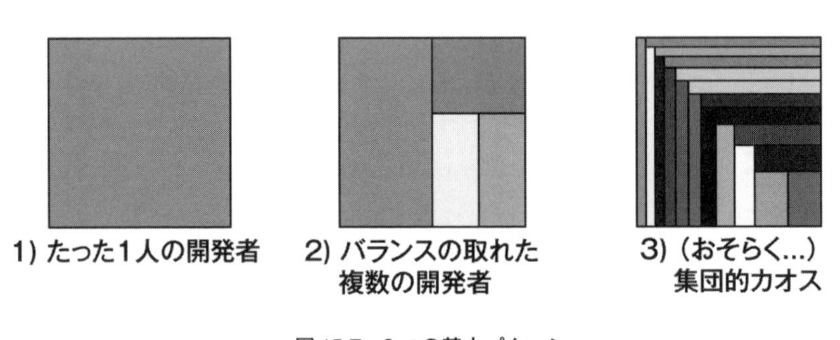

図 15-7：3 つの基本パターン

コミュニケーションの観点から見て、開発者が 1 人だけの場合は、最もシンプルなコミュニケーション構造になります。つまり、話をする相手は 1 人だけです。また、そのモジュール内のコードが一貫したものである可能性も高くなります。コードの品質は、その 1 人の開発者の専門知識に大きく依存します。

バランスの取れた複数の開発者がいる２つ目のケースは、より興味深いパターンです。そうしたコードには、たいていコードの大部分に貢献した開発者が１人います。そのメイン開発者が所有する割合が、コードの品質を予測するよい目安になることがわかります。メイン開発者が所有する割合が高いほど、コードの不具合が少なくなります（*Don't Touch My Code! Examining the Effects of Ownership on Software Quality*［BNMG11］）。

不具合のさらに予測力のある予測変数は、図15-7の３つ目のケースとして示されている、それほど重要ではないコントリビューターの数です。自分がメイン開発者であるモジュールを変更する際、それまでいじったことのない関連コードの変更が必要になることがあります。しかし、オリジナルのコードの背景やそのコードに至った考えまではわかりません。このため、マイナーコントリビューターであるあなたが不具合を持ち込む可能性が高くなります。

フラクタル図は、高くつく開発活動を発見するための調査ツールでもあります。マイナーコントリビューターが多いといった警告のサインの１つに気づいたら、コードレビューを行い、ホットスポット分析を実行し、貢献しているプログラマーと話をして、問題が発生していないかどうかを確認するという方法で対処してください。

フラクタル図をさらに活用する

フラクタル図には、コードの他の特性を表すためにサイズの次元を用いるという興味深い使い方もあります。たとえば、各図のサイズを使って、各モジュールの複雑さや過去のバグの数を可視化できます。フラクタル図をこのように使うと、次の図に示すように、多くの情報を脳にやさしくコンパクトに表示できます。

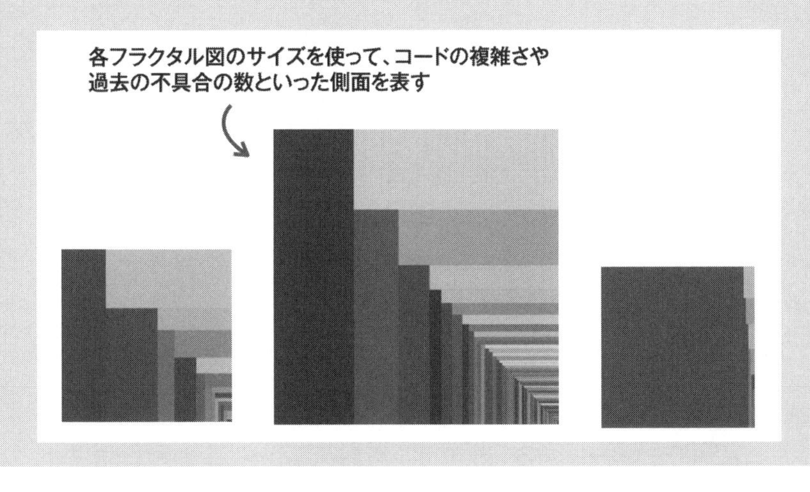

15.4 フラクタル図を使ってオフボーディングのリスクを減らす

前章では、トラック係数を紹介しました。長年貢献してきた開発者を失うことは、特に品質を危険にさらすことを考えると、残ったチームにとって痛手になる可能性があります。このことは、ソフトウェアの不具合に関するさまざまな予測変数を調査した *The Influence of Organizational Structure on Software Quality* [NMB08] でも実証されています。この調査では、コンポーネントの過去のコントリビューターの人数から、そのコードを新しい開発者が引き継いだ場合のリリース後の不具合の数を予測できることが示されました。そこで、こうした追加のリスクを認識できるようにするために、コードでの知識の分布に常に目を光らせることが重要となります。

ここでしばし、あなたが作業していたコードベースを振り返ってみてください。中心的な開発者の1人が突然辞めると言って、文字どおりドアから出て行ってしまった場合はどうなるでしょうか。コードベースのコードのうち、放置され、作業に支障が出るのはどの部分でしょうか。次の開発者はどの部分に集中すべきでしょうか。それは誰になるのでしょうか。より大規模な組織では、それらの答えがわかることは滅多にありません。フラクタル図を使って状況をどのように改善できるのかを見てみましょう。

殺人犯とコードの死体遺棄現場を調査する

犯罪心理学者は、犯罪に先立つ空間的な移動に加えて、連続殺人犯が死体を遺棄する現場にもパターンがあることを発見しています。ぞっとする研究であることは間違いありませんが、犯人逮捕に役立つ貴重な情報が得られます。

連続殺人犯の行動は奇怪で、ほとんど理解しがたいものです。しかし、行動が理不尽であっても、連続殺人犯が被害者を遺棄する場所には一定の論理があります。その動機の1つは、発見されるリスクを最小限に抑えることです。つまり、死体遺棄現場は慎重に選ばれます。多くの場合、そうした場所の地理的分布は、犯人の他の非犯罪活動と重なります（*Principles of Geographical Offender Profiling* [CY08a]）。結論として、死体遺棄現場には、犯人を指し示す追加情報があります。

プログラミング作業はそこまで陰惨なものではありませんが、コードベースにも遺棄現場があります。そこにあるはずのないコードの遺棄現場は見つけるのも困難です。キーパーソンへの依存度が高く、一匹狼のコントリビューターがいる組織ではなおさらです。本章で説明する知識分析とホットスポットテクニックを組み合わせて、コードの遺棄現場を特定してください。特に、第6章の6.3.1項で説明したように、よく知らないコードでは、設計要素の名前をもとに問題を見つけ出してください。

15.4.1 代わりの人材を採用する

次のケーススタディでは、Vue.jsのキーパーソンが引退したと仮定します。Vue.jsは、強力な開発コミュニティを持つJavaScriptフレームワークです。コードベースはかなり小さく、およそ80,000行のコードで構成されています。前章の練習問題を解いていれば（もちろん解いていますよね？）、Vue.jsのトラック係数が低いことはわかっています。それもかなり低い値です。図15-8に示すように、コードのほとんどは、その作成者であるEvan Youによって開発されています[※3]。

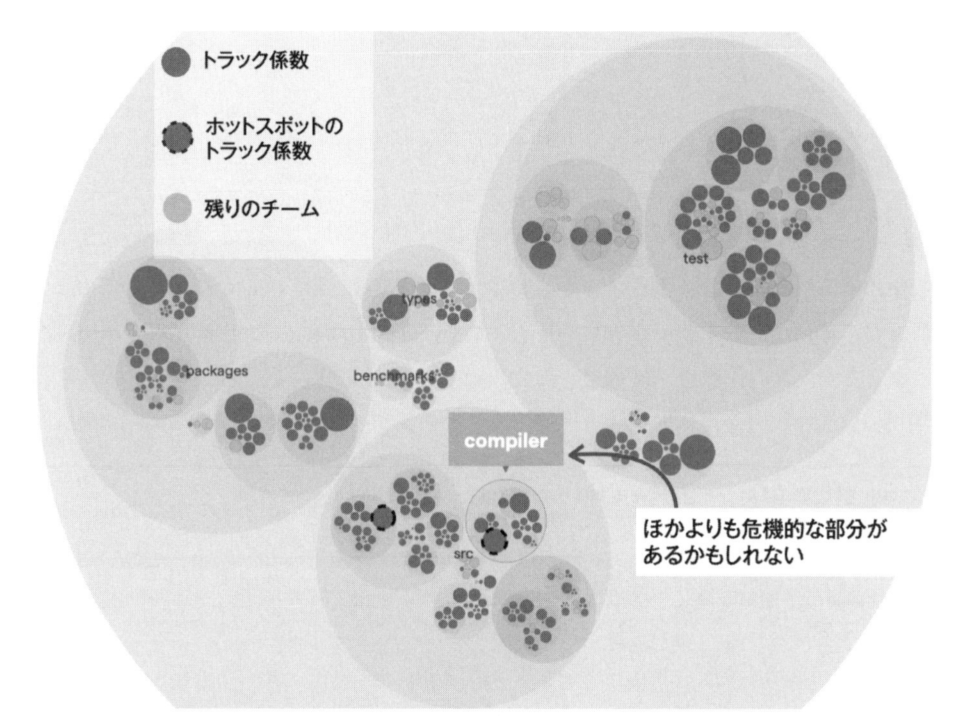

図15-8：Vue.jsのホットスポットとトラック係数

たとえ開発者の活動によってプロジェクトが全盛をきわめたとしても、中心的なコントリビューターを置き換えるのは、そう簡単ではありません。もちろん、これは望ましくない状況をシミュレートするための架空のシナリオです（本書の執筆時点では、Evanは相変わらず活動中です）。したがって、ここでも少しそのような「振り」をする必要があります。上記の状況に直面した場合、最初に何をすべきでしょうか。

※3 https://tinyurl.com/vue-js-code-familiarity

図15-8を見ていて、コンパイラの仕組みに関する情報が、ほぼ消失しそうであることに気づいたかもしれません。これは、おそらくかなり重要な部分です。フラクタル図を使って、状況がどれくらい深刻であるかを確認してみましょう。

まず、Vue.jsリポジトリのクローンを作成し、本書で取り決めた形式のGitログを生成します※4。Reactの場合と同様に、全体像に焦点を合わせるために、アーキテクチャレベルで分析を開始します。Vue.jsでは、次のアーキテクチャ変換を使います。

```
benchmarks    => benchmarks
compiler-sfc  => compiler-sfc
packages      => packages
scripts       => scripts
src/compiler  => compiler
src/code      => core
src/platforms => platforms
src/shared    => shared
test          => test
```

`src`フォルダをより細かいコンポーネントに分割している点に注目してください。このようにすると、特に重要だと見なされるコンポーネント（この場合は`src/compiler`）に焦点を絞って分析できるようになります。この仕様を`vue_arch_spec.txt`ファイルに保存し、`entity-effort`の計算に進みます。

```
$ maat -l vue_git_log.txt -c git2 -a entity-effort -g vue_arch_spec.txt
entity,   author,    author-revs, total-revs
......
compiler, Evan You,  733,         951
compiler, pikax,     64,          951
compiler, chengchao, 24,          951
compiler, Jason,     9,           951
compiler, Hanks,     7,           951
......
```

この分析により、すでにわかっていることが裏付けられます――ここでは、Evanは明らかにナレッジ所有者です。ただし、これが実際の状況であれば、pikaxも大きな貢献をしていることがわかって安心するでしょう。ほっとしました！ おそらくpikaxとchengchaoはコンパイラのメンテナンスを引き受けてくれるでしょう。誰と話をすればよいかが、これでわかりました。

この重要なコンポーネントの概要を出発点として、さらに詳しく探っていくことができます。このコンポーネントで数人の開発者が作業していたとしても、個々のホットスポットがメンテナンス可能であることを知っておく必要があります。この場合、危惧されるのは`src/compiler/parser/index.ts`ファイルです。このファイルには、コンパイルプロセスの一部としてHTMLを抽象構文

※4　https://github.com/code-as-a-crime-scene/vue

木に変換するコードが含まれています。このコードは比較的複雑で、条件付きロジックやBumpy Roadで一杯です※5。

分析プロセス自体は、アーキテクチャ変換を省略してGitログで直接実行する点を除けば、先ほど実行したものと同じです。そのようにして、開発者の断片化をファイルレベルで特定します。マイナーコントリビューターの中に、ホットスポットの各部分をよく知っているはずで、引き続きメンテナンスを行うことができる開発者が数人います(図15-9)。

図15-9：開発者の断片化をファイルレベルで特定する

15.4.2　トラックをよける

ここまでは終末を迎えるかもしれないシナリオを見てきましたが、それは単に、トラックが衝突した場合に、ほとんどのプロジェクトが行き着く場所にほかならないからです。このことは、*On the abandonment and survival of open source projects: An empirical investigation*［ACVS19］でも明らかです。この調査では、メイン開発者がコードを放棄した場合に生き残るプロジェクトが、たった41%であることが示されています。ただし、実際に生き延びるプロジェクトがあるわけなので、それらの引き継ぎから、あなた自身の製品の生存確率を高める何かを学べるのではないでしょうか。

顕著な例の1つはGitです。もともとはLinus Torvaldsが連休を使って作成したものですが、2005年以降は濱野純がこのプロジェクトを管理しています※6。図15-10の知識分析から、引き継ぎがうまくいったことは明らかです※7(そしてもちろん、Gitは進化し続けており、興味深い新機能が次々に導入されています)。

※5　https://tinyurl.com/vue-js-compiler-hotspot-review
※6　https://tinyurl.com/linus-torvalds-linux-interview
※7　https://tinyurl.com/git-linus-ownership

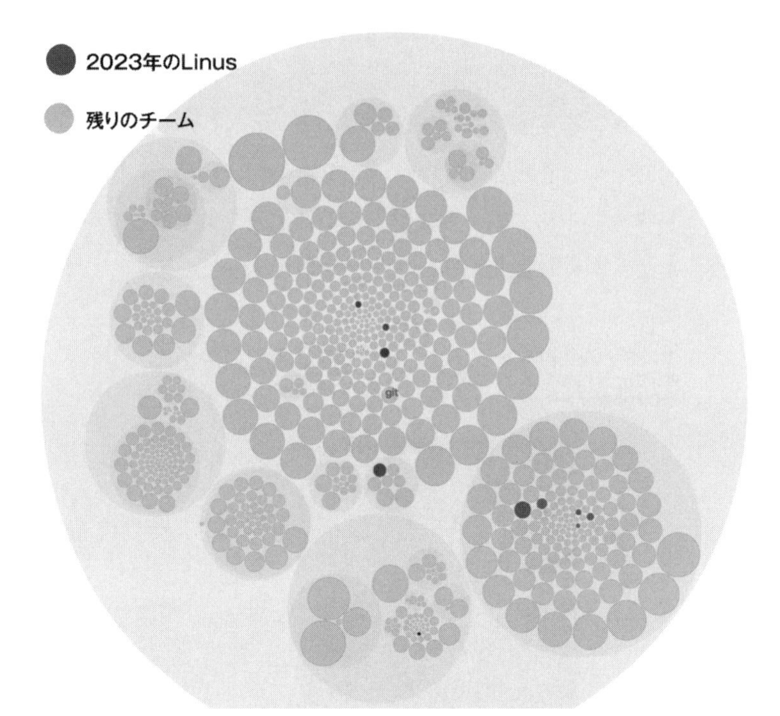

図 15-10：Git の知識分析

では、以前のキーパーソンがいなくなった後も成功し続けるプロジェクトから何を学べるのでしょうか。トラック係数の影響を制限するには、やはり次のような対策を組み合わせて実行する必要があります。

- **キーパーソンへの依存を制限するために協力する**
  チームとして共同作業すると、設計上の意思決定、トレードオフ、現在のソリューションに至った経緯について、他のメンバーの理解も深まる。この集合知はかけがえのないものであり、この業界が「知識の移転」と呼んでいるこの架空の活動中に、コードからリバースエンジニアリングしたり、置き換えたりすることはできない。
- **コードを健全に保つ**
  第14章の14.4.3項で説明したように、コードの臭いはトラックが衝突したときの影響を増幅させる。コードを健全な状態に保っていれば、放棄されたコードを理解しやすくなる。

- **徹底したガイドラインと原則を確立する**
  よい原則は一貫性につながるため、自由をもたらす。それらの原則を（バージョン管理された）ドキュメントに記録する。また、各原則の根拠も必ず追加する。
- **協力の文化を育む**
  チームでアイデアを共有し、より困難な問題に協力して取り組むことを奨励する。手本を示し、フィードバックを提供し、反省する機会を設ける。
- **学習の時間を設ける**
  テックリーダーの立場にある場合は、本章のテクニックを使って、チーム内のコードの習熟度と知識の共有に目を光らせることができる。また、オフボーディングの場合は、知識分析を使ってコードの危険領域を特定し、後任のプログラマーがその領域を学習するのに十分な時間を確保できるようにする。

開発者の断片化が進むと、変更不可能な設計になる

レガシーコードベースで複雑なホットスポットが見つかった場合、その複雑さの傾向から、そのコードが何年にもわたって問題を抱えていたことが判明する可能性があります。当然ながら、次のような疑問が生じます。なぜ誰もリファクタリングしなかったのでしょうか。なぜコードを劣化するがままにしてきたのでしょうか。

ホットスポットは、間違いなく数十人の開発者による共同作業です。明確な所有者意識がない状態では、深刻化する一方の問題に対処する責任を誰も感じません。まさに第 13 章の 13.1.3 項で説明した責任の拡散の表れです。このため、元の設計がまだ適切かどうかにかかわらず、コードはその設計の範囲内で成長し続けることになります。最終的には、有効期限をはるかに過ぎた構造にバグ修正や機能が押し込まれた、**変更不可能な設計**になります。

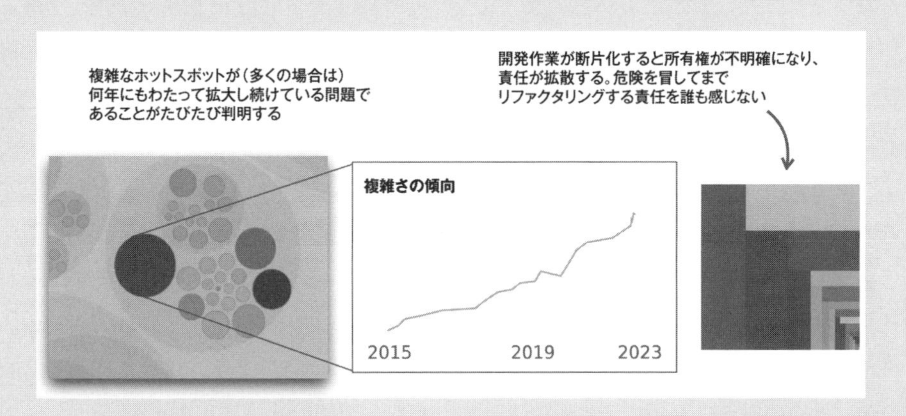

15.5 使用と誤用を区別する

本章で説明した知識分析は、プロジェクトの関係者全員に役立ちます。

- 開発者は、この分析を使って、コードレビュー、設計に関する話し合い、デバッグ作業を手伝ってくれる同僚を割り出す。
- 新しいプロジェクトメンバーは、この情報をコミュニケーションの補助と迅速なオンボーディングの両方に使う。
- テスト担当者は、知識マップを使って、特定の機能領域を最もよく知っている開発者を見つけ出す。
- テックリーダーは、このデータをもとに、システム構造がチーム構造とどれくらいうまく適合しているのかを評価し、知識の孤島を突き止め、よいコードを書くために必要な非公式の自然なコミュニケーション手段を確保する。

日々把握しておきたいホットスポットとは異なり、これらの知識分析は、おそらくそれほど頻繁に使うものではありません。多くの場合、コードの社会的側面は、毎週または隔週で監視すれば十分です。理想的には、計画や振り返りといった定期的な活動の一部にしたいところです。そしてもちろん、臨時に使うこともあります。こうした分析が必要なときが、**本当に**必要なときです。フラクタル図は、オンボーディングとオフボーディングに関して窮地を救ってくれるでしょう。

15.5.1 貢献データをパフォーマンスの評価に使うのは間違い

経験上、ここで忠告を付け加えておく必要もあります。これらの社会的分析は、個人の生産性の要約でもなければ、人々を評価するために開発されたものでもありません。そのような使い方をすると、この情報は益となるどころか害になります。そういった使い方が不適切な考えである理由はいくつかあります。社会心理学者が**根本的な帰属の誤り**（fundamental attribution error）と呼ぶものに着目してみましょう。

根本的な帰属の誤りは、他人の行動を説明するときに性格因子を過大評価する傾向を表します。たとえば、筆者が先週バグだらけのスパゲッティコードを大量にコミットしているのを見たあなたは、筆者がダメなプログラマーで、無責任で、きっと少し頭が悪いからだろうと考えます。これに対し、あなたがゴミみたいなコードを提出するときは（もちろん、わかっています。これは架空のシナリオです）、きっと締め切りが迫っていたか、プロジェクトを救わなければならなかったか、プロトタイプのつもりだったからです。このように、私たちは同じように見える行動を、自分に関係するのか、ほかの誰かに関係するのかによって、異なる要因のせいにします。

基本的に、帰属バイアスにはグループという側面もあります。チームメンバーのような、より親しい人の行動を評価するときには、状況的影響を理解しやすくなります。つまり、私たちはバイアスを避けることを学習できるのです。ただ、状況の力が強いこと、そして、時には人の性格よりも行動のほうが信頼できる予測変数であるということを忘れてはなりません。

根本的な帰属の誤り

また、何かに基づいて評価されると、その計測自体が目標になってしまい、ソフトウェアを動かすことでも同僚をサポートすることでもなく、自分自身の「パフォーマンス」を最適化することになります（グッドハートの法則※8 を参照）。最終的に、私たち開発者はあらゆる指標でゲームをすることを覚え、その過程でコードと作業環境の品質を低下させます。そうなってはなりません。

15.5.2 未来に目を向ける

トラック係数を抑制し、フラクタル図を使って後任候補を見つけ出す方法を学んだところで、既存の行動的コード分析の説明は以上となります。あなたは基本的なテクニックを熟知しており、コードと組織の両方の秘密を明らかにする準備ができています。

新しいテクニックや概念が定期的に現れるソフトウェア開発は、絶えず拡大する分野です。最後の章では、自動化の拡大、これまで以上の開発サイクルの短縮、コードを生成する AI という未来において、本書で学んだテクニックがどのように役立つのかを見ていきます。その前に、ぜひ最後の練習問題を解いてみてください。

※8 https://en.wikipedia.org/wiki/Goodhart%27s_law

15.6 練習問題

知識分析には、人々のコミュニケーションの最適化と、オンボーディングシナリオとオフボーディングシナリオへの対処という2つの主な用途があります。次に示す練習問題では、両方の用途を調べて、ホットスポットと組み合わせることができます。

15.6.1 影響を明らかにする：トラックに二度ひかれる

- リポジトリ：https://github.com/code-as-a-crime-scene/git
- 言語：C
- ドメイン：Gitはバージョン管理システム、gitはスラング
- 分析スナップショット：https://tinyurl.com/git-linus-ownership

本章では、それなりの規模のコードベースを新しいメンテナー（濱野純）に引き継ぐ成功例としてGitを取り上げました。濱野純も引退することになった場合の影響を分析してください。影響を受けるであろうGitの機能を特定できた場合は、ボーナスポイントが加算されます（ヒント：Gitのコードベースはコードが問題領域と一致している見本のような例であり、ファイルの名前はどの機能を実装しているのかを示します）。

15.6.2 オフボーディングリスクに優先順位を付ける

- リポジトリ：https://github.com/code-as-a-crime-scene/magda
- 言語：Scala、JavaScript、TypeScript
- ドメイン：Magdaは組織向けのデータカタログシステム
- 分析スナップショット：https://tinyurl.com/magda-hotspots-map

メインコントリビューターがいなくなった場合、システムの理解に複数の溝ができることになるでしょう。実際には、その人が永遠にログアウトする1か月前の告知など、多くの場合は移行期間が設けられます。この期間を、今後のリスクを減らすために使うことができます。そうしたタスクの1つは、もうすぐいなくなる開発者にチームの誰かとペアを組ませ、重大なホットスポットをリファクタリングさせることです。

図15-11に示すように、MagdaのAuthorization APIを担当している開発者はたった1人です。

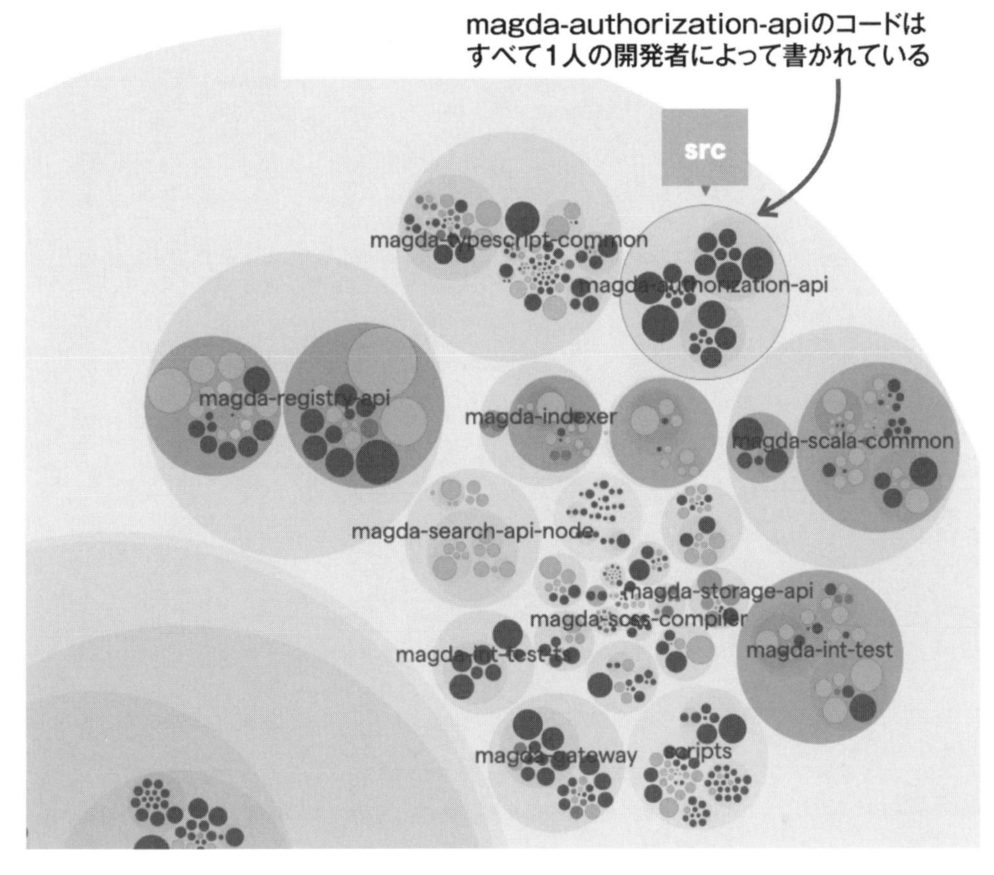

図 15-11：Magda の Authorization API を担当している開発者はたった 1 人

その人がいなくなると仮定しましょう。magda-authorization-api の理解を妨げるものは、すべて抑制しなければならないことは明らかです。オフボーディング期間中にリファクタリングのターゲットとして優先すべきホットスポットを特定することは可能でしょうか。

第16章

未来に向かって

本書も終わりに近づいています。この旅をご一緒できたことをうれしく思っています。本書では、広い範囲の内容をカバーし、あらゆる規模のコードベースに適用される基本的な分析テクニックをマスターしました。今度は書籍の枠を超えて、次のステップとして考えられるものに目を向けてみましょう。こうした分析の中には、まだ発展途上にあるものや、あくまでも研究用のプロトタイプとして存在するものもありますが、次世代のコード分析がどのようなものになるかについて考えるのには十分です。たとえば、そうしたツールに求められるのは、バージョン管理システムの枠を超えて、コミット間で何が起きているのかを追跡する機能であることに気づくでしょう。

未来に関して言えば、この多面的なソフトウェア開発という職業は絶えず進化しています。どうやら、トレンドとなっているいくつかのテクノロジーが、私たちのプログラミングの仕方を変えことになりそうです。ローコードプラットフォームは（再び）増加傾向にありますし、今までにないAIアプリケーションがコードの記述に使われるようになっています。私たちはこれまで以上に強力なツールを手にしていますが、一方で、私たちの存在価値が危ぶまれることになるかもしれません。こうしたテクニックはプログラマーを過去のものにしてしまうのでしょうか。そして、AIアシストプログラミングが普及した世界でも、行動的コード分析は依然として役立つのでしょうか。私たちは、これらの疑問について考えるべきです。その答えが、これから10年間の私たちのキャリアを決定付けるからです。さて、前置きはこれくらいにして、さっそく最後の章に取りかかりましょう。

16.1 さらに深く調査する

本書で紹介したテクニックは出発点です。本書のコードリポジトリには、さらに多くの情報があります。そこで、ほかのアプローチも少し見ておきましょう。以降で述べる戦略は、必要になったときに、さらに情報を手に入れるためのものです。トピックをさらに詳しく探ることにしたときに、これらの戦略もひらめきを与えてくれるかもしれません。

16.1.1 調査範囲をソースコード以外に広げる

ほかの成果物もバージョン管理システムに格納されている場合は、それらも分析の対象にすることができます。これには、ドキュメント、要件仕様、製品マニュアルなどが含まれます。おそらく、要件とコードの間の時間的な依存関係も調べることになるでしょう。

図16-1は非コード分析の例であり、本書のホットスポットを示しています（正誤表の作成に協力してもらえるなら、第13章で大きな成果が得られそうです）。

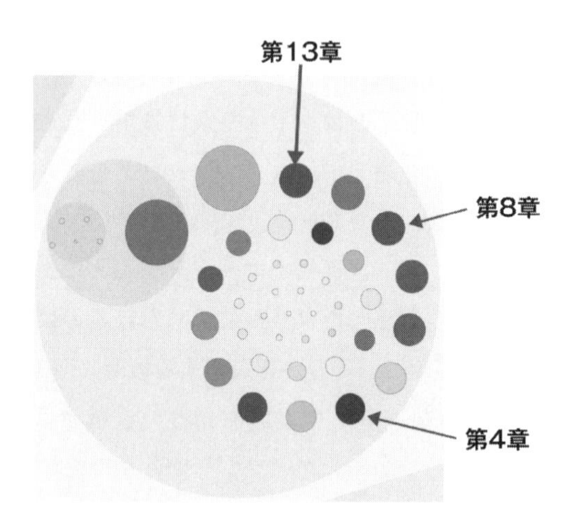

図16-1：本書のホットスポット分析

もちろん、本を書いていない場合でも、コード以外のコンテンツを分析すると助けになります。一般的な成果物の1つは、IaC（Infrastructure as Code）です。その場合は、暗黙的な依存関係、知識の孤島、ホットスポットの洗い出しに行動的コード分析が役立ちます。たとえば図16-2は、Terraformインフラコードの分析を示しています。

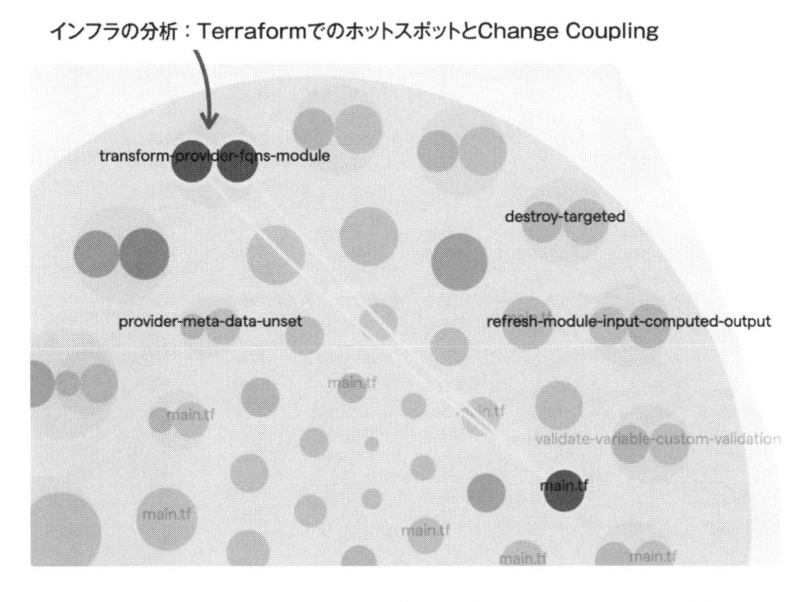

図 16-2：Terraform でのホットスポット分析と Change Coupling 分析

16.1.2 ホットスポットのレントゲン検査

バージョン管理システムでは、変更内容がファイルよりもずっと細かいレベルで記録されます。この情報は、2つのリビジョン間の`diff`を通じて提供されます。`diff`が提供する情報から、クラスの内部がどのように進化するのかを推測できます。

この分野のより興味深いアプローチの1つは、Michael Feathersのアプローチです※1。Michaelはバージョン管理データを使って**単一責任の原則**に対する違反を探り出しています。具体的には、**追加**、**変更**、**削除**されたコード行をもとに、クラス内のメソッドをクラスタ化します。たとえば、一部のメソッドが同じ日にまとめて変更される傾向にあることがわかったとします。その傾向が示すのは、新しいクラスで表現できる責務が見つかったということかもしれません。

Michaelのテクニックは、基本的にはメソッド間のChange Coupling分析です。言語を認識するツールが必要になるため、この分析を実装するのは、より困難です。その見返りとして、コードのニーズに基づいてリファクタリングをサポートするツールが手に入ります。

筆者が*Software Design X-Rays: Fix Technical Debt with Behavioral Code Analysis*［Tor18］で取り上げたもう1つのアプローチは、同じ情報を使ってメソッドレベルや関数レベルでホットスポットを計算することです。一般に、そのようにして特定される複雑なホットスポットは、たいてい大きなファ

※1 https://michaelfeathers.silvrback.com/using-repository-analysis-to-find-single-responsibility-violations

イルでもあります。数千行ものコードをリファクタリングするのは、多くの場合、現実的な選択肢ではありません。代わりに、そのホットスポットを優先順位リストに分解し、技術的負債を返済する順番を示すことができるとしたらどうでしょうか。図16-3は、このプロセスを示しています。この図は、3,000行を超えるファイルであるReactの`ReactFiberCommitWork`ホットスポットのレントゲン写真です※2。

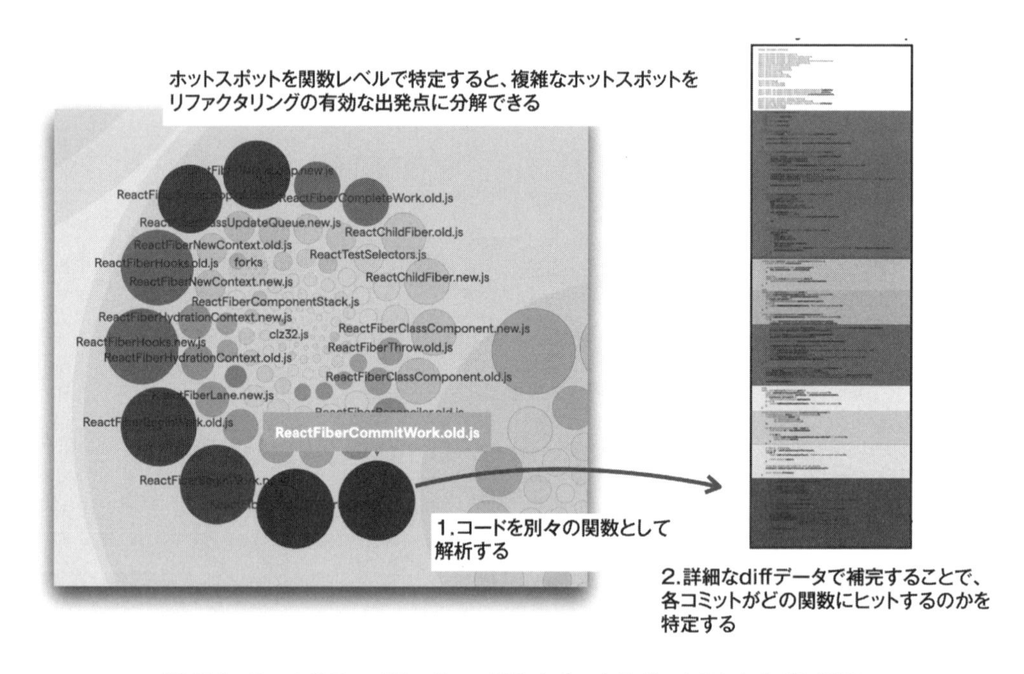

図16-3：ReactのReactFiberCommitWorkホットスポットのレントゲン写真

16.1.3 開発者ネットワークを分析する

社会的要因は、コードの進化において重要な役割を果たします。ここまでは、コミュニケーションと知識の分布について説明してきました。さらに一歩踏み込んで、開発者ネットワークを分析してみましょう。

図16-4は、コード内での相互作用に基づいた、さまざまなプログラマー間の関係を示しています。プログラマーはそれぞれ、所属しているチームで色分けされたノードで表されています。別の開発者と同じコードをいじるたびに、その開発者との間にリンクが設定されます。同じコードで作業する頻度が高いほど、リンクが強くなります。この情報から、チームの境界を越えた社会的依存関係を特定できます。

※2 https://tinyurl.com/react-hotspot-xray

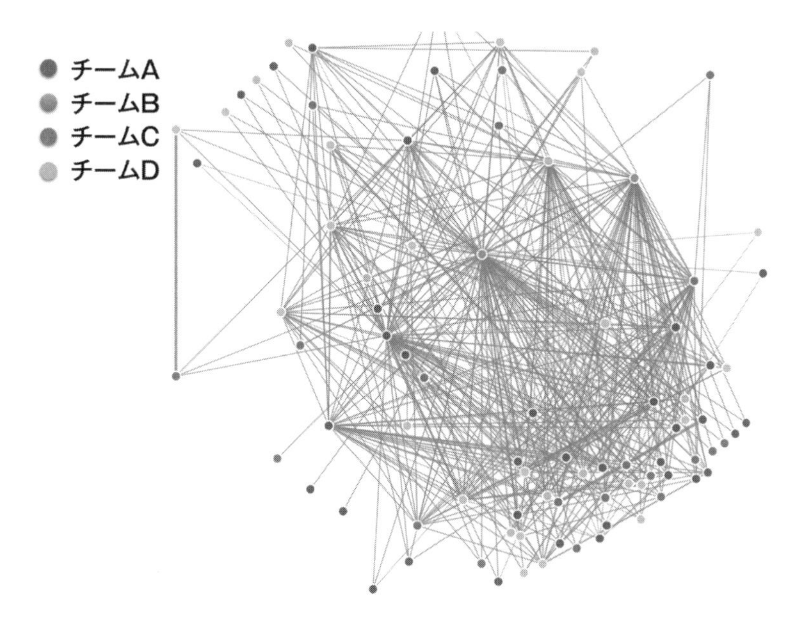

図 16-4：プログラマー間の社会的依存関係

ネットワーク情報は、Code Maatのcommunication分析によって掘り出されます。興味深いアプローチの1つは、このデータをグラフとして分析し、可視化だけでは特定できない複雑な関係を抽出することです。たとえばグラフを使って、私たちが依存しているプログラマー全員と、彼らが依存しているプログラマー全員を見つけ出すことができます。

コンウェイの法則を思い出してください。設計が最もうまくいくのは、組織と一致している場合です。開発者ネットワークがあれば、その観点から設計を評価できます。

16.1.4　ペアプログラミングのために分析をカスタマイズする

第3部で説明した社会・技術的な分析では、知識マップの構築や並行作業の分析などのためにコミット情報の作成者フィールドを使います。ペアプログラミングやモブプログラミングを行う場合、作成者フィールドだけでは十分な情報は得られません。知識を例に挙げると、コードの一部をペアで作成する場合は、その功績を2人の作成者の間で均等に分かち合いたいと考えます。その場合は、コミットメッセージを使って関与したプログラマーを記録し、識別する必要があるでしょう。

複数の作成者がいる場合の最も一般的なフォーマットは、Co-authored-byフィールドを使って記録することです（図 16-5）。

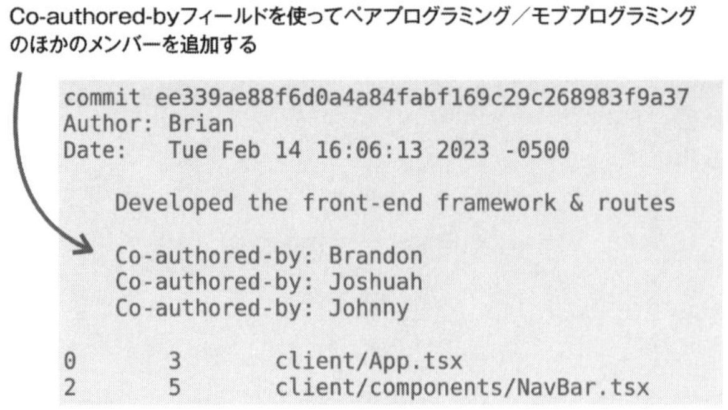

Co-authored-byフィールドを使ってペアプログラミング／モブプログラミングのほかのメンバーを追加する

```
commit ee339ae88f6d0a4a84fabf169c29c268983f9a37
Author: Brian
Date:   Tue Feb 14 16:06:13 2023 -0500

    Developed the front-end framework & routes

    Co-authored-by: Brandon
    Co-authored-by: Joshuah
    Co-authored-by: Johnny

0       3       client/App.tsx
2       5       client/components/NavBar.tsx
```

図16-5：Co-authored-byフィールドを使って関与したプログラマーを記録する

Co-authored-byは、Gitにおいて**トレーラー**と呼ばれるもので、基本的にはコミットメッセージに配置するキーバリューペアです。トレーラーの追加を習慣にすれば、必要なデータがすべて手に入ります。あとは、ログの作成者フィールドではなく、その情報を選択するようにツールを調整するだけです。

16.2　次のステップを見守る

「コミットで起きたことはコミットに残る」という古い言い回しを覚えているでしょうか。覚えていない？ それはそうでしょう、筆者が勝手に作っただけですから。しかし、それは真実であり、そしてそれが問題なのです。

最近のツールでは、最も小さい凝集単位がコミットに制限されています。コミットで何が起きたかがわかっていれば、分析と予測を新たなレベルに引き上げることができます。例として、時間的なChange Coupling分析について考えてみましょう。この分析では、一緒に変更されるモジュールを特定できます。しかし、方向については何もわかりません。モジュールAの変更の後は常にBとCに対する変更が予測され、逆の順番での変更は決して起こらないとしたらどうでしょう。これは貴重な情報になりそうです。

次世代のツールは、バージョン管理システムを超えるものでなければなりません。開発環境の残りの部分と統合され、コード上でのやり取りをすべて記録するツールが必要です。そのようなツールがあれば、プログラミングにおいて最も重要な活動――コードの理解とコードリーディング――を支援できるようになります。どのように行うのかを見てみましょう。

16.2.1　コードリーディングをサポートする

ほとんどの分析は、ソフトウェアの設計面に焦点を合わせています。しかし、コードリーディングは解決するのが難しい問題です。この課題に取り組むための道筋は、ほかの分野からの着想に基づくものになるでしょう。

よくあるオンラインサイトの仕組みについて考えてみましょう。あなたが商品を調べると、すぐに類似の商品が表示されます。コードでも同じことができるとしたらどうでしょうか。ファイルを開くと、「このコードを読んだプログラマーは、UserStatisticsクラスも調べて、最終的にApplicationManagerモジュールを2回変更しました」というメッセージが表示されます。このようなリーディングのレコメンデーションは、次に取るべき自然なステップです。

本書でマスターしたChange Coupling分析はその土台となりますが、将来のツールはリーディングパターンも把握しなければなりません。つまり、コードが変更される前、または変更されるときに、どのファイルや関数が読まれるかを理解する必要があるということです。そうした関数も、変更されるコードと論理的に結び付いている可能性があるからです。

16.2.2 動的な情報を統合する

もう1つの有望な研究分野は、動的分析の結果を開発環境に統合することです。その情報をもとに、コードベースの特定の部分に対して警告を表示できるようになります。例を見てみましょう。

本書では、並列度の高い開発が品質の低下につながると説明しました。そうした分析の結果をコードエディタに取り込むとしたらどうなるでしょうか。コードの変更を開始すると、「注意してください。このコードは昨日3人のプログラマーによって変更されています」といった警告が表示されるようになります。

統合を成功させるには、時間的な側面も必要です。過去に並行開発で問題が起きていて、あなたがその問題に対処して修正していた場合、問題が正しく解決されていれば警告は必要ではなくなるため、そのうち自動的に表示されなくなるはずです。

必要な構成要素は、これですべて揃いました。次のステップは、それらをワークフローの残りの部分と統合することです。こうした新しいツールのいくつかを作成することになるのは、あなたかもしれません。

パフォーマンスプロファイリングでホットスポットを補強する

パフォーマンスが重視されるアプリケーションに取り組んでいる場合は、パフォーマンスの指標を簡単に利用できることがきわめて重要になります。その情報はホットスポット分析にも申し分ありません――複雑なコードを突き止めたら、リファクタリングする前に、実行時の特性を把握しておきたいからです。通常、よい設計とパフォーマンスの間にトレードオフはほとんどありません（多くの場合、よい設計はパフォーマンスの土台となります）が、ホットパスは細心の注意を払って進む必要があるからです。

16.3 新たな時代：AIの世界でのプログラミング

生産性の次なるブレークスルーに王手をかけているAIは、私たちが知っているプログラミングの様相を様変わりさせているようです。プログラミングの終焉を宣言する人がいるほどです（*The End of Programming*［Wel23］）。そこで、水晶玉を手に取り、行動的コード分析とプログラミング全般の居場所がAIの未来にまだあるかどうかを探ってみましょう。

16.3.1 機械の反乱に立ち向かう

産業革命には80年ほどかかりました（1760～1840年）。産業革命は社会を根本的に変化させましたが、2つの世代を要したため、人々がそれに適応する時間がありました。現在、AI開発のペースは、わずか数か月で新境地を開いているようです。テクノロジー業界で働くにはすばらしい時代ですが、ペースが速すぎて、その未来に何が待ち受けているのかが不確かでもあります。

特に、AIがプログラマーに取って代わるのではないかという懸念が高まっています（第11章の11.4.2項のホットスポットを考えると、「懸念」を「希望」に置き換えてもよさそうです）。では、私たちプログラマーは、街灯の点灯夫や電話交換手と同じ道をたどるのでしょうか。いいえ、その可能性は低そうです。理由は次のとおりです。

- **基準を上げ続けている**
  これまでの技術革命は、すべてより多くのコードとプログラマーにつながっており、それらが減ることはなかった。より大きな力を手にした私たちは、複雑になる一方の問題に対処するためにハードルを上げ続けている。したがって、現代の各言語にパッケージ化されている標準ライブラリが、リンクリストや二分検索木を手動で実装することに取って代わったように、AIは現在の定型コードを自動化するだろう。それは悪くない。
- **プログラミングであることに変わりはない**
  現在のAIは、どれほど印象的であろうと、知的であるとはとうてい言い難い（議論としても読み物としても*A Thousand Brains: A New Theory of Intelligence*［Haw21］が参考になるだろう）。つまり、**何**を構築するのかをAIに教える必要がある。機械に何をすべきかを命令するというのは――そう、プログラミングとよく似ていないだろうか。

AIの転機とは？

Joe asks

コード、検証、セキュリティ分析がすべてニューラルネットワークによって実行される飛行機に乗り慣れてきたときが、キーボードを永遠に手放すときかもしれません。

コーディングができる機械の進歩は、現在の AI が大変革を起こすところまで来ています。AI はコードの書き方を確実に変えるでしょう。今、まさにそれが起きています。ただし、表には裏があります。今後の課題を見てみましょう。

16.3.2　AI の課題を解決する

機械学習を使ってより多くのコードをよりすばやく記述することは、間違った問題に対する見事な解決策です。私たちは、ほとんどの時間をコードの記述ではなく、既存のコードの理解に費やしていることを思い出してください。したがって、業界として注意を払っていないと、せっかくの AI アシストコーディングが、ソリューションではなくレガシーコードのジェネレータになってしまうかもしれません。

今後数十年は、人間と機械の両方によって記述されたハイブリッドコードが使われることになるでしょう。そうした状況で、全体的なメンタルモデルを持つのは誰でしょうか。そして、人間が読めるコードを AI が生成することをどのようにして保証するのでしょうか。この課題に立ち向かうには、第 6 章で説明したように、品質のよい健全なコードを担保するためのセーフティネットが必要です。このセーフティネットは、AI によって生成されたコードがリポジトリにコミットされる前に通過しなければならない、自動化された品質ゲートかもしれません。

AI と人間のハイブリッドに注意する

すべてのパラダイムシフトには調整フェーズがあります。テスト自動化が主流になった経緯や、オープンソースソフトウェアの爆発的な増加について考えてみてください。どちらの開発も生産性の向上に貢献しましたが、持続可能であり続けるためには、弱点に対処する必要があります。第 11 章でのテスト自動化コードの技術的負債に関する説明や、第 14 章の 14.4 節でのオープンソースのメンテナンス可能性に対する懸念の高まりに関する説明では、この再調整の例を見てもらいました。
AI アシストプログラミングの将来の問題やリスクをすべて予測することはできません。とはいえ、AI が書いたコードを人間が理解しなければならないという現在のハイブリッドフェーズは、問題やリスクの非常に有力な候補の 1 つに思えます。

要するに、私たちは今後もプログラムを書き続けることが予想されます。理想的には、問題の説明のほうにより焦点を合わせられるようになり、実行の詳細にはそれほど配慮しなくてもよくなるでしょう。つまり、アセンブリ言語から現在の高水準プログラミングモデルへの移行とほぼ同じですが、より急進的なだけです。AI のアシストは、現在のコードエディタやコンパイラと同じように、私たちの仕事に不可欠なものになっていくでしょう。それほど大騒ぎするほどのことではありません。

しかし、短期的にであっても、コーディングの知識がほとんどない人でもコーディングできるようになるという点で、AIはソフトウェア開発をより身近なものにするでしょう。自然言語で正確に記述できるくらい単純なタスクであれば、現在では自動生成が可能です。このことは、同じような可能性を秘めたテクノロジーを連想させます。というわけで、ローコードアプローチについても見ておきましょう。

16.4　進化の逆進：ローコードアプローチ

AIがその約束を完全には果たせない場合は、いつでも**ローコード**プラットフォームが控えています。コンピューティング業界は、メインフレームの時代からプログラミングの単純化を試みてきました。ローコードの概念はその流れの延長であり、新しいキャッチフレーズで包まれるようになっただけです。過去には、ビジュアルプログラミング、Executable UML、モデル駆動型アーキテクチャ、第4世代プログラミング言語など、さまざまな名前で呼ばれていました。どのような名前で呼ばれようと、その原理は同じです。プログラマーを雇って何か月も働かせる代わりに、ツールでボックスをいくつか描き、それらをさまざまな矢印で接続し、場合によっては制約を指定し、ボタンを押すと、あら不思議、ソリューションが魔法のように現れます。

そして、今日のローコードでは、プログラミングの経験がほとんどない人でも、それなりのソフトウェアアプリケーションを作成できます。その意味では、ローコードはビジネスアイデアを評価し、複雑な問題領域を理解しやすくするための現実的な選択肢です。コンピュータビジョンを探究したり、知的な音声ガイドを作成したりしたい？ それならローコードです。こうした利点は明らかであり、すでに製品化されています。新たな挑戦が始まるのは、ローコードプラットフォームで一般的なソリューションを構築し、それらがプログラミングに取って代わることを期待するときです。ローコードにつきまとう複雑さを探ってみましょう。

ローコードシステムを分析する

多くの場合、ローコードプログラムは独自のフォーマットまたはXMLを使ってディスクに格納されます。多くの組織では、そうした成果物をバージョン管理システムに配置しています。ホットスポット、Change Coupling、知識マップのような基本的なテクニックは言語に依存しないため、ローコードコンテンツをほかのコードベースと同じように分析できます。

16.4.1 ビジュアルプログラミングでの複雑さのシフト

ローコードアプローチが自然言語の進化とは逆であることを考えると、そのブームが定期的に訪れるのはおもしろいことです。現在の表記体系のいくつかは象形文字から進化しています。こうした古代の文字は、簿記や在庫表などのタスクのために進化しました。人々は込み入った考えを文字で表現しようとして、言語の記号を、解釈や発音の手がかりとなる表音速記の記号で拡張する必要に迫られました。この書式はやがて、ほとんどの現代言語で使われているテキスト表現へと進化しました。自然言語のこの一般的な傾向は、私たちにヒントを与えてくれるはずです。汎用プログラミングアプローチとしてのローコードは、コーディング方法の進化ではなく、退化を表しています。

古代スウェーデンの象形文字の例：
バイキングがここにいた

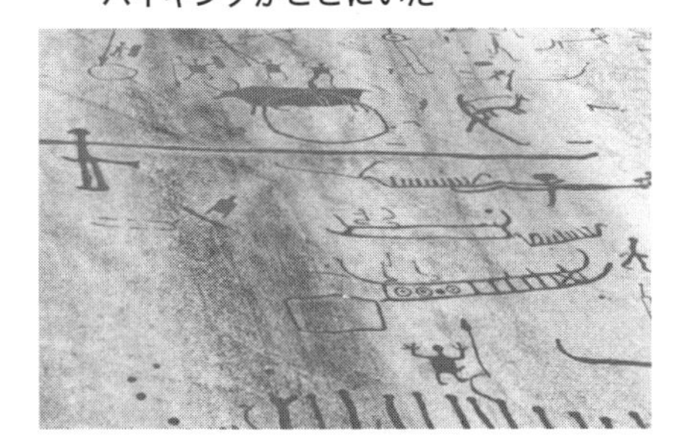

図 16-6：古代の象形文字の例

より現代的な象形文字の例：

図 16-7：現代の象形文字の例

ローコードのデモを見れば、これを目の当たりにできます。デモはおしなべて印象的ですが、見かけのシンプルさは当てになりません。これらのデモが解決するのは、単純で制約のあるタスクになりがちです。現実の多くのタスクは複雑であり、ローコードでは問題領域を単純化することはできません。問題空間の複雑さが少しでも増すとソリューションの複雑さが爆発的に増えるため、そこで頓挫します（その理由については、*Frequently forgotten fundamental facts about software engineering*［Gla01］を参照。Robert Glass は、「問題の複雑さが 10% 増えるごとに、ソフトウェアソリューションの複雑さが 100% 増える」と主張しています）。

つまり、ローコードツールの有効性は、問題領域の複雑さと逆相関しているということです。サポートされている機能とカスタマイズオプションの範囲内であれば、ローコードツールはそれほど悪くありません。裏を返せば、ローコードはこうした単純な問題を単純化するものの、その代償として、複雑な問題をより複雑にします（*The Influence of the Psychology of Programming on a Language Design*［PM00］は古い論文ですが、現在でも基本的な問題に関する信頼できる概要です）。

ローコードが近いうちに従来のプログラミングに取って代わるというのは考えにくいことであり、その可能性はAIよりもずっと低そうです。とはいえ、ローコード分野に注意を払っておいて損はありません。選択肢として認識していれば、ローコードプラットフォームが適している場合にいつでも活用できます。ローコードは、うまく使えば、プロトタイプをすばやく作成するのに最適です。ローコードプラットフォームにお誂え向きの問題領域で、プログラミングに何千時間も無駄にせずに済みます。トレードオフにだけは注意してください。

16.5　進化可能なコードを書く

プログラミングの詳細とツールは変化しますが、人間が機械に命令する以上、私たちは結果として生じる複雑さに対処しなければなりません。本書で見てきたように、ほとんどの作業は最初のシステムが構築された後に発生します。これで一周して元の位置に戻ります——今後数十年は、コードを理解のために最適化することが、ソフトウェア開発を成功させるための重要な要件であり続けるでしょう。

この最後の章では、本書で取り上げたテクニックで終わりではないこともわかりました。行動的コード分析の分野は進化し続けており、私たちの前には目指すべき針路がいくつかあります。動的なデータソースを統合することに加えて、将来的には、現代のAIによって分析が強化されることになるでしょう。

つまるところ、重要なのはもっとよいソフトウェアを書くことです——それは、新しい機能、画期的な使い方、変化する状況というプレッシャーのもとで進化できるソフトウェアです。それだけの品質のコードを書くのは決して簡単ではありません。ソフトウェア開発は私たち人間が頭を使ってできる最も難しいことの1つです。私たちは得られる限りのサポートを必要としています。このささやかな犯罪科学テクニックのコレクションが、このテーマをさらに追究するきっかけになることを願っています。

本書の執筆は楽しい作業でした。進化するコードという魅力的な分野をめぐる旅を楽しんでもらえたことを願っています。ここからはあなたの出番です。コードとともにあらんことを！

付録A

練習問題の解答

A.1　第1部　理解しにくいコードを特定する

A.1.1　第3章　ホットスポットの検出：コードの犯罪者プロファイルを作成する

ホットスポット分析をコードベースの一部に限定する

分析をreact-domパッケージに限定するには、Gitとclocの引数を調整します。Gitの場合は、パスを指定することで調整します。Reactリポジトリに移動して、次のコマンドを実行します。

```
$ git log --all --numstat --date=short --pretty=format:'--%h--%ad--%aN' --no-renames \
> --after=2021-08-01 -- packages/react-dom > react_dom_log.txt
```

パス区切り文字--により、react-domに関連するコミットだけが含まれるようになります。

clocの場合は、さらに簡単です。対象となるディレクトリpackages/react-dom/を指定します。

```
$ cloc packages/react-dom/ --unix --by-file --csv --quiet \
> --report-file=react_dom_complexity.csv
```

ここから、3.3節の手順に従い、ローカルホットスポットのリストを取得します。結果の分析から、複雑なホットスポットがテストコードに2つ、アプリケーションコード（ReactDOMServerFormatConfig.js）に1つあることがわかります。

A.1.2　第4章　ホットスポットの応用：人の視点に立ってコードを可視化する

言語に依存しない分析を試してみる

Zulipの主なホットスポットはzerver/models.pyです。ただし、zerver/tests/フォルダにもホットスポットのクラスタがあります。特に、zerver/tests/test_subs.pyは疑わしいほど複雑に見えます。テストコードについてはまだそれほど説明していませんが、第11章を読み終えたら、ホットスポットのテストに戻ることをお勧めします。

Vue.js：もう1つの選択肢

Vue.jsのホットスポットはすべて、Reactの対応するホットスポットのおよそ3分の1の大きさです。もちろん、モジュールのサイズや複雑さは、メンテナンス可能性の1つの目安にすぎません。しかし、それは重要な目安です。

Kubernetesの技術的負債を特定する

分析により、proxy/iptablesとapis/core/validationで顕著なホットスポットが特定されます。それぞれのパッケージでは、アプリケーションロジックとそのユニットテストのホットスポットがペアになっています。

これらのテストのサイズ（20,000行を超えるコード）だけでも気がかりです。その量のコードでテストの失敗を探し回る場面を想像してみてください（ヒントがほしい場合は、第11章をいつでも覗いてみてください）。

アプリケーションコードのホットスポットのほうが一見無害に思えますが、それはテストケースのサイズのせいにすぎません。validation.goのようなホットスポットは、5,000行を超えるコードで構成されています。ざっと調べてみると、コードの読み手に高い認知的負荷をかけることで知られるコーディング構造がいくつかあることがわかります（問題のあるコーディング構造については、第6章を参照してください）。

A.1.3　第5章　劣化している構造を突き止める

Kubernetesの主な容疑者を調べる

Kubernetesのvalidation.goの最近の履歴は、本書で分析したReactのホットスポットに比べて、それほど劇的ではありません。複雑さの傾向は、変更が小さく集中しているように見える安定したモジュールであることを示しています。ただし、2021年11月あたりに複雑さが上昇しており、数百行のコードが追加されています。すでに複雑なホットスポットにさらにコードを追加することには疑問の余地があり、これらの傾向に基づいて問題を可視化し、議論できます。

傾向をコードの複雑さのカナリアとして使う

`AsyncSocketTest2.cpp`の複雑さの傾向は警鐘を鳴らすはずです。このモジュールの複雑さは2020年の後半までは緩やかに上昇しますが、そこから一気に、天井知らずに上昇していきます。そして、10か月後の2021年10月には横ばいになります。この時点で、おそらくコードのリファクタリングは高くつくことになりそうです。

これが私たちのコードだったとしたら、複雑さが上昇し始めたときに対処していれば、複雑なホットスポットの出現を防げたことは明らかです。複雑さの傾向を定期的に調査すると、あなたのコードで同様の問題を回避するのに役立ちます。

ボーナス問題については、テストコードを「単なる」テストとして片づけるのは簡単です。ただし、理解のために最適化するという目標を達成するには、テストは少なくともアプリケーションコードと同じくらい重要です。テストが理解しにくいことは、開発とデバッグで不満を引き起こし、全体的な作業の妨げになります。アプリケーションコードに単純な変更を加えただけなのに、テストが失敗する理由を突き止めるために何時間も費やさなければならないことを想像してみてください。テストでも常にアプリケーションコードと同じレベルの品質を保ってください。

A.1.4 第6章 複雑なコードを修正する

ハリウッドからの電話

「電話をかけてこないで。必要なときはこちらから電話する」原則の適用は、クエリと実行の責務全体をオブジェクトにカプセル化することを意味します。コードをもう一度見てみましょう。

```
if self._use_tensor_values_cache() or self._use_tensor_buffer():
    if self._use_temp_cache():
        # すべての統計データを連結して一時的なtfキャッシュ変数を作成
        graph_cache_var = self._cache_variable_for_graph(graph)
        if graph not in self._temp_cache_var:
            ......
```

キャッシュの確認と作成の責務は、別のオブジェクトに移動すべきです。キャッシュサポートを表すために1つのクラスを使い、Null Objectパターン[※1]に従ってキャッシュがないことを別のク

※1 https://en.wikipedia.org/wiki/Null_object_pattern

ラスで表します。Null Objectパターンは、コードから特殊なケースを取り除くことができる、あまり活用されていないリファクタリングです。

シンプルなボタンを単純化する

一般的な問題が2つあります。1つは、関数の引数の多さが、凝集性の低さという問題を示唆していることです。もう1つは、指定された引数の存在を調べ、フレームオブジェクトを初期化するためにコピー&ペーストされたブロックを実行するという反復的なコードパターンであり、凝集性の問題をさらに悪化させます。

このコードをリファクタリングするには、次の手順に従います。

まず、共通の概念をカプセル化することで、チャンクとして提供できるようにします。

```
void advance_frame_for(DisplayObject *optionalDisplay) {
    if(optionalDisplay)
    {
        optionalDisplay->advanceFrame();
        if (!optionalDisplay->loadedFrom->needsActionScript3())
            optionalDisplay->declareFrame();
        optionalDisplay->initFrame();
    }
}
```

このようにすると、呼び出しコンテキストで繰り返されるコードの量が減ります。

```
......
advance_frame_for(dS);
advance_frame_for(hTS);
advance_frame_for(oS);
......
```

次に、共通する部分を固有の部分から切り離したので、さらに深くリファクタリングできます。この関数は4つの`DisplayObject`引数に依存します。4つの引数をすべて新しいクラス`MultiDisplay`にカプセル化するのはどうでしょうか。このクラスはメソッド呼び出しをその`DisplayObject`コレクションにブロードキャストする役割を果たします。このようにすると、引数は1つだけになり、アプリケーションコードで詳細を知る必要がなくなります。

A.1.5 第7章 技術的負債のビジネスへの影響を伝える

許容できるリスクを理解する

予測可能性という点では、`react-devtools-timeline`のリスクははるかに小さいものです。

確かにYellowコードが多少ありますが、react-reconcilerのほうが深刻です。react-reconcilerのRedコードの量を考えると、タスクの完了に関しては、不確実さが桁違いに大きいと結論付けることができます。

より大規模なリファクタリングの動機を理解する

次の２つの理由から、config.goファイルのリファクタリングに挑んでみてもよいでしょう。

1. **このファイルにコードの品質に関する問題がある**
   config.goからいくつかのコードの臭いがしている。このファイルはmodelパッケージにおいて唯一のRedコードである。Redコードについてわかっていることからすると、新しい機能の追加はリスクが高く、予想よりも時間がかかる可能性がある。
2. **技術的負債の金利が高い**
   ホットスポット分析を使って、config.goが開発のホットスポットであると結論付けることができる。つまり、特定されたのは金利の高い技術的負債である。また、複雑さの傾向に関して問題が拡大していることもわかる。今が行動のときである。

Code Healthのように、品質の次元に影響（ホットスポット）を組み合わせることで、データに基づくリファクタリングを主張できます。

技術的負債の兆候を見つける

技術的負債の典型的な症状は、計画外の作業が多すぎること以外にも、次の3つの領域に現れます。

1. **ロードマップの症状**
   新機能の提供やバグの修正にかかるリードタイムが長くなりがちである。バッドコードを扱うときには不確実さが増すため、約束や顧客の期待に応えることがますます難しくなる。
2. **チームへの影響**
   技術的負債は不快感や不満につながる。この点については、第14章の14.1節で説明している。また、技術的負債はキーパーソンへの依存を促しがちであり、特定のタスクを修正できる開発者が１人だけになる。
3. **エンドユーザーエクスペリエンス**
   オープンサポートチケットの数が増えることは、技術的負債の一般的な症状である。質の悪いコードのバグ修正は難しく、リスクが高いため、組織にとってユーザーのニーズに応えるのが難しくなる。やがて顧客満足度が低下し、製品成熟度エクスペリエンス全体が低下する。

A.2 第2部 支援的なソフトウェアアーキテクチャの構築

A.2.1 第8章 コードは協力的な目撃者

言語に依存しない依存関係分析

言語の境界を越える依存関係がいくつかあります。実際には、これはChange Couplingの一般的なユースケースであり、CodeSceneにはそのための特別なビュー※2が含まれています（図A-1）。

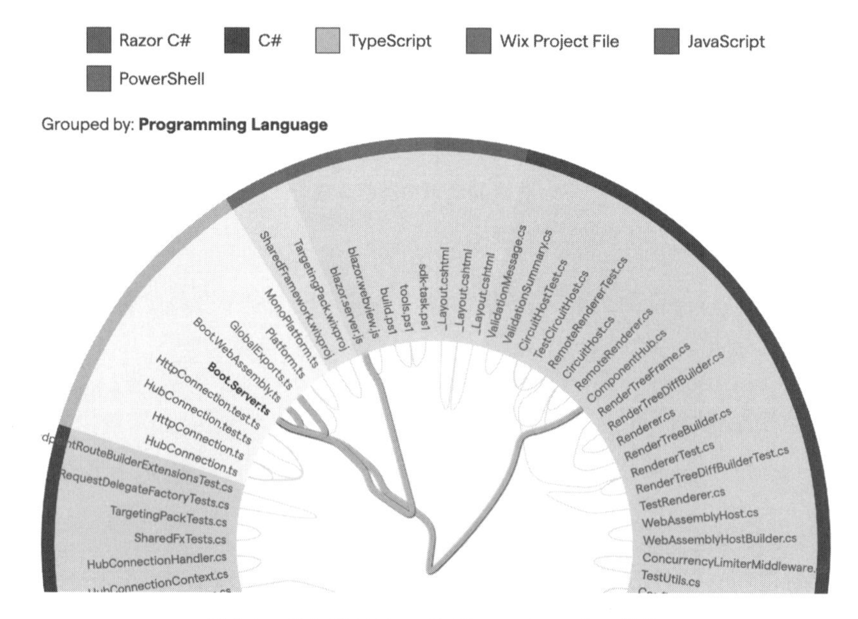

図A-1：ASP.NET CoreのChange Coupling分析

分析スナップショットにアクセスしてプログラミング言語のオーバーレイを選択すると、図A-1に示すような依存関係が表示されます。

Teslaアプリの DRY違反を特定する

図A-2に示すように、5つのユニットテストからなるクラスタがアプリケーションコードと一緒に変更されています。部分的には、vehicleの振る舞いがchargingやdrivingなどのサブドメインに分割されるテスト構造を表しています。それはよいことですが、Change Couplingを考えると、いくつかの概念が十分にカプセル化されていない可能性があります。

※2 https://tinyurl.com/aspnet-change-language-filter

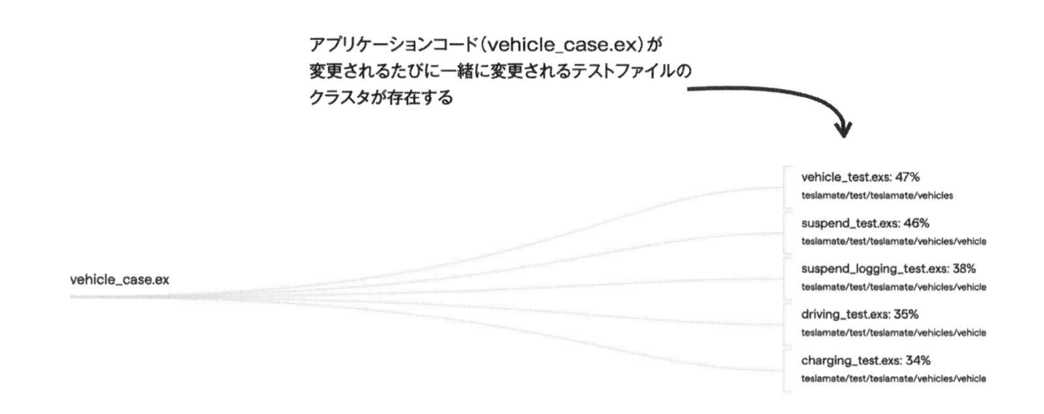

図 A-2：5 つのユニットテストからなるクラスタ

次の練習問題の解答を見ると、テストケース内に重複するコードが確かにあります。問題領域の知識がテストスイート全体に漏れているため、この重複は DRY 原則に違反しています。Change Coupling は、このような疑わしいパターンを特定するのに役立ちますが、モジュールが共進化する**理由**を明らかにするには、コードを詳しく調べるしかありません。

表現のソースを 1 つにするための設計

この Change Coupling 関係の主な問題点は、車両が始動状態を報告しているかどうかをチェックするための重複したアサーションブロックです。現在の設計では、始動報告を拡張または変更するたびに、これらのアサーションのコピーもすべて忘れずに更新しなければなりません。

状態をカプセル化して Change Coupling 関係を減らす一般的な方法が 2 つあります。

1. **状態をカプセル化する**
   重複したアサーションブロックをカプセル化するカスタムアサーションを導入する。共通のカスタムアサーションを使うようにテストを書き直す。
2. **始動状態を別のテストにする**
   始動テストを独自のテストスイートとしてカプセル化する。このようにすると、始動ロジックをカバーする場所が 1 つになり、後続のテストで始動ロジックを検査する必要がなくなり、スコープ内の振る舞いをチェックするだけで済む。

場合によりけりですが、オプション 2 のほうが責務がうまく分離され、テストがより簡潔になる可能性があります。

A.2.2　第9章　アーキテクチャのレビュー：データに基づく設計の見直し

ホットスポットとSoC分析を組み合わせてリファクタリングの優先順位を決める

結合の総数が突出しているのは、ホットスポット src/mongo/db/repl/oplog.cpp です。コードの健全性に関しても問題がいくつかあるため、リファクタリングの有力な候補です。

結合の総数が2番目に多いのは、src/mongo/db/commands/set_feature_compatibility_version_command.cpp です。このコードには、深く入れ子になったロジックを持つ _userCollectionsUassertsForDowngrade という複雑なメソッドが含まれているため、これもリファクタリングの候補となります。

循環依存：Change Couplingを使って設計を改善する

GlowWorld.java と ChunkManager.java のコードを見てみると、これらが相互に依存していることがわかります。つまり、循環依存が見つかったということです。コードのユニットテストが非常に難しくなるだけではなく、それについて考えるのもやっかいになります。

よりよい解決策は、実装ではなくインターフェイスに対する定評あるプログラミングの原則です。World が ChunkManager について知る必要はないはずです。

A.2.3　第10章　従うべきは美しさ

マイクロサービスの結合を調べる：DRYかWETか

主に懸念されるのは共有コードであり、2つのサービスを暗黙的に結合しているように見えます（図A-3）。

初期のマイクロサービスでは、WET原則が権勢を振るっていました——どのような犠牲を払ってでも結合を避け、コードは常に複製しろというわけです。もちろん、どのような原則も、極端に解釈すれば益以上に害になります。コードの重複も例外ではありませんでした。コードにセキュリティ上の脆弱性があり、数百ものサービスにわたってそのコードの潜在的なクローンをすべて追跡しなければならない場面を想像してみてください。

とはいえ、現在でもWETが適用されることがあります。DRYとWETのトレードオフは、依存関係の性質にかかっています。依存関係が安定していればいるほど、共有コードを再利用することに関する安全性が高まります。コンポーネントの安定性を判断する簡単な方法は、アーキテクチャレベルでホットスポット分析を実行することです。

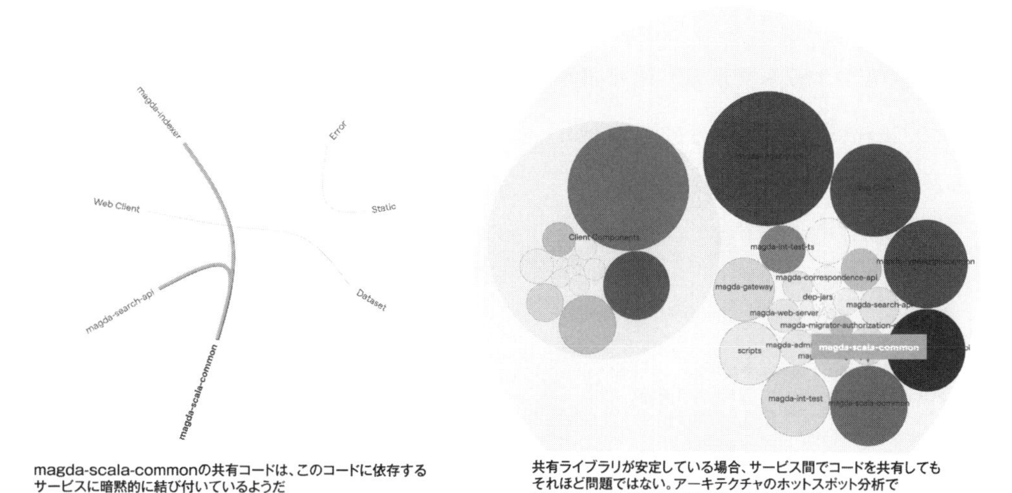

図 A-3：Magda システムの共通コードと暗黙的な結合

モノリスを分解する

`OrderController.cs` と `CustomerController.cs` の間に Change Coupling 関係が存在します。問題領域の観点からは、一般に注文を出すのは顧客なので、この関係がどのようにして発生するのかは簡単にわかります。ただし、依存関係の強さから（すべてのコミットの 32% で Change Coupling が発生しています）、モジュールの分離により注意したほうがよいことがわかります。

醜いコードを美しくする

制御結合されたコードをリファクタリングするには、複数の方法があります。最も簡単な方法は、問題のあるメソッドを責務ごとに、2つに分割することです。このアプローチが役立つのは、制御結合されたメソッドが別々のクラスから呼び出される場合です。このことは、実行パスが別々の関心事を表していることを示す動かぬ証拠です。

もう1つのアプローチは、戦略パターンを導入することです。メソッドにブール値を渡す代わりに、メソッドがメソッド参照または関数を受け入れるようにします。そのようにすると、クライアントが望ましい振る舞いを指定できるようになります（たとえば、`notifyClients` の実行方法を知っているラムダ関数を渡します）。通知や後処理を必要としないクライアントは、単に NO-OP 関数を渡すか、Null Object パターンを使えばよいだけです。このソリューションには、コードをオープンクローズドの原則に合わせるという追加の利点があります。

A.2.4 第 11 章 隠れたボトルネックを明らかにする：デリバリーと自動化

テストのテストでホットスポットに対処する

JUnit5 の Change Coupling 分析では、テストケース全体が強く結び付いていることが明らかになっています（図 A-4）。

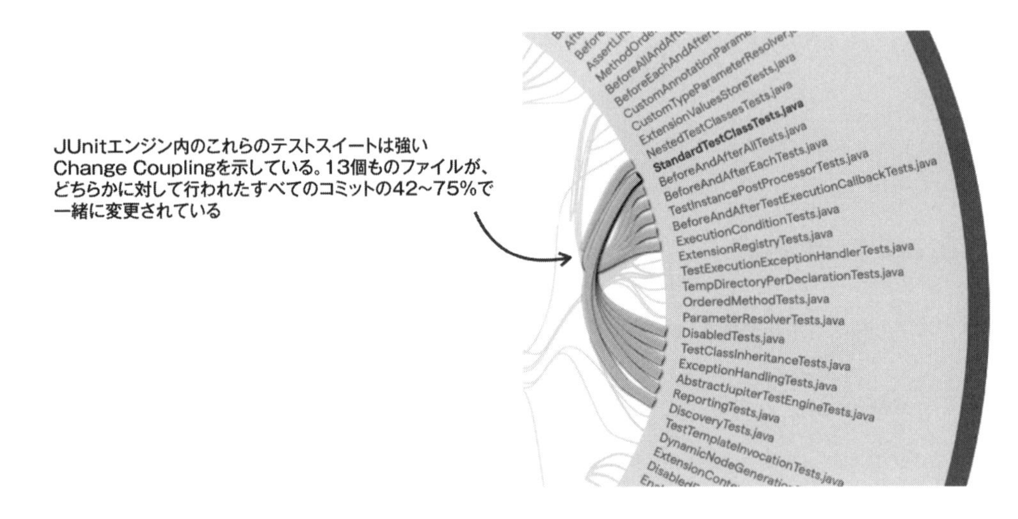

図 A-4：JUnit5 の Change Coupling 分析

これらのテストでは、知識が重複している可能性があり、うまく抽象化されていないことがわかります。結果として、アプリケーションコードを変更すると、最大 13 個もの異なるテストスイートでテストが失敗するかもしれません。もちろん、アプリケーションの振る舞いが変更されたときに、必要な更新の 1 つを忘れてしまうおそれもあります。

テストコードから高価な変更パターンを特定する

図 A-5 に示すように、ASP.NET Core には、共進化するテストファイルのクラスタがいくつかあります。

プログラマーにとって、こうした共進化するテストはかなりイライラする存在です。バグを修正したら、今度はクラスタ全体に予測可能な変更を加えなければなりません。

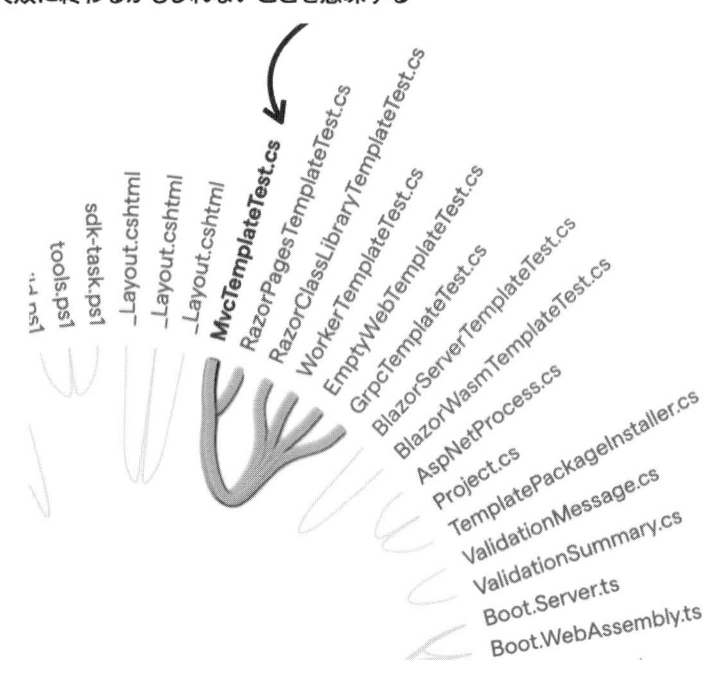

図 A-5：ASP.NET Core において共進化するテストファイルのクラスタ

テストコードのリファクタリング

この練習問題は、複数のリファクタリングが考えられる自由回答式の問題です。試してみることができるアプローチの1つは、各テストのさまざまなステップを特定し、それぞれのステップをカプセル化することです（次ページの図 A-6）。

どちらのテストも、基本的には同じパターンに従います。つまり、ファクトリを使ってローカルサーバーインスタンスの作成をカプセル化し、リクエストを実行し、結果を検証します。図 A-6 は、これらのステップを明示的に表したものです。これらのテストでは、構造上の重複がまだいくつか残っていますが（テストコードをこれ以上圧縮すると理解しにくくなります）、違いは明らかです。

最初のリファクタリングはここで終了できますが、webServer がテスト自体のローカル変数ではなく、インスタンス変数にバインドされているという懸念がまだ残っています。webServer のスコープを制限するリファクタリングは、また別の機会に行ってください。

```
void serverHeaderCanBeCustomizedWhenUsingSsl() throws Exception {
  AbstractServletWebServerFactory factoryWithServerHeader = getFactory();
  factoryWithServerHeader.setServerHeader(“MyServer");

  this.webServer = startSslServerAsDefinedBy(factoryWithServerHeader);

  ClientHttpResponse response = makeGetRequestFor(getLocalUrl(“https", "/hello"));

  assertThat(serverNameIn(response).containsExactly("MyServer");
}

void serverHeaderIsDisabledByDefaultWhenUsingSsl() throws Exception {
  AbstractServletWebServerFactory anonymousServerFactory = getFactory();

  this.webServer = startSslServerAsDefinedBy(anonymousServerFactory);

  ClientHttpResponse response = makeGetRequestFor(getLocalUrl(“https", "/hello"));

  assertThat(serverNameIn(response).isNullOrEmpty();
}
```

図 A-6：テストステップをカプセル化するリファクタリング

A.3　第 3 部　コードの社会的側面

A.3.1　第 12 章　社会的バイアス、グループ、偽の連続殺人犯

チームの手口を特定する

図 A-7 に示す MongoDB の開発活動のワードクラウドでは、「Test」という単語が目立っています。このことに基づき、テストがメンテナンスの問題にならないようにするために、（第 11 章で学んだように）テストの進化に関する調査を開始できます。

図 A-7：MongoDB のワードクラウド

メイントピックを掘り下げる

MongoDBからGitログを作成し、「test」という単語を検索すると、共通の懸念がすぐに明らかになります。このプロジェクトはゴールデンコピー戦略を使っているらしく、そのゴールデンコピーにはバグ修正がいくつかあります。

ゴールデンコピー戦略は、特定のシナリオを実行して出力を収集するというものです。その出力は最も信頼できる基準となり、それ以降のテストは、予想されるゴールデンコピーに対して出力を照合するように記述されます。

これはあくまでも私見ですが、ゴールデンコピーアプローチは大規模なアプリケーションのセーフティネットとして役立つかもしれません。ただし、テストの失敗を突き止めるのが難しい傾向にあるため、諸刃の剣でもあります。

A.3.2　第13章　コードベースで組織的な指標を発見する

成果物が減少した理由を調べる

作成者の人数に変化がないにもかかわらず、開発の成果物が減少する理由は少なくとも3つあります。そのうちの2つは問題を示しており、残りの1つは組織の選択を反映しています。

1. **技術的負債が増えている**
   技術的負債が増えると、変更により時間がかかるようになり、より多くの手直しが必要になる。基本的に、組織が各開発者から得るものが少なくなる。これはよくある問題である。
2. **スタッフの離職率が高い**
   人数が同じであっても、同じ人がチームに残っているという保証はない。スタッフの離職率が高い組織では、継続的に代わりの人材を採用し、トレーニングとオンボーディングを行わなければならない。これで効率の低下の説明がつくかもしれない。
3. **フルタイムの仕事ではない**
   その組織の開発者がプロジェクトをほかにも抱えているのかもしれない。おそらく、代わりのシステムを作成している最中だろう。この練習問題でわかるのは、システムを運用し続けるために必要な残りのメンテナンス作業だけかもしれない。

分析をモノレポの一部に制限する

```
$ maat -c git2 -l git_roslyn_log.txt -a authors
entity,                              n-authors, n-revs
../NullableReferenceTypesTests.cs, 23,        144
../RecordTests.cs,                   22,        93
../InterpolationTests.cs,            20,        92
..CommandLineTests.cs,               19,        70
......
```

これらの結果から、23人の作成者がRoslynのホットスポットNullableReferenceTypesTests.csのコードに貢献していることがわかります。

A.3.3 第14章 技術的な問題が組織的な問題を引き起こすとき

Vue.jsのトラック係数を調べる

Vue.jsのトラック係数は、たった1人の開発者です。この結果は、第14章で学んだ調査結果と一致しています。つまり、よく知られているオープンソースプロジェクトのほとんどは、わずか数人の開発者に依存しているということです。

A.3.4 第15章 システムの知識マップを作成する

影響を明らかにする：トラックに二度ひかれる

Junioは Gitのいくつかの重要な機能領域のメイン作成者です。

- blame.c：git blameコマンドの実装
- diff-lib.c、combine-diff.c：異なるファイルバージョンを比較するための中心的な機能

オフボーディングリスクに優先順位を付ける

magda-authorization-apiコンポーネントには、あるホットスポット（Database.ts）が含まれています。このホットスポットには、コードの健全性の問題がいくつかあります。このコードのメイン開発者は1人であり、ほかの開発者による貢献はごくわずかです。このホットスポットをリファクタリングすれば、オフボーディングのリスクが低下するでしょう。

付録B エンクロージャの可視化

本書でここまで見てきたように、ソースコードを可視化する際には複数の選択肢があります。本書では、ツリーマップ、都市としてのコード、棒グラフなど、数々の可視化を見てきました。どの可視化にもそれぞれ長所があります。ただし、エンクロージャ図は、筆者が行動的コード分析で繰り返し使っている中核的な可視化です。本付録では、読者が有利なスタートを切れるように、自分でコードを書くことなく分析結果を可視化する方法を紹介します。

まず、本書のGitHubリポジトリに含まれているPythonスクリプトのクローンを作成します。

```
$ git clone git@github.com:adamtornhill/maat-scripts.git
```

本書の執筆時点では、関連スクリプトはpython3ブランチにあります。2023年以降に本書を読んでいる場合は更新されているかもしれないので、READMEを確認してください。いずれにしても、Gitを使ってブランチを切り替える必要があります。

```
$ cd maat-scripts
$ git checkout python3
```

さて、必要なのは2つのCSVファイルだけです。1つは複雑さの分析結果であり、もう1つはホットスポット分析の結果です。これらの分析をまだ実行していない場合は、第3章に戻って確認してください。

ここでは、複雑さに関するデータが`complexity.csv`に含まれていて、ホットスポット情報が`revisions.csv`に含まれていると仮定します。次のステップは、第4章の4.1.3項で行ったように、それらを結合することです。なお、分析結果のCSVファイルに対する絶対パスまたは相対パスを指定しなければならないことに注意してください。

まず、`csv_as_enclosure_json.py`スクリプトが含まれているフォルダに移動して、このスクリプトを実行します。

```
$ cd transform
$ python csv_as_enclosure_json.py --structure ./analysis/complexity.csv \
> --weights ./analysis/revisions.csv > hotspots.json
```

これにより、新しい結果ファイル`hotspots.json`が生成されます。これで、実際の可視化に取りかかる準備ができました。可視化は`.html`ファイルであるため、どのWebブラウザでも開くことができます。この`.html`ファイルは、ホットスポットを説明するJSONリソース`hotspots.json`を読み込みます。ただし、最近のWebブラウザには、こうした読み込みに関するセキュリティ制限が導入されています。そこで、可視化を問題なく実行するために、次のコマンドを使ってPythonのWebサーバーモジュールを起動します。

```
$ python -m http.server 8080
```

たったこれだけです。Webブラウザで`http://localhost:8080/crime-scene-hotspots.html`にアクセスすると、おなじみの画像が表示されるはずです。ホットスポットの完全な可視化はこれで完了です！

CodeSceneで可視化する

分析プラットフォームCodeSceneは次世代の行動的コード分析であり、ホットスポットの可視化はもちろん、より高度なチームビューやコード品質の視点をはじめとする多くの行動的コード分析を自動化しました。一般に公開されているGitリポジトリにソースコードを格納している場合は、CodeSceneが無償で提供しているCommunity Editionをぜひ調べてみてください。

https://codescene.com/product/community-edition

参考文献

[ACVS19] G. Avelino, E. Constantinou, M. T. Valente, and A. Serebrenik. *On the abandonment and survival of open source projects: An empirical investigation.* ACM/IEEE International Symposium on Empirical Software Engineering and Measurement. 2019.

[AH92] G. Ainslie and N. Haslam. *Hyperbolic Discounting.* Choice over time. 1992.

[ASS19] V. Antinyan, A. B. Sandberg, and M. Staron. *A Pragmatic View on Code Complexity Management.* Computer. 52:14-22, 2019.

[AVH15] G. Avelino, M. T. Valente, and A. Hora. *What is the Truck Factor of popular GitHub applications?* PeerJ PrePrints. 2015.

[AWE21] A. Al-Boghdady, K. Wassif, and M. El-Ramly. *The Presence, Trends, and Causes of Security Vulnerabilities in Operating Systems of IoT's Low-End Devices.* Sensors. 21, 2021.

[Ber07] W. Bernasco. *The usefulness of measuring spatial opportunity structures for tracking down offenders.* Psychology, Crime Law. 13:155-171, 2007.

[BHS07] F. Buschmann, K. Henney, and D. C. Schmidt. *Pattern-Oriented Software Architecture Volume 4: A Pattern Language for Distributed Computing.* John Wiley & Sons, New York, NY, 2007.

[BK03] R. S. Baron and N. L. Kerr. *Group Process, Group Decision, Group Action.* Open University Press, Berkshire, United Kingdom, 2003.

[BMB19] T. Besker, A. Martini, and J. Bosch. *Software Developer Productivity Loss Due to Technical Debt.* Journal of Systems and Software. 41-61, 2019.

[BNMG11] C. Bird, N. Nagappan, B. Murphy, H. Gall, and P. Devanbu. *Don't Touch My Code! Examining the Effects of Ownership on Software Quality.* Proceedings of the 19th ACM SIGSOFT symposium and the 13th European conference on foundations of software engineering. 4-14, 2011.

[BOW04] R. M. Bell, T. J. Ostrand, and E. J. Weyuker. *Where the bugs are.* Proceedings of the 2004 ACM SIGSOFT international symposium on software testing and analysis. ACM Press, New York, NY, USA, 2004.

[BOW11] R. M. Bell, T. J. Ostrand, and E. J. Weyuker. *Does Measuring Code Change Improve Fault Prediction?* ACM Press, New York, NY, USA, 2011.

[Bro95] F. P. Brooks Jr. *The Mythical Man-Month: Essays on Software Engineering.* Addison-Wesley, Boston, MA, 1975. Anniversary, 1995.
『ソフトウェア開発の神話』(企画センター、1977年)、『人月の神話　狼人間を撃つ銀の弾はない』(アジソン・ウェスレイ・パブリッシャーズ・ジャパン、1996年)、『人月の神話　狼人間を撃つ銀の弾はない』(ピアソン・エデュケーション、2002年)

[Bro86] F. Brooks. *No Silver Bullet—Essence and Accident in Software Engineering.* Proceedings of the IFIP Tenth World Computing Conference. 1986.

[BTM23] M. Borg, A. Tornhill, and E. Mones. *U Owns the Code That Changes and How Marginal Owners Resolve Issues Slower in Low-Quality Source Code.* Proceedings of the 27th International Conference on Evaluation and Assessment in Software Engineering. 368-377, 2023.

[Cam18] A. Campbell. *Cognitive Complexity: A New Way of Measuring Understandability.* SonarSource S.A., Tech. Rep. 2018.

[Con68] M. E. Conway. *How do committees invent?* Datamation. 4:28-31, 1968.

[CY04] D. Canter and D. Youngs. *Mapping Murder: The Secrets of Geographical Profiling.* Virgin Books, London, United Kingdom, 2004.

[CY08] D. Canter and D. Youngs. *Applications of Geographical Offender Profiling.* Ashgate, Farnham, Surrey, UK, 2008.

[CY08a] D. Canter and D. Youngs. *Principles of Geographical Offender Profiling*. Ashgate, Farnham, Surrey, UK, 2008.

[DB13] F. Detienne and F. Bott. *Software Design: Cognitive Aspects*. Springer, New York, NY, USA, 2013.

[DH13] S. M. H. Dehaghani and N. Hajrahimi. *Which Factors Affect Software Projects Maintenance Cost More?* Acta Informatica Medica. 21, 2013.

[DHAQ07] M. Di Penta, M. Harman, G. Antoniol, and F. Qureshi. *The Effect of Communication Overhead on Software Maintenance Project Staffing: a Search-Based Approach*. Software Maintenance, 2007. ICSM 2007. IEEE International Conference on. 315-324, 2007.

[DL68] J. M. Darley and B. Latané. *Bystander intervention in emergencies: diffusion of responsibility*. Journal of Personality and Social Psychology. 8:377-383, 1968.

[DLG05] M. D'Ambros, M. Lanza, and H Gall. *Fractal Figures: Visualizing Development Effort for CVS Entities*. Visualizing Software for Understanding and Analysis, 2005. VISSOFT 2005. 3rd IEEE International Workshop on. 1-6, 2005.

[DLR09] M. D'Ambros, M. Lanza, and R Robbes. *On the Relationship Between Change Coupling and Software Defects*. Reverse Engineering, 2009. WCRE '09. 16th Working Conference on. 135-144, 2009.

[Far22] D. Farley. *Modern Software Engineering*. Addison-Wesley, Boston, MA, 2022.

[FBLK22] B. Flyvbjerg, A. Budzier, J. S. Lee, M. Keil, D. Lunn, and D. W. Bester. *The Empirical Reality of IT Project Cost Overruns: Discovering A Power-Law Distribution*. Journal of Management Information Systems. 39:607-639, 2022.

[Fea04] M. Feathers. *Working Effectively with Legacy Code*. Prentice Hall, Englewood Cliffs, NJ, 2004.
『レガシーコード改善ガイド』(翔泳社、2009年)

[Fen94] N. Fenton. *Software Measurement: A Necessary Scientific Basis*. IEEE Transactions on software engineering. 20:199-206, 1994.

[FHK18] N. Forsgren, J. Humble, and G. Kim. *Accelerate: The Science of Lean Software and DevOps: Building and Scaling High Performing Technology Organizations*. IT Revolution Press, Portland, OR, 2018.

[Fow18] M. Fowler. *Refactoring: Improving the Design of Existing Code, 2nd Edition*. Addison-Wesley, Boston, MA, 2018.
『リファクタリング:既存のコードを安全に改善する 第2版』(オーム社、2019年)

[FRSD21] N. Ford, M. Richards, P. Sadalage, and Z. Dehghani. *Software Architecture: The Hard Parts: Modern Trade-Off Analyses for Distributed Architectures.* O'Reilly & Associates, Inc., Sebastopol, CA, 2021.

[FW08] S. M. Fulero and L. S. Wrightsman. *Forensic Psychology.* Cengage Learning, Boston, MA, 2008.

[GAL14] E. Guzman, D. Azócar, and L. Li. *Sentiment analysis of commit comments in GitHub.* MSR 2014 Proceedings of the 11th Working Conference on Mining Software Repositories. ACM Press, New York, NY, USA, 2014.

[Gan03] M. Gancarz. *Linux and the Unix Philosophy, 2nd Edition.* Elsevier Inc., Amsterdam, Netherlands, 2003.

[GF19] D. Graziotin and F. Fagerholm. *Happiness and the productivity of software engineers.* Rethinking Productivity in Software Engineering. 2019.

[GFWA17] D. Graziotin, F. Fagerholm, X. Wang, and P. Abrahamsson. *On the Unhappiness of Software Developers.* In Proceedings of the 21st international conference on evaluation and assessment in software engineering. 324-333, 2017.

[GHJV95] E. Gamma, R. Helm, R. Johnson, and J. Vlissides. *Design Patterns: Elements of Reusable Object-Oriented Software.* Addison-Wesley, Boston, MA, 1995.
『オブジェクト指向における再利用のためのデザインパターン』(ソフトバンククリエイティブ、1999年)

[GKMS00] T. L. Graves, A. F. Karr, J. S. Marron, and H Siy. *Predicting fault incidence using software change history.* Software Engineering, IEEE Transactions on. 26[7], 2000.

[Gla01] R. L. Glass. *Frequently forgotten fundamental facts about software engineering.* IEEE software. 2001.

[Gla06] M. Gladwell. *Blink.* Little, Brown and Company, New York, NY, 2006.
『第1感「最初の2秒」の「なんとなく」が正しい』(光文社、2006年)

[Gla92] R. L. Glass. *Facts and Fallacies of Software Engineering.* Addison-Wesley Professional, Boston, MA, 1992.
『ソフトウエア開発55の真実と10のウソ』(日経BP、2004年)

[GMSS22] C. Gote, P. Mavrodiev, F. Schweitzer, and I. Scholtes. *Big Data=Big Insights? Operationalising Brooks' Law in a Massive GitHub Data Set.* Conference: ICSE 2022. 262-273, 2022.

[Har10] S. Harrison. *The Diary of Jack the Ripper: The Chilling Confessions of James Maybrick.* John Blake, London, UK, 2010.

[Haw21] J. Hawkins. *A Thousand Brains: A New Theory of Intelligence.* Basic Books, New York, NY, USA, 2021.
『脳は世界をどう見ているのか―知能の謎を解く「1000の脳」理論』(早川書房、2022年)

[HF10] J. Humble and D. Farley. *Continuous Delivery: Reliable Software Releases Through Build, Test, and Deployment Automation.* Addison-Wesley, Boston, MA, 2010.
『継続的デリバリー 信頼できるソフトウェアリリースのためのビルド・テスト・デプロイメントの自動化』(アスキー・メディアワークス、2012年)

[HGH08] A. Hindle, M. W. Godfrey, and R. C. Holt. *Reading Beside the Lines: Indentation as a Proxy for Complexity Metric.* Program Comprehension, 2008. ICPC 2008. The 16th IEEE International Conference on. IEEE Computer Society Press, Washington, DC, 2008.

[HSSH12] K. Hotta, Y. Sasaki, Y. Sano, Y. Higo, and S. Kusumoto. *An Empirical Study on the Impact of Duplicate Code.* Advances in Software Engineering. Special issue on Software Quality Assurance Methodologies and Techniques, 2012.

[JETK22] E. Jabrayilzade, M. Evtikhiev, E. Tüzün, and V. Kovalenko. *Bus Factor In Practice.* In Proceedings of the 44th International Conference on Software Engineering. 97-106, 2022.

[KBS18] G. Kim, K. Behr, and G. Spafford. *The Phoenix Project: A Novel about IT, DevOps, and Helping Your Business Win.* IT Revolution Press, Portland, OR, 2018.

[KG85] W. Kintsch and J. G. Greeno. *Understanding and Solving Word Arithmetic Problems.* Psychological Review. 92(1):109-129, 1985.

[KNS19] N. Kaur, A. Negi, and H. Singh. *Object Oriented Dynamic Coupling and Cohesion Metrics: A Review.* In Proceedings of 2nd International Conference on Communication, Computing and Networking. 861-869, 2019.

[LC09] J. L. Letouzey and T. Coq. *The SQALE Models for Assessing the Quality of Software Source Code.* DNV Paris, white paper. 2009.

[Leh80] M. M. Lehman. *On Understanding Laws, Evolution, and Conservation in the Large-Program Life Cycle.* Journal of Systems and Software. 1:213-221, 1980.

[LH89] K. J. Lieberherr and I. M. Holland. *Assuring Good Style for Object-Oriented Programs.* IEEE Software. 6:28-48, 1989.

[LP74] E. F. Loftus and J. C. Palmer. *Reconstruction of Automobile Destruction: An Example of the Interaction Between Language and Memory*. Journal of verbal learning and verbal behavior. 5:585-589, 1974.

[LR90] J. H. Langlois and L. A. Roggman. *Attractive Faces Are Only Average*. Psychological Science. 1:115-121, 1990.

[MBB18] A. Martini, T. Besker, and J. Bosch. *Technical Debt Tracking: Current State of Practice: A Survey and Multiple Case Study in 15 Large Organizations*. Science of Computer Programming. 42-61, 2018.

[McC76] T. J. McCabe. *A Complexity Measure*. IEEE Transactions on Software Engineering. 1976.

[MPS08] R. Moser, W. Pedrycz, and G. Succi. *A Comparative Analysis of the Efficiency of Change Metrics and Static Code Attributes for Defect Prediction*. Proceedings of the 30th international conference on software engineering. 181-190, 2008.

[MW09] A. Meneely and L. Williams. *Secure Open Source Collaboration: An Empirical Study of Linus' Law*. Proceedings of the 16th ACM conference on computer and communications security. 453-462, 2009.

[New21] S. Newman. *Building Microservices, 2nd Edition*. O'Reilly & Associates, Inc., Sebastopol, CA, 2021.
『マイクロサービスアーキテクチャ 第2版』(オライリー・ジャパン、2022年)

[NMB08] N. Nagappan, B. Murphy, and V. Basili. *The Influence of Organizational Structure on Software Quality*. International Conference on Software Engineering, Proceedings. 521-530, 2008.

[PAPB21] N. Peitek, S. Apel, C. Parnin, A. Brechmann, and J. Siegmund. *Program Comprehension and Code Complexity Metrics: An fMRI Study*. International Conference on Software Engineering. 524-536, 2021.

[PM00] J. F. Pane and B. A. Myers. *The Influence of the Psychology of Programming on a Language Design*. Proceedings of the 12th Annual Meeting of the Psychology of Programmers Interest Group. 193-205, 2000.

[PTFO00] F. Palomba, D. A. Tamburri, A. Fontana, R. Oliveto, A. Zaidman, and A. Serebrenik. *Beyond Technical Aspects: How Do Community Smells Influence the Intensity of Code Smells?* IEEE transactions on software engineering. 108-129, 2000.

[RD13] F. Rahman and P. Devanbu. *How, and Why, Process Metrics are better*. International Conference on Software Engineering. 432-441, 2013.

[SAK98] J. J. Sosik, B. J. Avolio, and S. S. Kahai. *Inspiring Group Creativity: Comparing anonymous and Identified Electronic Brainstorming*. Small group research. 29:3-31, 1998.

[SEKH09] C. M. Schweik, R. C. English, M. Kitsing, and S. Haire. *Brooks' versus Linus' law: an empirical test of open source projects*. Proceedings of the 2008 international conference on digital government research. 423-424, 2009.

[SF08] V. Swami and A. Furnham. *The Psychology of Physical Attraction*. Routledge, New York, NY, USA, 2008.

[SP19] M. Skelton and M. Pais. *Team Topologies: Organizing Business and Technology Teams for Fast Flow*. IT Revolution Press, Portland, OR, 2019.
『チームトポロジー　価値あるソフトウェアをすばやく届ける適応型組織設計』（日本能率協会マネジメントセンター、2021年）

[TB22] A. Tornhill and M. Borg. *Code Red: The Business Impact of Code Quality -- A Quantitative Study of 39 Proprietary Production Codebases*. Proc. of International Conference on Technical Debt 2022. 11-20, 2022.

[Tor18] A. Tornhill. *Software Design X-Rays: Fix Technical Debt with Behavioral Code Analysis*. The Pragmatic Bookshelf, Dallas, TX, 2018.

[TT89] B. Tversky and M. Tuchin. *A Reconciliation of the Evidence on Eyewitness Testimony: Comments on McCloskey and Zaragoza*. Journal of Experimental Psychology: General. [118]:86-91, 1989.

[VDC94] J. S. Valacich, A. R. Dennis, and T. Connolly. *Idea Generation in Computer-Based Groups: A New Ending to an Old Story*. Organizational Behavior and Human Decision Processes. 57[3]:448-467, 1994.

[Wel23] M. Welsh. *The End of Programming*. Communications of the ACM. 66[1]:34-35, 2023.

[WMGS07] K. Weaver, D. T. Miller, S. M. Garcia, and N. Schwarz. *Inferring the Popularity of an Opinion From Its Familiarity: A Repetitive Voice Can Sound Like a Chorus*. Journal of Personality and Social Psychology. [92]:821-833, 2007.

[WS01] K. D. Welker and R. Singh. *The Software Maintainability Index Revisited*. CrossTalk. [14]:18-21, 2001.

[YC79] E. Yourdon and L. R. Constantine. *Structured Design: Fundamentals of a Discipline of Computer Program and Systems Design*. Pearson Technology Group, London, UK, 1979.
『ソフトウェアの構造化設計法』（日本コンピュータ協会、1986年）

[YS22] R. Yadav and R. Singh. *Ranking of Measures for the Assessment of Maintainability of Object-Oriented Software*. Journal of Optoelectronics Laser. [41]:366-376, 2022.

[ZZC20] Y. Zhou, Y. Zhu, and L. Chen. *Software Defect-Proneness Prediction with Package Cohesion and Coupling Metrics Based on Complex Network Theory*. International Symposium on Dependable Software Engineering. 186-201, 2020.

[ÅGGL16] D. Åkerlund, B. H. Golsteyn, H. Grönqvist, and L. Lindahl. *Time discounting and criminal behavior*. Proceedings of the National Academy of Sciences. 113:6160-6165, 2016.

索引

[著者プロフィール]
Adam Tornhill
工学と心理学の両方の学位を持つスウェーデンのプログラマー。チームが優れたソフトウェアを構築できるようにするコード分析ツールを設計しているCodeSceneの創設者。レトロコンピューティングや武道など、多岐にわたる興味を持っている。

[監訳者プロフィール]
園田 道夫
セキュリティ・スタジアム、日本ネットワークセキュリティ協会、独立行政法人情報処理推進機構（IPA)、セキュリティ・キャンプ、情報危機管理コンテスト、サイバー大学IT総合学部、SECCON、AVTOKYO、国立研究開発法人情報通信研究機構（NICT)、CYDER、サイバー・コロッセオ、SecHack365、RPCI、CIDLEなどに関わる。人材育成に関わるふりして、人材に育成されてきました。最近は、サッカー観戦の合間に仕事をしています。

[訳者プロフィール]
株式会社クイープ
コンピュータシステムの開発、ローカライズ、コンサルティングを手がけている。主な訳書に『Pythonによる因果推論・因果探索』（インプレス)、『Pythonクイックリファレンス　第4版』（オライリー・ジャパン)、『爆速Python』（翔泳社)、『Pythonによる時系列予測』（マイナビ出版）などがある。

カバーデザイン：森本 茜（HONAGRAPHICS）
編集・DTP：株式会社クイープ

犯罪捜査技術を活用した
ソフトウェア開発手法

発行日　2024年 10月 7日　　第1版第1刷

著　者　Adam Tornhill
監訳者　園田　道夫
訳　者　株式会社クイープ

発行者　斉藤　和邦
発行所　株式会社　秀和システム
〒135-0016
東京都江東区東陽2-4-2　新宮ビル2F
Tel 03-6264-3105（販売）Fax 03-6264-3094
印刷所　三松堂印刷株式会社　　Printed in Japan

ISBN978-4-7980-7175-6 C3055

定価はカバーに表示してあります。
乱丁本・落丁本はお取りかえいたします。
本書に関するご質問については、ご質問の内容と住所、氏名、電話番号を明記のうえ、当社編集部宛FAXまたは書面にてお送りください。お電話によるご質問は受け付けておりませんのであらかじめご了承ください。